EXAMPRESS® 技術士試験学習書

技術士 第一次試験問題集 基礎・適性科目 パーフェクト

堀 与志男 著

2024年版

SE SHOEISHA

本書内容に関するお問い合わせについて

このたびは翔泳社の書籍をお買い上げいただき、誠にありがとうございます。弊社では、読者の皆様からのお問い合わせに適切に対応させていただくため、以下のガイドラインへのご協力をお願い致しております。下記項目をお読みいただき、手順に従ってお問い合わせください。

ご質問される前に

弊社Webサイトの「正誤表」をご参照ください。これまでに判明した正誤や追加情報を掲載しています。

正誤表　https://www.shoeisha.co.jp/book/errata/

ご質問方法

弊社Webサイトの「書籍に関するお問い合わせ」をご利用ください。

書籍に関するお問い合わせ　https://www.shoeisha.co.jp/book/qa/

インターネットをご利用でない場合は、FAXまたは郵便にて、下記“翔泳社 愛読者サービスセンター”までお問い合わせください。
電話でのご質問は、お受けしておりません。

回答について

回答は、ご質問いただいた手段によってご返事申し上げます。ご質問の内容によっては、回答に数日ないしはそれ以上の期間を要する場合があります。

ご質問に際してのご注意

本書の対象を超えるもの、記述個所を特定されないもの、また読者固有の環境に起因するご質問等にはお答えできませんので、予めご了承ください。

郵便物送付先およびFAX番号

送付先住所　〒160-0006　東京都新宿区舟町5
FAX番号　03-5362-3818
宛先（株）翔泳社 愛読者サービスセンター

●免責事項

はじめに

平成25年度の技術士試験改正に伴って，第一次試験では基礎科目の各カテゴリーの出題数が6問ずつとなりましたが，基礎科目，適性科目ともに出題内容には大きな変化はありませんでした。その出題内容で注目すべき点に，ここ数年来，類似問題の出題率が高まっていることがあります。このことは，過去問題をしっかりと学習すれば，合格がより近づくということを意味しています。

技術士第一次試験の合否決定基準は，各科目それぞれで50％以上です。つまり，半分得点できればよいわけです。合格に向けては，この考えの下に，いかに効率良く学習するかが大切なポイントとなります。基礎科目，適性科目の学習に，あまり時間を費やすべきではありません。学習時間の多くは，第一次試験の合否を大きく左右する専門科目に費やすべきと，筆者は考えます。

本書は，その効率性を念頭に，過去7年間の基礎科目と適性科目に関する試験問題と解答・解説，さらに各カテゴリー別の傾向と対策を加えた構成になっています。過去問題に取り組むにあたっては，正答の選択肢が正答である理由を十分に理解することが重要です。初めから自信を持って解けた問題は，それ以上学習する必要はありません。その一方，解説を読んでもまったく理解できない問題については，捨てるという判断で構わないでしょう。解説を読めば理解できるもの，あるいは理解できそうなものを中心に，学習を進めてください。

本書では，今後予想される出題内容を伴った過去問題に対して，重要度別にA～Cまでのランク付けを表記しています。また，本書の読者特典として，令和6（2024）年度の予想模試および解答・解説を掲載したPDFファイルを，翔泳社のサイトからダウンロードできます。ぜひ，試験対策の総仕上げとしてご活用ください。

本書を活用することで，令和6（2024）年度第一次試験を受験する方々全員が合格されることをお祈り申し上げます。

2024年2月

株式会社5Doors'
代表取締役　堀 与志男

本書の使い方

「はじめに」でも触れましたが，技術士第一次試験には「基礎科目」「適性科目」「専門科目」の3科目がありますが，合格に向けては「基礎科目」「適性科目」を効率的に学習して，「専門科目」の学習に重きを置くことが大切です。

「基礎科目」「適性科目」ともに出題範囲が広いので，過去問題の繰り返し学習が効率的です。

①令和5年度の過去問題を解いてみる

- 実際の試験時間（基礎科目1時間，適性科目1時間）を想定して取り組む
- 基礎科目については，実際の試験と同様に，各問題群から3問題を選んで解答する

②令和5年度の解答一覧と照らし合わせる

- 現時点での得点状況を知る

③令和5年度の解答・解説を読んで，正答への理解を深める

- 正解・不正解を問わず，解説を読んで理解を深める

④平成29年度～令和4年度の過去問題で，上記①～③を行う

- 同一問題や類似問題が複数出題されていることを知る
- 得意・不得意の分野を確認して，不得意分野で最低限の得点を取るための対策を立てる
- 時間が許せば，平成19年度までの過去問題（ダウンロード特典）を解くことで，より頻出問題が理解できる

⑤ ①～④を繰り返す

⑥予想模試を解いてみる

合格に向けたポイント

●学習する前の心構え

読者の皆さんは，これから技術士試験の学習を始めるわけですが，その前になぜ技術士になりたいのか，改めて自問自答してみてください。

技術士になれば，高い信頼を得ることになりますし，監理技術者や主任技術者などになることも可能で，独立への道も拓かれます。加えて，企業によっては，資格手当をもらえたり，昇進の条件をクリアできたりもしますし，国に代わって技術士試験の実施などを行っている「日本技術士会」に入会できるため，幅広い人脈づくりの機会にも恵まれます。

このように技術士の資格を取れば，さまざまな可能性が広がるということを再認識し，周りの人がみんな取得しているから，名刺を出す際に箔がつきそうだから，会社から勧められたからなどといった受動的な姿勢ではなく，ぜひ具体的な目標を掲げていただきたいものです。

ただし，ひとつだけ勘違いしてほしくないのは，技術士の試験に合格したからといって，すぐに実力が身につくわけではないことです。技術士の資格は，いろいろなことにトライするための「入場券」だと理解し，その入場券を勝ち取った暁には，「自分の技術力をアップさせ，困難な仕事に挑んでいくんだ」という高い志を持って試験に臨んでください。

●学習するうえでの注意点

試験のための勉強というと，中学や高校，そして大学の受験勉強で行ってきたように，キーワードを単語帳などに書き写して丸暗記する人がいますが，そうした勉強方法はあまりお勧めできません。特に，本書で対象となる第一次試験をクリアした後に待ち構える第二次試験においては，ちょっと問題にひねりがあると，丸暗記しているだけでは対応できなくなってしまいます。

ですから，ただ重要事項を機械的に覚えるのではなく，なぜこんな問題が出題されているのかを，俯瞰的な視点で見るように心がけてください。そのためには，常日頃からテレビや新聞，あるいはインターネットの情報から，いま日本がどんな状況なのかを理解し，そして，それに対し国土交通省がどのような対策を施しているかを常に把握するように習慣づけてください。そうすれば，問題が何を聞いているのかが直感的に理解できるようになり，暗記だけでは身につかない，柔軟な対応力を備えることができます。

●学習の進め方

合格するための学習の進め方について，(1)～(4) の4つのポイントを記しますので，ぜひ参考にして効率よく学んでください。

(1) 過去問題を繰り返し解く

過去問題を繰り返し解くことが最も効率的な学習法です。繰り返し解くことで，出題傾向が自然と身につき，頻出問題が把握でき，正答への理解も深まります。後ほど「基礎・適性科目の出題傾向と対策」のところで少し詳しく触れますが，以下に，基礎科目（各カテゴリーごと）と適正科目の学習目標を示しました。

・基礎科目

① 設計・計画に関するもの：確実に3点を取るようにする

全カテゴリーの中で，比較的難易度が低い傾向にありますので，基本事項をきちんと押さえてください。

② 情報・論理に関するもの：確実な得点源とする

全カテゴリーの中で，普通程度のレベルですが，類似問題の出題率が比較的高い傾向にあります。過去問題をこなすことで解き方に慣れることが大切です。

③ 解析に関するもの：得点の幅が広がるようにする

全カテゴリーの中で，やや難しいレベルですが，いずれも基礎的なものが中心となっています。暗記すべき公式を絞り込み，積分や偏微分，行列の計算方法をしっかりとマスターすることで，さまざまな問題に対応できるようにしましょう。

④ 材料・化学・バイオに関するもの：的を絞って学習する

全カテゴリーの中で，難易度はやや高レベルといえます。化学では，正確に反応式を追っていく必要があり，加えて，元素そのものの特性を知らないと解答できないものもあります。バイオについては，幅広い分野から新規問題として出題されることが多く絞り込みは難しいものがあります。とはいえ，このカテゴリーでは類似問題の出題率が高まっている傾向にあるので，過去問題に範囲を絞って学習することで，確実に点数を取るようにしてください。

⑤　環境・エネルギー・技術に関するもの：着実に加点を狙う

全カテゴリーの中でもやさしいレベルで，日常的な常識で解答できるものが毎年多く含まれています。過去問題に取り組み，そこに登場した基本事項をきちんと押さえておけば，加点を狙うことができます。

・適正科目：合格圏に到達できるようにする

出題内容は，技術士法第4章関連，関連法令・標準規格，技術者の倫理の3つに大きく分けられますので，これらの過去問題を解いていけば十分に合格レベルに届くことができます。ただし，関連法令・標準規格についての出題が増えていますので，これらの条文や内容の理解が必須となります。

(2) 得意分野で確実に得点して，不得意分野で最低限の点数を取る

「基礎科目」「適性科目」ともに合否決定基準は「50％以上の得点」，つまり8点以上を取ればよいことになります。逆に言えば，問題15問のうち，7問は間違ってもよいという基準です。

(3) 消去法で正答を絞り込む

技術士第一次試験の「基礎科目」「適性科目」は，すべて5肢択一式で行われます。出題形式は，正誤問題が最も多く，計算問題，穴埋め問題があります。このうち，選択肢に組合せがある正誤問題および穴埋め問題については，すべてを理解していなくとも消去法で正答を絞り込むことが可能です。

まずは，自信のある正誤および用語が含まれる番号の選択肢を選び，それ以外の選択肢を消去します。次に，絞り込んだ選択肢の中から自信のない正誤および用語を検討して正答を導くという方法です。

(4) 計算問題は題意を落ち着いて読み取る

「基礎科目」で出題される計算問題は一部を除き，複雑な計算を必要とするものはありません。中には式が提示されていて，与えられた数値を当てはめるだけというものもあります。

しかし，問題文を読むとかえって複雑に考えてしまう出題もあるので，落ち着いて題意を読み取るようにしましょう。もちろん，最低限の公式の学習は必要となります。

技術士試験お役立ちサイト

試験情報については日本技術士会のサイトを確認するように習慣づけるとともに，ここには技術士に関する有益な情報も揃っているので，必ず目を通すようにしましょう。そのほか，試験によく出る重要項目についてピックアップしましたので，折りに触れて学習するよう心がけてください。

●技術士・技術士試験について知る

公益社団法人 日本技術士会

https://www.engineer.or.jp/

- 「技術士関係法令集」https://www.engineer.or.jp/c_topics/001/001201.html
- 「技術士倫理綱領」https://www.engineer.or.jp/c_topics/009/009289.html
- 「技術士CPD」https://www.engineer.or.jp/sub05/

●試験によく出る項目について学ぶ

環境省「地球温暖化の現状」

https://ondankataisaku.env.go.jp/coolchoice/ondanka/

環境省「環境再生・資源循環／廃棄物・リサイクル対策」

https://www.env.go.jp/recycle/recycling/

環境省「環境再生・資源循環／循環型社会形成推進基本法」

https://www.env.go.jp/recycle/circul/recycle.html

資源エネルギー庁「みんなで考えよう、エネルギーのこれから。」

https://www.enecho.meti.go.jp/about/special/lp/

資源エネルギー庁「エネルギー政策（全般）」

https://www.enecho.meti.go.jp/category/others/

消費者庁「製造物責任法の概要Q&A」

https://www.caa.go.jp/policies/policy/consumer_safety/other/pl_qa.html

消費者庁「景品表示法」

https://www.caa.go.jp/policies/policy/representation/fair_labeling/

消費者庁「消費者制度」

https://www.caa.go.jp/policies/policy/consumer_system/

消費者庁「公益通報者保護法と制度の概要」

https://www.caa.go.jp/policies/policy/consumer_partnerships/whisleblower_protection_system/overview

総務省「個人情報保護」

https://www.soumu.go.jp/menu_sinsei/kojin_jyouhou/index.html

総務省「組織幹部のための情報セキュリティ対策」

https://www.soumu.go.jp/main_sosiki/cybersecurity/kokumin/business/business_executive.html

特許庁「スッキリわかる知的財産権」

https://www.jpo.go.jp/system/basic/index.html

厚生労働省「ハラスメント基本情報」

https://www.no-harassment.mhlw.go.jp/foundation/

厚生労働省「リスクアセスメント」

https://anzeninfo.mhlw.go.jp/yougo/yougo01_1.html

厚生労働省「育児・介護休業法について」

https://www.mhlw.go.jp/stf/seisakunitsuite/bunya/0000130583.html

厚生労働省「安全・衛生」

https://www.mhlw.go.jp/stf/seisakunitsuite/bunya/koyou_roudou/roudoukijun/anzen/index.html#h2_free3

経済産業省「安全保障貿易の概要」

https://www.meti.go.jp/policy/anpo/gaiyou.html

経済産業省「消費生活用製品安全法」

https://www.meti.go.jp/policy/consumer/seian/shouan/act_outline.html

経済産業省「不正競争防止法」

https://www.meti.go.jp/policy/economy/chizai/chiteki/index.html

内閣府「バイオ戦略」

https://www8.cao.go.jp/cstp/bio/index.html

中小企業庁「リスクマネジメントの必要性」

https://www.chusho.meti.go.jp/pamflet/hakusyo/H28/h28/html/b2_4_1_4.html

日本産業標準調査会「ISO/IEC」

https://www.jisc.go.jp/international/

農林水産省「カルタヘナ法とは」

https://www.maff.go.jp/j/syouan/nouan/carta/about/#:~:text

目次 CONTENTS

読者特典案内

本書の読者特典として，翔泳社のサイトから下記の内容をダウンロードできます（いずれもPDFファイルでの提供）。

・令和6年度 基礎・適性科目　予想模試および解答用紙，解答・解説
・平成28～19年度 基礎・適性科目　過去問題および解答用紙，解答・解説

下記Webサイトにアクセスし，ページに記載されている指示に従ってダウンロードしてください。会員特典データのダウンロードには，**SHOEISHA iD**（翔泳社が運営する無料の会員制度）への会員登録と，本書記載の**アクセスキー**が必要です。詳しくは，Webサイトをご覧ください。

◆配布サイト：
https://www.shoeisha.co.jp/book/present/9784798185446

・ダウンロード期限について
本書の読者特典にはダウンロード期限があります。この期限は予告なく変更になることがあります。
ダウンロード期限：2025年4月30日

注意
・上記の過去問題・解答・解説は，『技術士教科書 技術士 第一次試験問題集 基礎・適性科目パーフェクト』の2014年版～2023年版を底本として，その一部を抜き出して作成しました。底本刊行後の法改正等には対応していない場合があるのでご了承ください。
・会員特典データに関する権利は著者および株式会社翔泳社が所有しています。許可なく配布したり，Webサイトに転載することはできません。
・データの使い方に対して，株式会社翔泳社，著者はお答えしかねます。また，データを運用した結果に対して，株式会社翔泳社，著者は一切の責任を負いません。

試験ガイド

1　技術士試験の概要

● 1．技術士とは

技術士は，科学技術に関する技術的専門知識と高等な応用能力を有する技術者で，科学技術の応用面に携わる技術者に与えられる権威ある国家資格（文部科学省所管）です。

技術士法第2条第1項において，「技術士の名称を用いて，科学技術に関する高等の専門的応用能力を必要とする事項についての計画，研究，設計，分析，試験，評価又はこれらに関する指導の業務を行う者」と定義されています。技術士は，技術士法によってその資格を定めるとともに，高い技術者倫理を備え，継続的な資質向上に努めることが責務となっています。

対象となる分野は，**表1.1**に示すとおり，21の技術部門（総合技術監理部門を含む）に分かれています。

表1.1　技術士の21の技術部門

1．機械部門	8．資源工学部門	15．経営工学部門
2．船舶・海洋部門	9．建設部門	16．情報工学部門
3．航空・宇宙部門	10．上下水道部門	17．応用理学部門
4．電気電子部門	11．衛生工学部門	18．生物工学部門
5．化学部門	12．農業部門	19．環境部門
6．繊維部門	13．森林部門	20．原子力・放射線部門
7．金属部門	14．水産部門	21．総合技術監理部門

● 2．技術士試験の流れ

技術士になるには，技術士法に基づいて行われる技術士第二次試験に合格し，登録することが必要です。そのためには，まず第二次試験を受験するための要件を満たさなければなりません。

技術士試験の仕組みを**図1.1**に示します。

（1）修習技術者になる

図に示すように，“指定された教育課程”の修了者を除き，まずは第一次試験に合格して「修習技術者」になることが必要です。

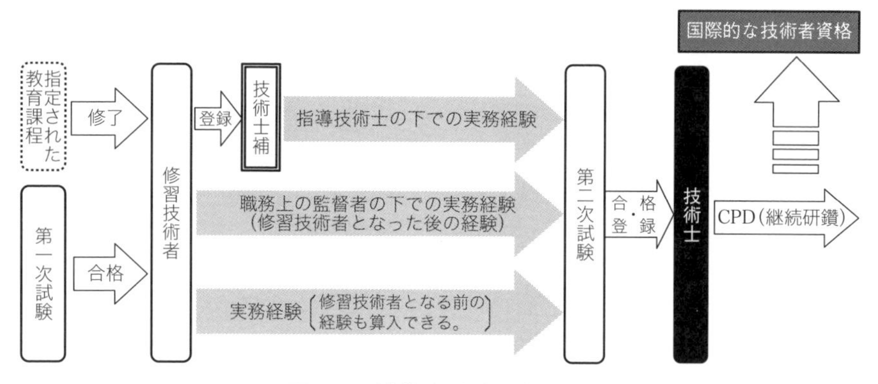

図1.1　技術士試験の仕組み

指定された教育課程とは，「大学その他の教育機関における課程であって科学技術に関するもののうちその修了が第一次試験の合格と同等であるものとして文部科学大臣が指定したもの（技術士法第31条の2第2項）」に該当するものです。日本技術者教育認定機構（JABEE）が認定した教育課程を，文部科学大臣が指定しています。大学その他の教育機関における課程と対応する技術部門の一覧は，日本技術士会のウェブサイト（https://www.engineer.or.jp）で閲覧することができます。

(2) 修習技術者として実務経験を積む

修習技術者は，図1.1に示したように，次の3つのルートのうちいずれか1つの実務経験を経て，第二次試験の受験資格を得ます。

① 技術士補の登録を受け，技術士補として技術士を補助したことがある者で，その補助した期間が通算して4年を超える者。

② 科学技術に関する専門的応用能力を必要とする事項についての計画，研究，設計，分析，試験，評価（補助的業務を除く），またはこれらに関する指導の業務に7年を超える期間従事している監督者（勤務先の上司など）の下で，当該業務に従事した期間が4年を超える者。

③ 科学技術に関する専門的応用能力を必要とする事項についての計画，研究，設計，分析，試験，評価（補助的業務を除く），またはこれらに関する指導の業務に従事した期間が7年を超える者（監督者の有無は問わず，修習技術者となる前の経験も算入できる）。

①～③のすべてにおいて，学校教育法による大学院修士課程（理科系統），

専門職学位過程（理科系統）を修了した者，または博士課程（理科系統）に在学，もしくは在学していた者は，2年間を限度に当該期間を業務経験として算入することができます。

なお，総合技術監理部門を受験する場合は，①～③に示した期間にさらに3年の実務経験が必要となります。

ここで，①にある技術士補に触れておきます。技術士補は，技術士法第2条第2項において，「技術士となるのに必要な技術を修習するため，法第32条第2項の登録を受け，技術士補の名称を用いて，技術士の業務について技術士を補助する者」と規定されています。技術士の補助業務であることから，登録に当たっては同一技術部門の指導技術士が必要となります。

(3) 技術士第二次試験に合格して，登録を行う

上記3つのいずれかのルートによる実務経験の要件を満たすことで第二次試験を受験することができます。なお，第一次試験で合格した技術部門以外の技術部門での受験も可能，つまり，いずれかの技術部門の第一次試験に合格していれば，第二次試験はどの部門でも受験することができます。

そして，第二次試験に合格し，技術士となる資格を得て，登録を完了させると技術士となります。

その後，技術者資格の国際相互承認制度によって，技術士はAPECエンジニア，EMF国際エンジニアの登録申請を行うこともできます。

2　技術士第一次試験

技術士第一次試験は，指定された教育課程の修了者を除き，修習技術者となるための第一関門です。年齢，学歴，業務経歴などによる受験資格の制限はないので，誰でも受験することができます。

第一次試験は，技術士となるのに必要な科学技術全般にわたる基礎的学識，技術士法第４章の規定の遵守に関する適性，技術士補となるのに必要な技術部門についての専門的学識を有するかどうかを判定することとされています。その内容は，４年制大学の自然科学系学部の専門教育課程修了程度となっています。

● 1．試験科目

実施される試験科目は，基礎科目，適性科目，専門科目の3科目で，いずれも5肢択一のマークシート方式で行われます。

(1) 基礎科目

基礎科目は，科学技術全般にわたる基礎知識を問う問題が出題されます。出題内容は，次の5分野に分かれます。

① 設計・計画に関するもの
- 設計理論
- システム設計
- 品質管理など

② 情報・論理に関するもの
- アルゴリズム
- 情報ネットワークなど

③ 解析に関するもの
- 力学
- 電磁気学など

④ 材料・化学・バイオに関するもの
- 材料特性
- バイオテクノロジーなど

⑤　環境・エネルギー・技術に関するもの
・環境
・エネルギー
・技術史など

上記①～⑤の分野から各6問・計30問が出題され，各分野から3問を選択して，計15問を解答する形式となっています。試験時間は，1時間です。

(2) 適性科目

適性科目は，技術士法第4章（技術士等の義務）の規定の遵守に関する適性を問う問題が出題されます。

15問が出題され，全問を解答する形式となっています。試験時間は，1時間です。

(3) 専門科目

専門科目は，**表1.2**に示した20部門の中から，あらかじめ選択する1技術部門に係る基礎知識および専門知識を問う問題が出題されます。“あらかじめ選択する1技術部門”とは，受験申込書に自分が記入した技術部門を指します。試験時間は，2時間です。

35問が出題され，25問を選択して解答する形式となっています。専門科目の範囲については，表1.2に示したとおりです。

なお，総合技術監理部門については，当分の間，第一次試験を実施しないとしています。したがって，総合技術監理部門の第二次試験を受験しようとする人は，他のいずれかの技術部門で第一次試験を受験することになります。

試験科目の概要をまとめると，**表1.3**となります。

なお，平成14年度以前に，第一次試験の合格を経ずに第二次試験に合格している人が第一次試験を受験する場合は，試験科目の一部免除がありますが，ここでは省略します。

● 2. 試験要項

ここでは，令和6年度の実施概要を示しますが，受験に際しては，試験の実施機関である公益社団法人日本技術士会のウェブサイト（https://www.engineer.or.jp）を必ずチェックしてください。

表1.2　技術士第一次試験の技術部門と専門科目の範囲

技術部門	専門科目の範囲
機械部門	材料力学 機械力学・制御 熱工学 流体工学
船舶・海洋部門	材料・構造力学 浮体の力学 計測・制御 機械およびシステム
航空・宇宙部門	機体システム 航行援助施設 宇宙環境利用
電気電子部門	発送配変電 電気応用 電子応用 情報通信 電気設備
化学部門	セラミックスおよび無機化学製品 有機化学製品 燃料および潤滑油 高分子製品 化学装置および設備
繊維部門	繊維製品の製造および評価
金属部門	鉄鋼生産システム 非鉄生産システム 金属材料 表面技術 金属加工
資源工学部門	資源の開発および生産 資源循環および環境
建設部門	土質および基礎 鋼構造およびコンクリート 都市および地方計画 河川，砂防および海岸・海洋 港湾および空港 電力土木 道路 鉄道 トンネル 施工計画，施工設備および積算 建設環境
上下水道部門	上水道および工業用水道 下水道 水道環境

技術部門	専門科目の範囲
衛生工学部門	大気管理 水質管理 環境衛生工学(廃棄物管理を含む) 建築衛生工学（空気調和施設および建築環境施設を含む)
農業部門	畜産 農芸化学 農業土木 農業および蚕糸 農村地域計画 農村環境 植物保護
森林部門	林業 森林土木 林産 森林環境
水産部門	漁業および増養殖 水産加工 水産土木 水産水域環境
経営工学部門	経営管理 数理・情報
情報工学部門	コンピュータ科学 コンピュータ工学 ソフトウェア工学 情報システム・データ工学 情報ネットワーク
応用理学部門	物理および化学 地球物理および地球化学 地質
生物工学部門	細胞遺伝子工学 生物化学工学 生物環境工学
環境部門	大気，水，土壌等の環境の保全 地球環境の保全 廃棄物等の物質循環の管理 環境の状況の測定分析および監視 自然生態系および風景の保全 自然環境の再生・修復および自然とのふれあい推進
原子力・放射線部門	原子力 放射線 エネルギー

表1.3　技術士第一次試験の試験科目の概要

試験科目	試験内容	試験方法	試験時間
基礎科目	科学技術全般にわたる基礎知識を問う問題 ①設計・計画に関するもの ②情報・論理に関するもの ③解析に関するもの ④材料・化学・バイオに関するもの ⑤環境・エネルギー・技術に関するもの	5肢択一のマークシート方式 ①～⑤の分野から各6問・計30問が出題され，各分野から3問を選択して，計15問を解答	1時間
適性科目	技術士法第4章（技術士等の義務）の規定の遵守に関する適性を問う問題	5肢択一のマークシート方式 15問が出題され，全問を解答	1時間
専門科目	20技術部門のうち，あらかじめ選択する1技術部門に係る基礎知識および専門知識を問う問題	5肢択一のマークシート方式 35問が出題され，25問を選択して解答	2時間

(1) 受験申込書等の配布

受験申込書等の配布期間は，**表1.4**に示すように2024年6月7日～6月26日となっています。公益社団法人日本技術士会および同会各地域本部で配布されます。公益社団法人日本技術士会のウェブサイト（https://www.engineer.or.jp）からダウンロードして入手することもできます。

(2) 受験申込書の受付

受験申込書の受付期間は，2024年6月12日～6月26日となっています。受験申込書は，公益社団法人日本技術士会が提出先となり，受付方法は，原則郵送での提出となります。郵送は事故防止のために書留とし，申込最終日までの消印があるものに限り受け付けられます。

(3) 試験日および試験科目の時間割

試験日は，2024年11月24日になります。試験科目の時間割については，受験者に別途通知されます。

表1.4　令和6（2024）年度の技術士第一次試験の日程

日　程	項　目
6月7日～6月26日	受験申込書等の配布期間
6月12日～6月26日	受験申込書の受付期間
11月24日	筆記試験
2025年2月	合格発表

（4）試験地

試験地は，例年，北海道，宮城県，東京都，神奈川県，新潟県，石川県，愛知県，大阪府，広島県，香川県，福岡県，沖縄県の12都道府県となります。試験会場については，10月下旬の官報に公告するとともに，受験者に発送される受験票で通知されます。

（5）合格発表および成績の通知

合格発表は，2025年2月になります。合格者の受験番号，氏名が官報で公告され，合格者には合格証が送付されます。また，合否にかかわらず，受験者全員に成績が通知されます。なお，試験問題の正答は，試験終了後，速やかに公益社団法人日本技術士会のウェブサイトで公表されます。

（6）その他

受験者が解答するに当たっては，電子式卓上計算機（四則演算，平方根，百分率および数値メモリのみ有するものに限る）の使用は認められていますが，ノート，書籍類の使用は禁止されています。

（7）受付窓口および詳細についての問い合わせ先

公益社団法人　日本技術士会

〒105-0011　東京都港区芝公園3-5-8　機械振興会館4階

電話03-6432-4585

https://www.engineer.or.jp

● 3. 配点と合否決定基準

試験科目の配点は，**表 1.5** に示すように基礎科目が各1点の15点満点，適性科目が各1点の15点満点，専門科目が各2点の50点満点となります。

合否決定基準については，2024年2月5日に文部科学省から公表されました。令和6（2024）年度の合否決定基準は，以下のとおりとなっています。

令和6（2024）年度の合否決定基準

① 基礎科目の得点が50%以上であること【＝8点以上】
② 適性科目の得点が50%以上であること【＝8点以上】
③ 専門科目の得点が50%以上であること【＝26点以上】

合格には，①～③をいずれもクリアする，つまり各科目の各々の得点が50%以上必要となります。ちなみに，平成24年度までは，基礎科目および専門科目でそれぞれ40%以上の得点を取り，かつ基礎科目および専門科目の合計得点が50%以上あれば合格（例：基礎科目6点＋専門科目28点，基礎科目9点＋専門科目24点など）となる基準が設けられていましたが，平成25年度からはすべての科目で50%以上の得点が必要となりました。

表 1.5　試験科目の配点と合否決定基準

科目	解答数と配点	合否基準	合格点
基礎科目	30問出題で15問解答 各1点15点満点	50%以上の得点	8点以上
適性科目	15問全解答 各1点15点満点	50%以上の得点	8点以上
専門科目	35問出題で25問解答 各2点50点満点	50%以上の得点	26点以上

● 4. 受験の動向

技術士第一次試験の過去10年間の受験動向を**表 1.6** に示します。

技術士第一次試験は，昭和59年度に第1回が行われ，令和5年度で第40回を数えました。平成15年度に第一次試験が義務づけられたことによって，大幅に増加しましたが，その後はJABEE認定校が増えていることもあり，受験者数はやや減少傾向にあります。

表1.6　過去10年の技術士第一次試験の結果

	受験申込者数（人）	受験者数（人）	合格者数（人）	対受験者合格率（%）
平成25年度	19,317	14,952	5,547	37.1
平成26年度	21,514	16,091	9,851	61.2
平成27年度	21,780	17,170	8,693	50.6
平成28年度	22,371	17,561	8,600	49.0
平成29年度	22,425	17,739	8,658	48.8
平成30年度	21,228	16,676	6,302	37.8
令和元年度	22,073	13,266	6,819	51.4
令和2年度	19,008	14,594	6,380	43.7
令和3年度	22,753	16,977	5,313	31.3
令和4年度	23,476	17,225	7,264	42.2

合格率は，年度によってかなりばらつきが見られます。平成25年度の合格率は37.1％，以降，61.2％，50.6％，49.0％，48.8％，37.8％，51.4％，43.7％，31.3％，令和4年度は42.2％という結果になっています。

令和4年度の技術士第一次試験の技術部門別の結果を**表1.7**に示します。受験者数では，建設部門の受験者が約半数程度を占めています。この傾向は，ほぼ毎年同様になっています。

各年度の部門別の合格率を見ると部門ごとにばらついています。つまり，**各部門共通の基礎科目や適性科目で合否が決まるのではなく，専門科目で決まっている可能性が高いのです。**したがって，全体の合格率の高低は，受験者の多い建設部門の合格率に近いものとなります。建設部門の専門科目が難しいときには，建設部門同様，全体の合格率も下がり，簡単なときには上がります。**合格率を参考にする際には，自分の受験部門の合格率を参考にしましょう。**

なお，受験動向の最新情報については，公益社団法人日本技術士会のウェブサイトもご参照ください。

【URL】https://www.engineer.or.jp/sub02/

表1.7　令和４年度技術士第一次試験の技術部門別の結果

技術部門	受験申込者数（人）	受験者数（人）	合格者数（人）	対受験者合格率（%）
機械部門	2,402	1,710	723	42.3
船舶・海洋部門	34	19	9	47.4
航空・宇宙部門	60	39	22	56.4
電気電子部門	2,059	1,430	522	36.5
化学部門	256	194	107	55.2
繊維部門	49	41	22	53.7
金属部門	152	115	41	35.7
資源工学部門	25	17	14	82.4
建設部門	12,111	8,888	3,661	41.2
上下水道部門	1,540	1,150	471	41.0
衛生工学部門	438	296	150	50.7
農業部門	906	707	304	43.0
森林部門	343	241	91	37.8
水産部門	124	93	30	32.3
経営工学部門	296	236	138	58.5
情報工学部門	776	599	383	63.9
応用理学部門	445	336	135	40.2
生物工学部門	182	139	48	34.5
環境部門	1,184	905	356	39.3
原子力・放射線部門	94	70	37	52.9
計	23,476	17,225	7,264	42.2

基礎・適性科目の出題傾向と対策

I 基礎科目

1 設計・計画に関するもの

● 1. 出題の分析

設計・計画に関するもの（以下，「設計・計画」）の出題内容は，大きく分けると，設計理論，システム設計，品質管理となります。そのうち，システム設計では，信頼性の計算とコストを求める計算に関する出題におおよそ絞り込まれます。

令和５年度の試験の「設計・計画」では，過去問題との類似問題が３問（Ⅰ—1—2，Ⅰ—1—3，Ⅰ—1—5）ありました。全６問の内訳は，計算問題が１問，組み合わせ問題が１問，穴埋め問題が３問（うち１問は計算問題を含む），正誤問題が１問となっています。

出題の難易度は，類似問題の影響もありますが，計算問題，組み合わせ問題，穴埋め問題は比較的やさしいレベルに属します。正誤問題のみ若干専門的な知識を求められることからやや難しい出題でした。過去７年間の出題では，「設計・計画」は全カテゴリーの中でも比較的難易度が低い傾向にあります。**このため，過去問題をしっかりとこなすとともに，基本事項をきちんと押さえることによって，「設計・計画」では確実に３点を取りたいところです。**

● 2. 重要項目と押さえておきたいポイント

「設計・計画」に関しての重要項目と押さえておきたいポイントは，以下のとおりとなります。

(1) 信頼性の計算

信頼性の計算は，令和５年度は１問の出題がありました。比較的出題頻度が高い重要項目です。出題形式は年度により若干異なりますが，基本的にはシステム上の**直列と並列の信頼性の計算方法**を適用すれば，確実に得点につながるものがほとんどです。

(2) コストを求める計算

コストを求める計算は，令和５年度では出題がありませんでしたが，過去７

年間の出題数では（1）より多く，頻度の高い重要項目です。ここでいう“コスト”とは，便宜上，値段，費用，利益，時間などの期待値，最大（最小）値などを含めています。出題形式は，線形計画法による連立一次不等式を利用するもの，デシジョンツリーから読み取るもの，文章とともに表を利用する必要があるもの，アローダイアグラムからクリティカルパスを読み取る前提があるものなどさまざまです。しかし，その多くは設問に沿った**正確な計算式**さえ立てられれば，与えられた数値を代入することで解くことができるものとなっています。設問によっては，計算式そのものが与えられている場合もあります。計算自体は，四則演算で解くことができるので難しくありません。

（3）設計理論

設計理論は，設計の基本的な考え方や材料力学を中心として，毎年1～3問出題されています。令和5年度は，3問の出題がありました。近年では，社会的な背景として，ユニバーサルデザインやバリアフリーといった，いわゆる“人に優しい設計”の出題が見られます。出題範囲そのものは幅広く，絞り込みはなかなか困難ですが，常識的に判断できる内容も多く，過去問題を中心に**基本事項を整理**しておけば対応が可能となります。

（4）品質管理

品質管理は，令和5年度は2問の出題がありました。出題される際は，主に品質管理に関する用語を中心として，用語の説明を伴った穴埋め問題，用語と説明を結びつける組み合わせ問題や正誤問題といった形式をとっています。このため，JISやISOシリーズなどと関連づけて，過去問題を中心に**品質管理の基本用語**を学習しておくとよいでしょう。

●3．令和6年度の試験対策

「設計・計画」は，他のカテゴリーと比べても，過去問題の類似問題が出題される可能性が高いと思われます。このため，試験対策としては，**過去問題を繰り返し解く**ことが特に有効といえます。その際に，押さえておきたいポイントを意識しながら取り組むと，より効果的といえます。

重要項目である「信頼性の計算」「コストを求める計算」については，落ち着いて設問を理解し，計算式の立て方を間違えないように注意してください。できればこの2項目から出題される問題は落とさないようにしたいところです。「設計理論」については，構造力学や材料力学に関する基本事項などが問われる可能性もあります。「品質管理」については，今後1～2問程度の出題があると予想されますが，用語の理解が中心でよいと思われます。その他，製造物責任法などの各種法令からの出題なども考えられますが，これらは適性科目の学習と重なる部分があるので，十分に対応が可能です。

「設計・計画」は，比較的難易度が低い傾向にあるため，出題数をすべて解くことも可能ですが，あくまでも解答数は3問となっていますので，実際の試験では確実なものから3問を選ぶことを心掛けてください。

● 4. 出題内容別の出題一覧とキーワード

「設計・計画」の過去問題の出題一覧とキーワードを出題内容別に挙げます。キーワードをすべて理解する必要はありません。学習を深めるための参考としてください。

【信頼性の計算】

年度	問題番号	出題内容	キーワード
令和5年度	1-4	信頼性計算	信頼度，2/3多数決冗長系，故障
令和3年度	1-2	信頼性計算	信頼度
	1-4	信頼性計算	平均故障間隔（MTBF），平均修復時間（MTTR），定常アベイラビリティ，稼働率
令和2年度	1-6	信頼性計算	信頼度
平成30年度	1-1	信頼性計算	信頼度

【コストを求める計算】

年度	問題番号	出題内容	キーワード
令和4年度	1-4	コスト計算	安全率，期待損失額
	1-6	コスト計算	費用便益計算
令和2年度	1-4	コスト計算	線形計画法
令和元年度	1-2	コスト計算	最小年間総費用
	1-5	平均滞在時間の計算	待ち行列，ポアソン分布，指数分布
平成30年度	1-4	コスト計算	線形計画法
	1-5	コスト計算	最適化
平成29年度	1-1	平均対応時間の計算	待ち行列，ポアソン分布，指数分布
	1-3	コスト計算	期待総損失額，デシジョンツリー，ノード

【設計理論】

年度	問題番号	出題内容	キーワード
令和5年度	1-1	材料の選定	鉄鋼，CFRP，比強度
	1-2	材料力学	圧縮荷重，たわみ，座屈，共振
	1-3	材料の特性	引張試験，伸び，ひずみ，塑性，弾性，公称応力，引張強さ，疲労限度
令和4年度	1-1	金属材料の性質	疲労限度線図，クリープ，縦弾性係数，von Mises相当応力
	1-5	材料力学	円形，長方形，等分布荷重，最大曲げ応力，最大たわみ，断面係数，断面二次モーメント
令和3年度	1-1	ユニバーサルデザイン	ユニバーサルデザインの7原則
	1-5	構造力学	オイラー座屈，安全性，引張強度，許容応力，限界状態
	1-6	製図法	第一角法，第二角法，第三角法，第四角法，ISO
令和2年度	1-1	ユニバーサルデザイン	ユニバーサルデザインの7原則
	1-2	応力と強度	応力，強度，確率変数
	1-3	荷重と変形	弾性荷重，破断，座屈，圧壊，構造部材
	1-5	製図法	第一角法，第三角法，想像図，主投影図
令和元年度	1-3	図面の基本事項	幾何公差，限界ゲージ，投影法，図面の細目事項
	1-4	材料の強度	圧縮荷重，変形，たわみ，座屈
平成30年度	1-3	ユニバーサルデザイン，バリアフリーデザイン	ユニバーサルデザインの7原則
	1-6	製造物責任法	製造物責任法，欠陥
平成29年度	1-2	安全係数	安全係数
	1-4	材料力学	引張試験，弾性，塑性
	1-5	図面の基本事項	第三角法，はめあい方式，幾何公差，JIS
	1-6	材料の強度	破壊確率

【品質管理】

年度	問題番号	出題内容	キーワード
令和5年度	1-5	信頼性用語	フェールセーフ，フェールソフト，フリープルーフ，フォールトトレランス
	1-6	相関係数	散布図，回帰分析，決定係数，因果関係
令和4年度	1-2	確率分布	ポアソン分布，指数分布，正規分布，二項分布
	1-3	正規分布	標準偏差，平均，正規分布
令和3年度	1-3	品質管理	PDCAサイクル
令和元年度	1-1	最適化	線形計画，凸計画問題，整理計画，ヒューリスティック
平成30年度	1-2	品質管理	アローダイアグラム，要素作業，ダミー作業，クリティカルパス

【その他】

年度	問題番号	出題内容	キーワード
令和元年度	1-6	数式，定理	マクローリン展開，オイラーの等式，ロピタルの定理，フーリエ級数

2　情報・論理に関するもの

● 1．出題の分析

情報・論理に関するもの（以下，「情報・論理」）の出題内容は，大きく分けると，カテゴリー名称と同様に，情報と論理となります。そのうち，情報に関しては，情報量計算，基数変換，情報ネットワークに関する出題が中心に，論理に関しては，アルゴリズムに関する出題が中心になっています。

令和5年度の試験の「情報・論理」では，過去問題との類似問題が2問（Ⅰ—2—2, Ⅰ—2—6）ありました。

出題の難易度は，類似問題などの影響もありますが，令和5年度は比較的やさしいレベルに属します。過去7年間の出題を見ると，「情報・論理」は全カテゴリーの中で普通程度のレベルといった傾向にあります。

この分野が苦手という受験者も見られますが，類似問題の出題率が比較的高く，**過去問題をしっかりとこなし，解き方に慣れてしまえば，その応用が利く出題が毎年見られる傾向にあるので，確実な得点源になります。**ただし，その場合でもやみくもに手を広げず，過去問題の重要項目に絞って，効率良く学習することが優先です。

● 2．重要項目と押さえておきたいポイント

「情報・論理」に関しての重要項目と押さえておきたいポイントは，以下のとおりとなります。

（1）アルゴリズム

アルゴリズムに関しては，毎年1問から数問程度出題されてきました。令和5年度は1問の出題がありました。複雑な計算を伴う問題は出題されていません。一見すると何か複雑な式を展開しなければならないような感覚になる過去問題もありましたが，実際は設問で与えられた条件をもとに，**落ち着いて手順をたどる**こと，あるいは図や表に起こしてみることで解答が得られるものがそのほとんどです。流れ図や構文図，決定表などでも同様です。

（2）基数変換

基数変換は，令和5年度は直接的な出題はありませんでしたが，情報量計算の基礎知識としての理解が求められる項目です。過去の出題では，2進法から

10進法への変換，10進法から2進法への変換などのパターンがありますが，決して難しいものではないので，**変換方法をマスター**すれば，確実に得点できます。過去の出題では，小数の基数変換が中心になっている点に注意が必要です。

(3) 情報量計算

情報量計算は，令和元年度以降，毎年1回以上の出題があります。令和5年度は1問の出題がありました。出題形式は年度により異なりますが，その多くは設問に沿った**正確な計算式**を立て，かつ単位を揃えること（1バイト→8ビットなど）に注意すれば，比較的やさしい項目といえます。“1ビットで表現できる情報量は「0」と「1」で2通り，nビットで表現できる情報は2^n通りとなる”という考え方が基本となります。

(4) 情報ネットワーク

情報ネットワークに関しては，令和5年度は2問の出題がありました。情報セキュリティ関連，インターネット関連の問題を中心に，これまでもほぼ毎年1～2問程度出題されています。新規の問題として出題されることも多く，難易度は年度によりまちまちです。常識的な範囲で解答可能な設問であれば選択候補となりますが，受験者から見て専門性が高いと思われる設問に対しては，あえて手を出さないことも選択肢の一つとなります。

● 3. 令和6年度の試験対策

「情報・論理」は，過去問題の同一問題そのものでなくとも，解き方をマスターしていれば対応できる問題が出題される可能性が高いと思われます。このため，試験対策としては，過去問題をこなして，その解き方のパターンを覚えてしまうことが有効でしょう。

重要項目である「アルゴリズム」については，設問をよく読み，それに合った手順さえ間違わなければ十分に対応が可能です。また，設問中の選択肢に，解答に向けた手順を省くヒントがある場合も見られるので，この点も意識して取り組んでください。「基数変換」については，小数の10進法・2進法変換方法を確実にマスターしてください。「情報量計算」は，単純計算で済む場合でも，設問にある条件に沿って単位を揃える必要がある点などに注意してください。「情報ネットワーク」については，情報セキュリティ関連，インターネット関連の基本用語の復習程度で十分でしょう。

重要項目以外では，論理式，集合，演算誤差に関する問題が出題されています。論理式はド・モルガンの法則，集合はベン図と重なり部分の処理方法の知識があれば決して難しいものではありません。演算誤差については，誤差の種類と特徴について学習すればよいでしょう。

● 4. 出題内容別の出題一覧とキーワード

「情報・論理」の過去問題の出題一覧とキーワードを出題内容別に挙げます。キーワードをすべて理解する必要はありません。学習を深めるための参考としてください。

【アルゴリズム】

年度	問題番号	出題内容	キーワード
令和5年度	2-2	アルゴリズム	流れ図，公約数，最大公約数
令和4年度	2-5	アルゴリズム	流れ図，基数変換
令和3年度	2-4	アルゴリズム	決定表
	2-5	アルゴリズム	中置記法，逆ポーランド表記法
	2-6	アルゴリズム	漸近的記述，オーダ表記
令和2年度	2-5	アルゴリズム	流れ図，基数変換
令和元年度	2-2	アルゴリズム	二分探索木
	2-3	アルゴリズム	距離空間計算
	2-4	構文図	構文図
	2-6	アルゴリズム	スタック
平成30年度	2-2	状態推移図	状態推移図
	2-5	アルゴリズム	後置記法，二分木
平成29年度	2-3	アルゴリズム	流れ図
	2-4	アルゴリズム	決定表
	2-5	構文図	構文図

【基数変換】

年度	問題番号	出題内容	キーワード
令和元年度	2-1	基数変換	基数変換，2進数，10進数，16進数
平成29年度	2-2	浮動小数表現	符号，指数，仮数，基数変換，2進数，10進数

【情報量計算】

年度	問題番号	出題内容	キーワード
令和5年度	2-3	合同式の計算	ISBN-13，mod
令和4年度	2-3	情報量計算	LRU，総アクセス時間
	2-4	情報量計算	ハミング距離
	2-6	情報量計算	IPv4，IPv6
令和3年度	2-3	情報量計算	伝送時間，回線速度，回線利用率
令和2年度	2-6	情報量計算	キャッシュのヒット率，実効アクセス時間
令和元年度	2-5	情報量計算	ハミング距離

【情報ネットワーク】

年度	問題番号	出題内容	キーワード
令和5年度	2-1	情報セキュリティ	パスワード，PINコード，生体認証，二段階認証，LAN，WEP
	2-4	情報圧縮	可逆圧縮，非可逆圧縮，復号化，JPEG，MPEG
令和4年度	2-1	テレワーク環境	Web会議サービス，通信機器の脆弱性，フィッシング，ソーシャルハッキング，インシデント
令和3年度	2-1	情報セキュリティ	公開鍵暗号方式，ディジタル署名，ウイルス対策，秘密鍵，WEP方式
令和2年度	2-1	情報の圧縮	可逆圧縮，JPEG，MPEG
	2-3	標的型攻撃	メールゲートウェイ，実行ポリシー
平成30年度	2-1	情報セキュリティ	ファイアウォール，暗号化，パスワード，無線LAN
平成29年度	2-1	情報セキュリティ	添付ファイル，セキュリティパッチ，パスワード
	2-6	CPU実行時間	CPU実行時間，クロック周波数

【その他】

年度	問題番号	出題内容	キーワード
令和5年度	2-5	論理式	論理和，論理積，排他的論理和，ビット列
	2-6	集合	全体集合，部分集合，積集合，和集合，補集合

年度	問題番号	出題内容	キーワード
令和4年度	2-2	集合	積集合，和集合，要素数
令和3年度	2-2	論理式	論理和，論理積，論理変数
令和2年度	2-2	論理式	論理式，真理表
	2-4	補数	基数，補数
平成30年度	2-3	補数	基数，補数
	2-4	論理式	論理式，ド・モルガンの法則
	2-6	集合計算	集合

3　解析に関するもの

●1．出題の分析

過去7年間の解析に関するもの（以下，「解析」）の出題内容は，大きく分けると，力学と解析になります。そのうち，力学は材料力学に関する出題が中心，解析は数学と有限要素法に関する出題が中心となっています。

令和5年度の試験の「解析」では，過去問題との類似問題が2問（Ⅰ—3—1，Ⅰ—3—6）ありました。

出題の難易度は，普通程度のレベルに属します。過去7年間を見ると，「解析」は全カテゴリーの中でやや難しいレベルといった傾向にあります。力学では各種公式，解析では積分や偏微分，行列などが必要知識となりますので，これらを身につけていないと正答を導き出すのが困難な場合があります。しかし，いずれも基礎的なものが中心となっているので，**暗記すべき公式の絞り込み，積分や偏微分，行列の計算方法さえ習得していれば，得点の幅が広がるカテゴリーといえます。**その場合でも，やはりやみくもに手を広げず，過去問題の頻出重要項目に絞って，そこで必要とされる公式や計算方法を効率良く学習することをおすすめします。

●2．重要項目と押さえておきたいポイント

「解析」に関しての重要項目と押さえておきたいポイントは，以下のとおりとなります。

(1) 材料力学

材料力学は，出題数が多い重要項目です。毎年2～3問の出題があります。令和5年度は2問の出題がありました。出題形式は年度により異なりますが，その多くは基本公式をもとに，その式の変形を活用することなどにより解答を導くものがほとんどです。力学と聞いただけで苦手意識を持つ受験者もいると思いますが，設問自体はあまり複雑なものは出題されていませんので，過去問題で必要とされた**基本公式を確実に覚えておけば**，十分に対応できます。安定した出題数が見られるので，ここで1点は得点したいところです。覚えるべき公式は，具体的には，応力，ひずみ，ヤング率，フックの法則，ポアソン比，断面二次モーメント，ばねの弾性エネルギー，固有振動数，慣性モーメントの

薄板直交軸の定理などになります。

(2) 数学

令和5年度では，3問の出題がありました。ここでは，数学という大きな括りとしていますが，具体的には微分（偏微分），積分（定積分，重積分），行列などの知識が問われるものが出題されています。これらの基礎知識がないと難しい項目となりますが，過去問題では類似問題として出題される傾向も見られ，苦手だからといって初めから除外するにはもったいない問題も含まれています。例えば，令和元年度のⅠ―3―2の“ヤコビ行列”に関する出題のように，一見すると相当に難しいことが問われているように感じますが，多少の知識を持っていれば求められるものなどがあり，ある程度のパターン化が見られます。

(3) 有限要素法

令和5年度は直接的ではありませんでしたが，Ⅰ―3―3のような数値解析全般の問題に含まれた出題がありました。今後も正誤を問う問題での出題が想定されます。有限要素法は，主要な解析手法ですので，分割要素や隣接要素などを絡めて，**その特徴をまとめておく**とよいでしょう。

(4) 熱流体力学

令和元年度までの8年間は出題がありませんでしたが，令和2年度は1問の出題がありました。この項目も過去問題で必要とされた基本公式を確実に覚えておくとよいでしょう。具体的には，理想気体の状態方程式，ポアソンの法則，フーリエの法則などの公式になります。他の項目に比べるとやや難問のものも含まれるので，実際の試験で難しいと判断した場合は手を出す必要はないでしょう。

● 3. 令和6年度の試験対策

「解析」は，過去問題の同一問題そのものでなくとも，変数や座標値が変更されているもの，あるいは解き方の過程が類似するものが見られます。このため，試験対策としては，過去問題にしっかりと取り組み，問題とその解き方の流れを身につけることが有効と思われます。

重要項目である「材料力学」については，これまで出題された範囲内での基本公式を覚えてください。「数学」については，積分や偏微分，行列の基本を簡単に復習するとともに，2×2行列の逆行列などは公式として覚え込んでしまうのも一つの対処法になります。「有限要素法」については，少し幅を広げて，有限要素法そのものに加え，境界要素法や差分法などの基本的な解析手法の特徴なども覚えておくとよいでしょう。「熱流体力学」については，近年に出題が見られませんでしたが，基本公式を押さえておくとよいでしょう。

● 4．出題内容別の出題一覧とキーワード

「解析」の過去問題の出題一覧とキーワードを出題内容別に挙げます。キーワードをすべて理解する必要はありません。学習を深めるためのヒントとしてください。

【材料力学】

年度	問題番号	出題内容	キーワード
令和5年度	3-4	部材の伸び	ヤング率，伸び
	3-5	慣性モーメント	角加速度，トルク
令和4年度	3-4	部材の伸び	分力
	3-5	慣性モーメント	角速度，トルク
	3-6	振動	張力，復元力，固有振動数
令和3年度	3-4	弾性体に生じる応力	縦弾性係数，線膨張率，応力
	3-5	ばねの変位	ポテンシャルエネルギー
	3-6	四分円の重心	重心座標
令和2年度	3-5	ばねの固有振動数	ばね定数，固有振動数
令和元年度	3-3	落下運動	等速運動
	3-4	ポアソン比	ヤング率，応力，ひずみ
	3-5	荷重とひずみエネルギー	ひずみエネルギー
	3-6	剛体振り子	慣性モーメント，角振動数
平成30年度	3-5	ばねの変位	ポテンシャルエネルギー
	3-6	弾性体に生じる伸び	フックの法則
平成29年度	3-5	部材の伸び	縦弾性係数（ヤング係数），伸び
	3-6	はりのたわみ	断面二次モーメント

【数学】

年度	問題番号	出題内容	キーワード
令和5年度	3-1	逆行列	逆行列
	3-2	重積分	重積分，領域
	3-3	数値解析	等価，桁落ち誤差，情報落ち，係数行列，有限要素法，要素分割
令和4年度	3-1	導関数	差分表現，格子幅
	3-2	ベクトル	内積，外積
	3-3	数値解析	丸め誤差，有限要素解析，要素分割，ニュートン法，収束判定条件
令和3年度	3-1	偏微分	偏微分，回転rot
	3-2	積分	3次関数
令和2年度	3-1	偏微分	偏微分，発散div
	3-2	微分	勾配
	3-3	数値解析の誤差	近似誤差，桁落ち，格子幅，非線形現象
	3-4	三角形の面積座標	三角形の重心
令和元年度	3-1	偏微分	偏微分，発散div
	3-2	ヤコビ行列	偏微分，2行2列
平成30年度	3-1	定積分	定積分
	3-2	偏微分	偏微分
	3-3	逆行列	逆行列
	3-4	ニュートン法	ニュートン法
平成29年度	3-1	導関数の差分表現	導関数，差分表現，格子幅
	3-2	ベクトル	分解

【有限要素法】

年度	問題番号	出題内容	キーワード
令和3年度	3-3	有限要素法	要素，ひずみ
平成29年度	3-3	有限要素法	有限要素法，要素分割

【その他】

年度	問題番号	出題内容	キーワード
令和5年度	3-6	合成抵抗	合成抵抗
令和2年度	3-6	流速	ベルヌーイの定理
平成29年度	3-4	合成抵抗	合成抵抗

4　材料・化学・バイオに関するもの

●1．出題の分析

過去7年間の材料・化学・バイオに関するもの（以下，「材料・化学・バイオ」）の出題内容は，カテゴリー名称と同様に，材料，化学，バイオテクノロジーとなっています。年度によって多少の増減はありますが，全6問での各出題が2問ずつバランスよく出題されています。

令和5年度の試験の「材料・化学・バイオ」では，過去問題との類似問題（Ⅰ—4—1，Ⅰ—4—4，Ⅰ—4—6）が3問となっています。

出題の難易度は，令和5年度は類似問題が多かった点を考慮して比較的やさしいレベルに属します。過去7年間を見ると，「材料・化学・バイオ」は全カテゴリーの中でも難易度がやや高いレベルにあります。このカテゴリーが一番得意という受験者もいますが，異分野の受験者には歯が立たない問題も含まれているため，学習計画から除外して考えている人も多いようです。例えば，化学を見てみると，内容的には高校化学のレベルとはいえ，正確に反応式を追う必要があったり，元素そのものの特性を知らなかったりすると解答がおぼつかないものがあります。バイオについては，幅広い分野から新規問題として出題されることが多いので，学習に向けた絞り込みが難しい部分があります。

しかし，他のカテゴリー同様，「材料・化学・バイオ」でも必ず3問は選択しなければなりません。1点でも加点できれば，合格に向けて有利なものとなります。**このカテゴリーは特に類似問題の出題率が高まっていることから，過去問題に範囲を絞ってしっかりと学習すれば，確実に点数を取ることが可能です。**

●2．重要項目と押さえておきたいポイント

「材料・化学・バイオ」に関しての重要項目と押さえておきたいポイントは，以下のとおりです。

（1）材料

材料については，令和5年度は2問の出題がありました。材料の中では金属に関する出題の頻度が高い傾向にあります。出題形式は年度により若干異なりますが，正誤または穴埋めの設問方法で問うものが多く見られます。ここで

も，やみくもに手を広げず，**過去7年間の出題に的を絞った学習**が重要となります。具体的には，金属の腐食・変形・破壊，金属と自由電子，熱伝導，放射線と材料，セラミックス，環境負荷低減材料などとなります。

(2) 化学

化学については，毎年ほぼ2問程度の出題があります。令和5年度にはありませんでしたが，例年，化学反応に関する計算を伴う出題が見られます。これらは，化学反応に関する基礎知識は必要となりますが，やはり過去問題の出題に的を絞って理解を進めれば，それほど深い知識を必要とせずに計算問題の延長として捉えられる部分もあり，類似問題が出題された際にも役立つと思われます。

(3) バイオテクノロジー

バイオテクノロジーについては，毎年ほぼ2問程度の出題があります。DNAやタンパク質に関する比較的難易度の高い出題が多く，実際の試験で難しいと判断された場合はあえて手を出さないことも選択肢の一つになります。

● 3．令和6年度の試験対策

かつては難問が多く見られた「材料・化学・バイオ」も，近年は類似問題の出題が増えている傾向にあります。このため，試験対策としては，過去問題をしっかり解いて，その解き方を理解することが有効と思われます。

重要項目である「材料」については，金属材料が中心となっているので，過去問題で出題された金属の特性などを中心に覚えておくとよいでしょう。「化学」については，最初から除外するのではなく，まずは過去問題をあたって出題形式に慣れ，初見では理解できなくとも，解説を読めば理解ができるものに絞って学習を進めることも一つの対処法といえます。「バイオテクノロジー」に関しては，遺伝子工学，DNA，タンパク質とアミノ酸など，バイオテクノロジーの基礎知識に絞って学習する程度でもよいかもしれません。

● 4．出題内容別の出題一覧とキーワード

「材料・化学・バイオ」の過去問題の出題一覧とキーワードを出題内容別に挙げます。キーワードをすべて理解する必要はありませんが，学習を深めるためのヒントとしてください。

【材料】

年度	問題番号	出題内容	キーワード
令和5年度	4-3	結晶構造	体心立方構造，面心立方構造，六方最密充填構造
	4-4	金属材料の腐食	腐食，不動態化
令和4年度	4-3	金属材料の知識	ニッケル，めっき
	4-4	力学特性試験	弾塑性挙動，公称応力，公称ひずみ
令和3年度	4-3	金属の変形	フックの法則，ヤング係数，応力，ひずみ
	4-4	鉄の製錬	鉄，鉄鉱石，銑鉄
令和2年度	4-3	金属の密度・電気抵抗率・融点	金属の密度・電気抵抗率・融点
	4-4	アルミニウムの結晶	面心立方構造
令和元年度	4-4	材料の特性	炭酸ナトリウム，黄リン，酸化チタン，グラファイト，鉛
平成30年度	4-3	金属材料の腐食	腐食，不動態化
	4-4	金属の変形・破壊	塑性，自由電子，格子欠陥，加工硬化，疲労破壊
平成29年度	4-1	金属イオンの性質	金属イオン，沈殿反応，両性元素
	4-3	結晶構造	体心立方構造，面心立方構造，六方最密充填構造
	4-4	部品や材料に含まれる元素	乾電池負極材，光ファイバー，ジュラルミン，永久磁石

【化学】

年度	問題番号	出題内容	キーワード
令和5年度	4-1	原子	元素記号，中性子，電子，同位体，同素体
	4-2	コロイド	凝析，透析，チンダル現象，電気泳動，ゾル
令和4年度	4-1	化学反応	酸性度，pH，塩基性
	4-2	酸化数	原子の酸化数
令和3年度	4-1	同位体	陽子，電子，質量数，中性子，放射線
	4-2	化学反応	酸化還元反応

年度	問題番号	出題内容	キーワード
令和2年度	4-1	二酸化炭素生成量の計算	燃焼反応式，モル
	4-2	有機化学反応	付加，脱離，置換，転位
	4-5	好気呼吸とエタノール発酵	モル比，二酸化炭素発生量
令和元年度	4-1	ハロゲン	酸の強さ，電気陰性度，沸点，酸化力
	4-2	同位体	陽子，電子，質量数，中性子，放射線
	4-3	原子パーセント	原子パーセント，重量パーセント
平成30年度	4-1	物質量	モル数
	4-2	酸と塩基	pH
平成29年度	4-2	沸点	質量モル濃度

【バイオテクノロジー】

年度	問題番号	出題内容	キーワード
令和5年度	4-5	タンパク質	アミノ酸，ペプチド結合，酵素，デンプン
	4-6	PCR法	DNAの熱変性，アニーリング，伸長反応
令和4年度	4-5	酵素	非極性アミノ酸，ペプチド結合，触媒，リパーゼ
	4-6	DNA	ポリヌクレオチド鎖，アデニン，チミン，グアニン，シトシン
令和3年度	4-5	アミノ酸	カルボキシ基，ヒドロキシ基，疎水性，親水性，側鎖
	4-6	DNA	遺伝子突然変異，中立突然変位，フレームシフト，鎌状赤血球貧血症，潜性
令和2年度	4-6	PCR法	DNAの熱変性，アニーリング，伸長反応
令和元年度	4-5	DNAの変性	二重らせん構造，水素結合，ヌクレオチド，ホスホジエステル結合，シトシン，変性
	4-6	タンパク質	側鎖，ペプチド結合，等電点
平成30年度	4-5	細胞の化学組成	有機小分子，核酸
	4-6	タンパク質	アミノ酸，一次構造，非共有結合
平成29年度	4-5	アミノ酸	アミノ基，カルボキシ基，R鎖，疎水性，光学異性体，L体，D体
	4-6	遺伝子組換え	ゲノム編集，DNA

5　環境・エネルギー・技術に関するもの

●1．出題の分析

「環境・エネルギー・技術に関するもの」（以下，「環境・エネルギー・技術」）の出題内容は，カテゴリー名称と同様に，環境，エネルギー，技術となっています。出題は，環境から2問，エネルギーから2問，技術から2問というパターンが続いています。

令和5年度の試験の「環境・エネルギー・技術」では，過去問題との類似問題が2問（Ⅰ—5—4，Ⅰ—5—6）ありました。

出題の難易度は，令和5年度では比較的やさしいレベルに属します。過去7年間を見ても，「環境・エネルギー・技術」は全カテゴリーの中でもやさしいレベルに属し，ある程度，日常的な常識で解答できるものが毎年含まれている傾向にあります。**過去問題にしっかりと取り組むとともに，そこで登場した基本事項をしっかり押さえることによって，「環境・エネルギー・技術」では確実に加点したいところです。**

●2．重要項目と押さえておきたいポイント

「環境・エネルギー・技術」に関しての重要項目と押さえておきたいポイントは，以下のとおりです。

(1) エネルギー

エネルギーについては，令和5年度を含めて，毎年2問程度の出題があります。時事的な要素や換算計算などが含まれる出題はやや難しいレベルのものもありますが，それ以外の出題は比較的取り組みやすいものが多く見られます。過去問題に加えて，日本のエネルギー政策，発電比率，**再生エネルギーの現況に関する若干の最新情報，日本と世界のエネルギー情勢**を入手しておけば，試験対策として十分でしょう。エネルギー関連の換算問題については，換算の値があらかじめ与えられているような場合であれば，単位に注意する必要はありますが，単純な計算問題である場合もあるので，十分に対応が可能でしょう。

(2) 環境

環境についても，令和5年度を含めて，毎年2問程度の出題があります。出題形式は，正誤または穴埋めの設問が多く，日常の知識内で対応できるものが

多く含まれています。出題内容は，地球温暖化問題，廃棄物・リサイクル対策が中心となっています。環境関連用語を絡めた出題がしばしば見られることから，**過去問題を中心に環境関連の基本用語を学習**しておくとよいでしょう。

● 3．令和６年度の試験対策

「環境・エネルギー・技術」は，比較的類似問題が出題されやすい傾向にあります。このため，試験対策としては，過去問題をしっかりと解いて，そこに登場する用語などを中心に理解することが有効です。

重要項目である「エネルギー」については，時代背景もあり，再生エネルギー関連の出題が予想されます。「環境」については，これまでどおり，地球温暖化問題，廃棄物・リサイクル対策，環境保全対策の出題が中心になると思われます。「技術」に関しては，ここ数年間は科学技術史の出題がメインとなっています。

● 4．出題内容別の出題一覧とキーワード

「環境・エネルギー・技術」の過去問題の出題一覧とキーワードを出題内容別に挙げます。キーワードをすべて理解する必要はありません。学習を深めるためのヒントとしてください。

【エネルギー】

年度	問題番号	出題内容	キーワード
令和5年度	5-3	日本のエネルギー	太陽光発電，原油輸入，LNG輸入先，風力発電，地熱発電
	5-4	液化天然ガスの体積計算	理想気体の体積
令和4年度	5-3	石油情勢	エネルギー白書
	5-4	水素の性質	液体水素，発熱量，水素還元
令和3年度	5-3	日本のエネルギー情勢	総発電電力量，再生可能エネルギー，太陽光発電，風力発電
	5-4	一次エネルギー供給量	石油換算トン
令和2年度	5-3	日本のエネルギー消費	エネルギー消費量

年度	問題番号	出題内容	キーワード
令和2年度	5-4	エネルギー情勢	電源別発電電力量，天然ガス，シェールガス
令和元年度	5-3	長期エネルギー需要見通し	電源構成，最終エネルギー消費量，エネルギー自給率
	5-4	二酸化炭素発生量	炭素排出係数
平成30年度	5-3	石油情勢	貿易統計
	5-4	エネルギー利用	スマートグリッド，スマートコミュニティ，スマートハウス，スマートメーター
平成29年度	5-3	液化天然ガスの体積計算	理想気体の体積
	5-4	日本のエネルギー消費	エネルギー消費量，トップランナー制度

【環境】

年度	問題番号	出題内容	キーワード
令和5年度	5-1	生物多様性	固有種，里池里山，在来種
	5-2	大気汚染	硫黄酸化物，窒素酸化物，浮遊粒子状物質，光化学オキシダント
令和4年度	5-1	気候変動対策	気候変動に関する政府間パネル（IPCC）第6次評価報告書
	5-2	廃棄物	一般廃棄物，産業廃棄物，特別管理産業廃棄物，バイオマス，RPF
令和3年度	5-1	気候変動対策	RE100，特定フロン，気候関連財務情報開示タスクフォース（TCFD），ゼロ・カーボンシティ，ZEH，ZEH-M
	5-2	環境保全対策	ダイオキシン，屋上緑化，壁面緑化，管理型処分場，原位置浄化技術，下水処理
令和2年度	5-1	環境問題	プラスチックごみ，資源循環
	5-2	生物多様性の保全	生物多様性条約，移入種（外来種）
令和元年度	5-1	大気汚染	硫黄酸化物，窒素酸化物，浮遊粒子状物質，光化学オキシダント
	5-2	環境用語	二国間オフセット・クレジット制度，温室効果ガス，カーボンフットプリント，ライフサイクルアセスメント，環境基準

年度	問題番号	出題内容	キーワード
平成30年度	5-1	環境用語	持続可能な開発目標（SDGs）
	5-2	環境用語	グリーン購入，環境報告書，環境会計，環境監査，ライフサイクルアセスメント
平成29年度	5-1	環境用語	ライフサイクルアセスメント，汚染者負担原則，拡大生産者責任，環境監査
	5-2	パリ協定	COP21，二国間オフセット・クレジット制度

【技術・その他】

年度	問題番号	出題内容	キーワード
令和5年度	5-5	各種法律法令	労働安全衛生法，製造物責任法，工場法，全国安全週間，工業標準化法（産業標準化法）
	5-6	科学と技術の歴史	
令和4年度	5-5	科学技術とリスク	リスク評価，レギュラトリーサイエンス，リスクコミュニケーション
	5-6	著名人物の業績	
令和3年度	5-5	科学と技術の歴史	
	5-6	日本の科学技術政策	科学技術基本計画
令和2年度	5-5	日本の産業技術の発展	工業化の歴史
	5-6	著名人物の業績	
令和元年度	5-5	科学と技術の歴史	
	5-6	法令	特許法，知的財産基本法
平成30年度	5-5	著名人物の業績	
	5-6	技術者倫理	プロフェッショナル
平成29年度	5-5	産業革命	
	5-6	著名人物の業績	

Ⅱ 適性科目

適性科目は，基礎科目や専門科目と異なり，知識や能力を問うものではなく，技術士法第４章（技術士等の義務）の規定の遵守に関する適性を確かめるための試験です。言い換えれば，受験者が技術士になるのにふさわしい考え方や行動がとれるのかを確認するための科目です。

実際に適性科目の出題は，上記の確認を行うための内容が中心となっており，過去問題を解いてみれば，決して難しくないことが理解できると思います。出題の中には，規定や制度などを取り上げているものがありますが，それ自身を知らなくとも解答が可能なものがほとんどです。したがって，**適性科目の学習に時間をかける必要はなく，過去問題を解いてみることで十分に合格圏に到達することが可能です。**ただし，近年になって関連法令・標準規格についての出題が増えており，これらは条文や内容の理解が前提となる解答を求められる場合があるので，その点の学習は最低限必要となります。

● 1．出題の分析

適性科目は，15問が出題され，そのすべてに解答する必要があります。合否決定基準は50％以上となっています。

適性科目の出題内容は，大きく分けて，技術士法関連，関連法令・標準規格，技術者の倫理の３つです。

● 2．重要項目と押さえておきたいポイント

(1) 技術士法関連

技術士法関連では，技術士法第４章に関するものが，毎年１問は必ず出題されています。令和２年度のように技術士法第４章そのものの条文が示されたうえで解答する出題も見られます。技術士法第４章では，「技術士等に課せられる３つの義務と２つの責務」が条文化されています。具体的には，信用失墜行為の禁止，技術士等の秘密保持義務，技術士の名称表示の場合の義務，技術士等の公益確保の責務，技術士の資質向上の責務になります。条文そのものが設問となる以外にも，技術士として活動する際に遭遇するであろうさまざまな場面において，**技術士法第４章に照らしてどのように判断されるか**という設問も見られます。技術士法第４章は，技術士第二次試験の口頭試験などでも試問内

容の事項となりますので，十分に内容を理解する必要があります。その他に，技術士法関連では，CPDに関する出題などがありました。

(2) 関連法令・標準規格

関連法令・標準規格は，近年になって出題数が増加傾向にあります。令和5年度は8問程度の出題がありました。過去7年間の出題において，関連法令では，製造物責任法，公益通報者保護法，個人情報保護法，育児・介護休業法，循環型社会形成推進基本法，消費生活用製品安全法，不正競争防止法，遺伝子組み換え生物等の使用等の規制による生物の多様性の確保に関する法律，知的財産権（著作権），労働安全衛生法，労働関連法規，安全保障貿易管理などの出題がありました。標準規格では，ISO26000，ISO31000の出題がありました。リスクマネジメント関連の出題も増えてきました。

解答に向けては，**各法令の目的や制度内容のポイントを把握する**必要があります。もちろん，設問には常識内で解答できるものが含まれていますが，判断基準を微妙に問う出題に対しては，法に照らして正答を導くことが求められます。

(3) 技術者の倫理

技術者の倫理に関しては，近年やや減少している傾向がありましたが，令和5年度は4問の出題がありました。出題形式は，実際に起きた事件や事故などを素材としたものなどさまざまですが，いずれも技術者としての常識的な倫理判断を求めるものです。この項目で大いに参考になるのが，日本技術士会で制定している『**技術士倫理綱領**』です。基本的には，技術士を対象とした内部規定ですが，技術者全般の倫理判断としても捉えることができます。併せて，『技術士倫理綱領への手引き』『技術士ビジョン21』も通読すれば，技術者の倫理の基礎概念を把握することができるでしょう。いずれも日本技術士会のウェブサイトで閲覧ができます。

●3．令和6年度の試験対策

試験対策として，適性科目の学習に時間をかけるのは効率的ではありません。むしろ基礎科目や専門科目の学習に振り向けるべきです。しかし，若干の学習が必要な項目として，関連法令・標準規格があります。これらについては，過去7年間に出題された法令をピックアップして，その条文を確認し，法の目的やポイントを把握する必要があります。

何回か出題された法令や標準規格については，過去問題をしっかりと解くことで，その要点が絞られてくるものがあります。例えば，製造物責任法では欠陥の定義，公益通報者保護法では通報に向かう順序，個人情報保護法では個人情報の範囲，知的財産権では種類とその内容といったものです。

●4．出題内容別の出題一覧とキーワード

適性科目の過去問題の出題一覧を出題内容別に挙げます。法令や規格のピックアップの参考としてください。

【技術士法関連】

年度	問題番号	出題内容
令和5年度	1	技術士法第4章
令和4年度	1	技術士法第4章
	15	CPD
令和3年度	1	技術士法第4章
令和2年度	1	技術士法第4章
令和元年度	1	技術士法第4章
平成30年度	1	技術士法第4章
	2	技術士法第4章
	3	CPD
平成29年度	1	技術士法第4章
	2	技術士法第4章

【関連法令・標準規格】

年度	問題番号	出題内容
令和5年度	3	公益通報者保護法
	4	知的財産権制度
	6	製造物責任法
	8	リスクマネジメント（ISO31000:2018）
	12	安全保障貿易管理（輸出管理）
	13	国土交通省インフラ長寿命化計画（行動計画）
	14	ISO/IEC Guide51（JIS Z 8051）
	15	環境基本法

年度	問題番号	出題内容
令和4年度	3	ISO26000
	4	科学技術基本計画，Society5.0
	5	パワーハラスメント，セクシュアルハラスメント
	6	リスクアセスメント
	8	安全保障貿易管理（輸出管理）
	9	知的財産権
	10	循環型社会形成推進基本法
	11	製造物責任法
	12	独占禁止法，金融商品取引法
令和3年度	4	安全保障貿易管理（輸出管理）
	6	AIの利活用者が留意すべき原則
	7	営業秘密
	8	製造物責任法
	9	多様な人材
	10	ISO/IEC Guide51（JIS Z 8051）
	12	労働安全衛生法
	13	産業財産権制度
	14	個人情報保護法
	15	リスクアセスメント
令和2年度	4	知的財産権，不正競争防止法
	5	知的財産権
	6	製造物責任法
	7	リスクアセスメント
	8	ヒューマンエラー
	11	ユニバーサルデザイン
	12	ISO26000
	13	テレワーク
	14	遺伝子組換え
	15	公益通報者保護法

年度	問題番号	出題内容
令和元年度	3	製造物責任法
	4	個人情報保護法
	5	産業財産権制度
	8	国土交通省インフラ長寿命化計画（行動計画）
	11	労働安全
	12	男女雇用機会均等法，育児・介護休業法，ハラスメント
	14	社会的責任の原則（JIS Z 26000：2012）
平成30年度	6	知的財産権
	7	営業秘密
	8	製造物責任法
	9	公益通報者保護法
	10	消費生活用製品安全法
	11	リスクマネジメント
	12	ワーク・ライフ・バランス
	13	環境保全
平成29年度	4	パワーハラスメント
	5	過労死等防止対策推進法
	8	製造物責任法
	9	消費生活用製品安全法
	10	知的財産権
	11	ISO26000
	12	リスクアセスメント

【技術者の倫理】

年度	問題番号	出題内容
令和5年度	5	技術士に求められる資質能力（コンピテンシー）
	7	科学者の行動規範
	9	技術者にとっての失敗事例
	11	エシックス・テスト
令和4年度	7	功利主義と個人尊重主義
令和3年度	2	公衆の定義

年度	問題番号	出題内容
令和3年度	3	説明責任
令和2年度	2	倫理規程，倫理綱領
	3	利益相反
令和元年度	2	技術士に求められる資質能力
	7	品質不正問題
	9	情報漏洩対策
	10	技術者の情報発信，情報管理
平成30年度	4	倫理綱領，倫理規程
	5	行動規範
	14	技術者倫理
	15	技術者倫理
平成29年度	3	技術者倫理
	6	技術者倫理
	7	技術者倫理
	13	倫理思想
	14	技術者倫理
	15	論理的な意思決定

【その他】

年度	問題番号	出題内容
令和5年度	2	情報漏洩対策
	10	BCP，BCM
令和4年度	2	PDCAサイクル
	13	情報セキュリティ
	14	SDGs
令和3年度	5	SDGs
	11	再生エネルギー
令和2年度	9	BCP
	10	エネルギーの多様化
令和元年度	6	安全工学用語
	13	BCP
	15	SDGs

●選択肢にある大きなヒントにも注目しましょう

穴埋め問題では，穴埋めに自信のない箇所があっても，自信のある箇所から必然的に選択肢の幅が絞られることがあります。また，計算問題やアルゴリズムの問題では，あらかじめ手順を省略できるヒントが選択肢にある場合があります。正誤問題でも，選択肢同士で相反した記述となっているものなどがあり，この点に注目すると，正答候補としての絞り込みが可能となります。

問題を解く際には，問題部分は当然ですが，選択肢の内容にも同時に意識して見ることを心掛けてください。

●電卓があると便利なことも

技術士第一次試験では，試験時に電卓を使うことが許されています。試験の受験申込案内には「試験当日に使用が認められている電卓は，四則演算（＋－×÷），平方根（√），百分率（％）及び数値メモリのみ有するものに限ります」という制限はあるものの，普通の電卓は使えます（使用できる電卓についての詳細は，受験申込案内で確認してください）。

基礎科目には，電卓があれば正確でより速く計算できる問題もあります。電卓の使用を検討してみてはいかがでしょうか。

令和 5 年度

技術士第一次試験

アクセスキー n
(小文字のエヌ)

Ⅰ 基礎科目

Ⅰ 次の1群～5群の全ての問題群からそれぞれ3問題，計15問題を選び解答せよ。（解答欄に1つだけマークすること。）

1群 設計・計画に関するもの（全6問題から3問題を選択解答）

Ⅰ―1―1

重要度A

鉄鋼とCFRP（Carbon Fiber Reinforced Plastics）の材料選定に関する次の記述の，［　　］に入る語句又は数値の組合せとして，最も適切なものはどれか。

一定の強度を保持しつつ軽量化を促進できれば，エネルギー消費あるいは輸送コストが改善される。このパラメータとして，［ア］で割った値で表す比強度がある。鉄鋼とCFRPを比較すると比強度が高いのは［イ］である。また，［イ］の比強度当たりの価格は，もう一方の材料の比強度当たりの価格の約［ウ］倍である。ただし，鉄鋼では，価格は60〔円／kg〕，密度は7,900〔kg／m^3〕，強度は400〔MPa〕であり，CFRPでは，価格は16,000〔円／kg〕，密度は1,600〔kg／m^3〕，強度は2,000〔MPa〕とする。

	ア	イ	ウ
①	強度を密度	CFRP	2
②	密度を強度	CFRP	10
③	密度を強度	鉄鋼	2
④	強度を密度	鉄鋼	2
⑤	強度を密度	CFRP	10

Ⅰ―1―2

重要度A

次の記述の，［　　］に入る語句の組合せとして，最も適切なものはどれか。

下図に示すように，真直ぐな細い針金を水平面に垂直に固定し，上端に圧縮荷重が加えられた場合を考える。荷重がきわめて［ア］ならば針金は真直ぐな形のまま純圧縮を受けるが，荷重がある限界値を［イ］と真直ぐな変形様式は不安定となり，［ウ］形式の変形を生じ，横にたわみはじめる。このような現象は［エ］と呼ばれる。

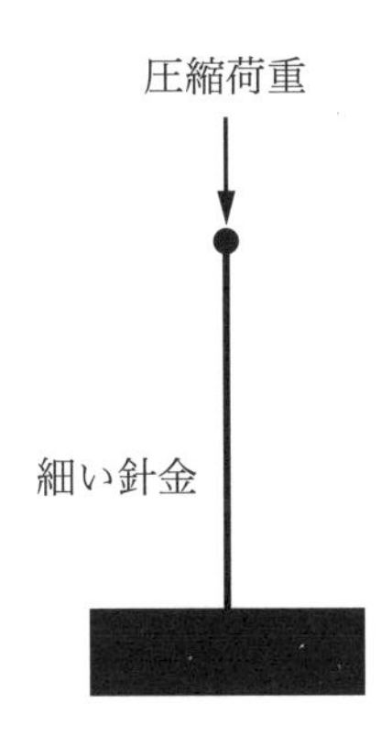

図　上端に圧縮荷重を加えた場合の水平面に垂直に固定した細い針金

	ア	イ	ウ	エ
①	大	下回る	ねじれ	共振
②	小	越す	ねじれ	座屈
③	大	越す	曲げ	共振
④	小	越す	曲げ	座屈
⑤	小	下回る	曲げ	共振

I－1－3　重要度A

材料の機械的特性に関する次の記述の，［　　］に入る語句の組合せとして，最も適切なものはどれか。

材料の機械的特性を調べるために引張試験を行う。特性を荷重と［ア］の線図で示す。材料に加える荷重を増加させると［ア］は一般的に増加する。荷重を取り除いたとき，完全に復元する性質を［イ］といい，き裂を生じたり分離はしないが，復元しない性質を［ウ］という。さらに荷重を増加させると，荷重は最大値をとり，材料はやがて破断する。この荷重の最大値は材料の強さを示す重要な値である。このときの公称応力を［エ］と呼ぶ。

	ア	イ	ウ	エ
①	ひずみ	弾性	延性	疲労限度
②	伸び	塑性	弾性	引張強さ
③	伸び	弾性	塑性	引張強さ
④	伸び	弾性	延性	疲労限度
⑤	ひずみ	延性	塑性	引張強さ

I—1—4

重要度A

3個の同じ機能の構成要素中2個以上が正常に動作している場合に，系が正常に動作するように構成されているものを2／3多数決冗長系という。各構成要素の信頼度が0.7である場合に系の信頼度の含まれる範囲として，適切なものはどれか。ただし，各要素の故障は互いに独立とする。

① 0.9以上1.0以下
② 0.85以上0.9未満
③ 0.8以上0.85未満
④ 0.75以上0.8未満
⑤ 0.7以上0.75未満

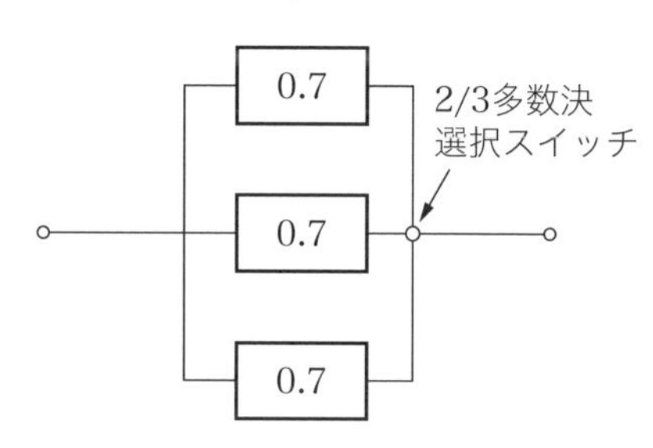

図 システム構成図と各要素の信頼度

I—1—5

重要度A

次の（ア）～（エ）の記述と，それが説明する用語の組合せとして，最も適切なものはどれか。

（ア） 故障時に，安全を保つことができるシステムの性質
（イ） 故障状態にあるか，又は故障が差し迫る場合に，その影響を受ける機能を，優先順位を付けて徐々に終了することができるシステムの性質
（ウ） 人為的に不適切な行為，過失などが起こっても，システムの信頼性及び安全性を保持する性質
（エ） 幾つかのフォールトが存在しても，機能し続けることができるシステ

ムの能力

	ア	イ	ウ	エ
①	フェールセーフ	フェールソフト	フールプルーフ	フォールトトレランス
②	フェールセーフ	フェールソフト	フールプルーフ	フォールトマスキング
③	フェールソフト	フォールトトレランス	フールプルーフ	フォールトマスキング
④	フールプルーフ	フォールトトレランス	フェールソフト	フォールトマスキング
⑤	フールプルーフ	フェールセーフ	フェールソフト	フォールトトレランス

I―1―6　　重要度B

2つのデータの関係を調べるとき，相関係数r（ピアソンの積率相関係数）を計算することが多い。次の記述のうち，最も適切なものはどれか。

① 相関係数は，つねに$-1<r<1$の範囲にある。
② 相関係数が0から1に近づくほど，散布図上において2つのデータは直線関係になる。
③ 相関係数が0であれば，2つのデータは互いに独立である。
④ 回帰分析における決定係数は，相関係数の絶対値である。
⑤ 相関係数の絶対値の大きさに応じて，2つのデータの間の因果関係は変わる。

▌2群▌ 情報・論理に関するもの（全6問題から3問題を選択解答）

I―2―1　　重要度A

次の記述のうち，最も適切なものはどれか。

① 利用サービスによってはパスワードの定期的な変更を求められることがあるが，十分に複雑で使い回しのないパスワードを設定したうえで，パスワードの流出などの明らかに危険な事案がなければ，基本的にパスワードを変更する必要はない。

② PINコードとは4～6桁の数字からなるパスワードの一種であるが，総当たり攻撃で破られやすいので使うべきではない。

③ 指紋，虹彩，静脈などの本人の生体の一部を用いた生体認証は，個人に固有の情報が用いられているので，認証時に本人がいなければ，認証は成功しない。

④ 二段階認証であって一要素認証である場合と，一段階認証で二要素認証である場合，前者の方が後者より安全である。

⑤ 接続する古い無線LANアクセスルータであってもWEPをサポートしているのであれば，買い換えるまではそれを使えば安全である。

I―2―2 重要度A

自然数A，Bに対して，AをBで割った商をQ，余りをRとすると，AとBの公約数がBとRの公約数でもあり，逆にBとRの公約数はAとBの公約数である。ユークリッドの互除法は，このことを余りが0になるまで繰り返すことによって，AとBの最大公約数を求める手法である。このアルゴリズムを次のような流れ図で表した。流れ図中の，（ア）～（ウ）に入る式又は記号の組合せとして，最も適切なものはどれか。

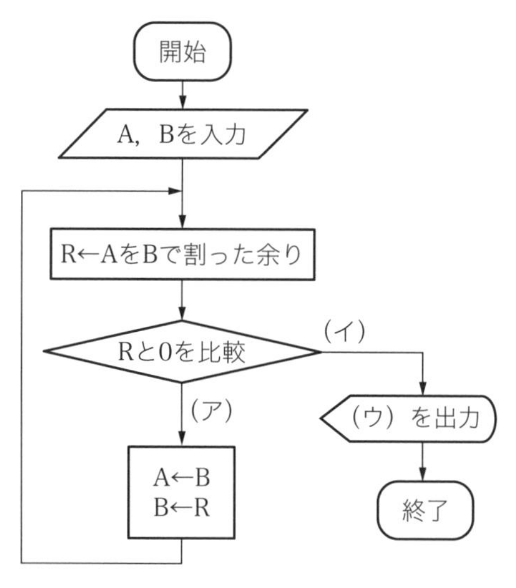

図　ユークリッド互除法の流れ図

	ア	イ	ウ
①	R=0	R≠0	A
②	R≠0	R=0	A
③	R=0	R≠0	B
④	R≠0	R=0	B
⑤	R≠0	R=0	R

I−2−3　重要度A

国際書籍番号ISBN-13は13個の0から9の数字$a_{13},a_{12},a_{11},a_{10},a_9,a_8,a_7,a_6,a_5,a_4,a_3,a_2,a_1$を用いて$a_{13}a_{12}a_{11}-a_{10}-a_9a_8a_7-a_6a_5a_4a_3a_2-a_1$のように表され，次の規則に従っている。

$$a_{13}+3a_{12}+a_{11}+3a_{10}+a_9+3a_8+a_7+3a_6+a_5+3a_4+a_3+3a_2+a_1\equiv 0 \pmod{10}$$

ここに，ある書籍のISBN-13の番号が「978-4-103-34194-X」となっており，Xと記された箇所が読めなくなっている。このXの値として，適切なものはどれか。

①1　②　3　③　5　④　7　⑤　9

I−2−4　重要度A

情報圧縮（データ圧縮）に関する次の記述のうち，最も不適切なものはどれか。

① データ圧縮では，情報源に関する知識（記号の生起確率など）が必要であり，情報源の知識がない場合はデータ圧縮することはできない。
② 可逆圧縮には限界があり，どのような方式であっても，その限界を超えて圧縮することはできない。
③ 復号化によって元の情報に完全には戻らず，情報の欠落を伴う圧縮は非可逆圧縮と呼ばれ，音声や映像等の圧縮に使われることが多い。
④ 復号化によって元の情報を完全に復号でき，情報の欠落がない圧縮は可逆圧縮と呼ばれテキストデータ等の圧縮に使われることが多い。
⑤ 静止画に対する代表的な圧縮方式としてJPEGがあり，動画に対する代表的な圧縮方式としてMPEGがある。

I—2—5

重要度B

2つの単一ビットa, bに対する排他的論理和演算$a \oplus b$及び論理積演算$a \cdot b$に対して，2つのnビット列$A = a_1 a_2 \cdots a_n$，$B = b_1 b_2 \cdots b_n$の排他的論理和演算$A \oplus B$及び論理積演算$A \cdot B$は下記で定義される。

$A \oplus B = (a_1 \oplus b_1)(a_2 \oplus b_2) \cdots (a_n \oplus b_n)$

$A \cdot B = (a_1 \cdot b_1)(a_2 \cdot b_2) \cdots (a_n \cdot b_n)$

例えば

$1010 \oplus 0110 = 1100$

$1010 \cdot 0110 = 0010$

である。ここで2つの8ビット列

$A = 01011101$

$B = 10101101$

に対して，下記演算によって得られるビット列Cとして，適切なものはどれか。

$$C = (((A \oplus B) \oplus B) \oplus A) \cdot A$$

① 00000000

② 11111111

③ 10101101

④ 01011101

⑤ 11110000

I—2—6

重要度A

全体集合Vと，その部分集合A, B, Cがある。部分集合A, B, C及びその積集合の元の個数は以下のとおりである。

Aの元：300個

Bの元：180個

Cの元：120個

$A \cap B$の元：60個

$A \cap C$の元：40個

$B \cap C$の元：20個

$A \cap B \cap C$の元：10個

$\overline{A \cup B \cup C}$の元の個数が400のとき，全体集合$V$の元の個数として，適切なものはどれか。ただし，$X \cap Y$は$X$と$Y$の積集合，$X \cup Y$は$X$と$Y$の和集合，$\bar{X}$は$X$の補集合とする。

①　600　　②　720　　③　730　　④　890　　⑤　1000

▌3群▌ 解析に関するもの（全6問題から3問題を選択解答）

I－3－1　　重要度A

行列$\mathrm{A}=\begin{bmatrix} 1 & 0 & 0 \\ a & 1 & 0 \\ b & c & 1 \end{bmatrix}$の逆行列として，適切なものはどれか。

① $\begin{bmatrix} 1 & 0 & 0 \\ -a & 1 & 0 \\ ac+b & -c & 1 \end{bmatrix}$

② $\begin{bmatrix} 1 & 0 & 0 \\ a & 1 & 0 \\ ac-b & c & 1 \end{bmatrix}$

③ $\begin{bmatrix} 1 & c & b \\ 0 & 1 & a \\ 0 & 0 & 1 \end{bmatrix}$

④ $\begin{bmatrix} 1 & 0 & 0 \\ -a & 1 & 0 \\ ac-b & -c & 1 \end{bmatrix}$

⑤ $\begin{bmatrix} 1 & 0 & 0 \\ a & 1 & 0 \\ ac+b & c & 1 \end{bmatrix}$

I－3－2

重要度B

重積分

$$\iint_R x\,dx\,dy$$

の値は，次のどれか。ただし，領域Rを$0 \leq x \leq 1$，$0 \leq y \leq \sqrt{1-x^2}$とする。

① $\dfrac{\pi}{3}$　② $\dfrac{1}{3}$　③ $\dfrac{\pi}{2}$　④ $\dfrac{\pi}{4}$　⑤ $\dfrac{1}{4}$

I－3－3

重要度A

数値解析に関する次の記述のうち，最も不適切なものはどれか。

① 複数の式が数学的に等価である場合は，どの式を用いて計算しても結果は等しくなる。
② 絶対値が近い2数の加減算では有効桁数が失われる桁落ち誤差を生じることがある。
③ 絶対値の極端に離れる2数の加減算では情報が失われる情報落ちが生じることがある。
④ 連立方程式の解は，係数行列の逆行列を必ずしも計算しなくても求めることができる。
⑤ 有限要素法において要素分割を細かくすると一般的に近似誤差は小さくなる。

I－3－4

重要度A

長さ2.4［m］，断面積1.2×10^2［mm^2］の線形弾性体からなる棒の上端を固定し，下端を2.0［kN］の力で軸方向下向きに引っ張ったとき，この棒に生じる伸びの値はどれか。ただし，この線形弾性体のヤング率は2.0×10^2［GPa］とする。なお，自重による影響は考慮しないものとする。

① 0.010［mm］
② 0.020［mm］

③　0.050［mm］

④　0.10［mm］

⑤　0.20［mm］

I―3―5　　重要度B

モータと動力伝達効率が1の（トルク損失のない）変速機から構成される理想的な回転軸系を考える。変速機の出力軸に慣性モーメントI［kg・m^2］の円盤が取り付けられている。この円盤を時間T［s］の間に角速度ω_1［rad／s］からω_2［rad／s］（$\omega_2>\omega_1$）に一定の角加速度（$\omega_2-\omega_1$）／Tで増速するために必要なモータ出力軸のトルクτ［Nm］として，適切なものはどれか。ただし，モータ出力軸と変速機の慣性モーメントは無視できるものとし，変速機の入力軸の回転速度と出力軸の回転速度の比を1：1／n（$n>1$）とする。

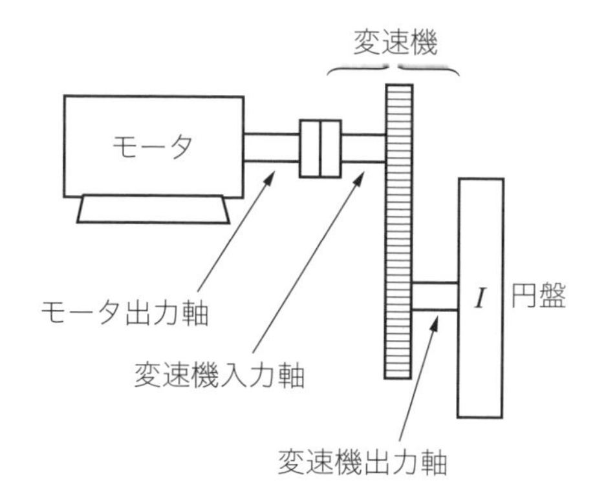

図　モータ，変速機，円盤から構成される回転軸系

①　$\tau=(1/n^2)\times I\times(\omega_2-\omega_1)/T$

②　$\tau=(1/n)\times I\times(\omega_2-\omega_1)/T$

③　$\tau=I\times(\omega_2-\omega_1)/T$

④　$\tau=n\times I\times(\omega_2-\omega_1)/T$

⑤　$\tau=n^2\times I\times(\omega_2-\omega_1)/T$

I―3―6

重要度A

長さがL，抵抗がrの導線を複数本接続して，下図に示すような3種類の回路(a)，(b)，(c)を作製した。(a)，(b)，(c)の各回路におけるAB間の合成抵抗の大きさをそれぞれR_a，R_b，R_cとするとき，R_a，R_b，R_cの大小関係として，適切なものはどれか。ただし，導線の接続部分で付加的な抵抗は存在しないものとする。

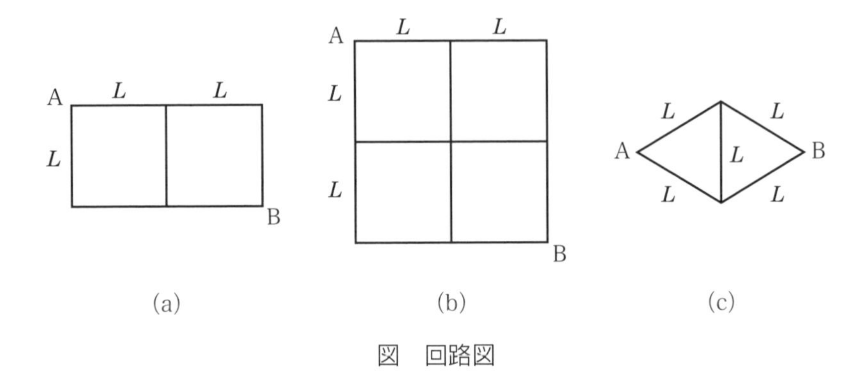

図　回路図

① $R_a < R_b < R_c$

② $R_a < R_c < R_b$

③ $R_c < R_a < R_b$

④ $R_c < R_b < R_a$

⑤ $R_b < R_a < R_c$

▌4群▌ 材料・化学・バイオに関するもの（全6問題から3問題を選択解答）

I―4―1

重要度A

原子に関する次の記述のうち，適切なものはどれか。ただし，いずれの元素も電荷がない状態とする。

① $^{40}_{20}Ca$と$^{40}_{18}Ar$の中性子の数は等しい。

② $^{35}_{17}Cl$と$^{37}_{17}Cl$の中性子の数は等しい。

③ $^{35}_{17}Cl$と$^{37}_{17}Cl$の電子の数は等しい。

④　$^{40}_{20}Ca$と$^{40}_{18}Ar$は互いに同位体である。
⑤　$^{35}_{17}Cl$と$^{37}_{17}Cl$は互いに同素体である。

I－4－2

重要度A

コロイドに関する次の記述のうち，最も不適切なものはどれか。

①　コロイド溶液に少量の電解質を加えると，疎水コロイドの粒子が集合して沈殿する現象を凝析という。
②　半透膜を用いてコロイド粒子と小さい分子を分離する操作を透析という。
③　コロイド溶液に強い光線をあてたとき，光の通路が明るく見える現象をチンダル現象という。
④　コロイド溶液に直流電圧をかけたとき，電荷をもったコロイド粒子が移動する現象を電気泳動という。
⑤　流動性のない固体状態のコロイドをゾルという。

I－4－3

重要度A

金属材料に関する次の記述の，［　　］に入る語句の組合せとして，最も適切なものはどれか。

常温での固体の純鉄（Fe）の結晶構造は［ア］構造であり，α－Feと呼ばれ，磁性は［イ］を示す。その他，常温で［イ］を示す金属として［ウ］がある。

純鉄をある温度まで加熱すると，γ－Feへ相変態し，それに伴い［エ］する。

	ア	イ	ウ	エ
①	体心立方	強磁性	コバルト	膨張
②	面心立方	強磁性	クロム	膨張
③	体心立方	強磁性	コバルト	収縮
④	面心立方	常磁性	クロム	収縮
⑤	体心立方	常磁性	コバルト	膨張

Ⅰ—4—4

重要度A

金属材料の腐食に関する次の記述のうち，適切なものはどれか。

① アルミニウムは表面に酸化物皮膜を形成することで不働態化する。
② 耐食性のよいステンレス鋼は，鉄に銅を5%以上含有させた合金鋼と定義される。
③ 腐食の速度は，材料の使用環境温度には依存しない。
④ 腐食は，局所的に生じることはなく，全体で均一に生じる。
⑤ 腐食とは，力学的作用によって表面が逐次減量する現象である。

Ⅰ—4—5

重要度A

タンパク質に関する次の記述の，［　］に入る語句の組合せとして，最も適切なものはどれか。

タンパク質は［ア］が［イ］結合によって連結した高分子化合物であり，生体内で様々な働きをしている。タンパク質を主成分とする［ウ］は，生体内の化学反応を促進させる生体触媒であり，アミラーゼは［エ］を加水分解する。

	ア	イ	ウ	エ
①	グルコース	イオン	酵素	デンプン
②	グルコース	ペプチド	抗体	セルロース
③	アミノ酸	ペプチド	酵素	デンプン
④	アミノ酸	ペプチド	抗体	セルロース
⑤	アミノ酸	イオン	酵素	デンプン

Ⅰ—4—6

重要度A

PCR（ポリメラーゼ連鎖反応）法は，細胞や血液サンプルからDNAを高感度で増幅することができるため，遺伝子診断や微生物検査，動物や植物の系統調査等に用いられている。PCR法は通常，(1) DNAの熱変性，(2) プライマーのアニーリング，(3) 伸長反応の3段階からなっている。PCR法に関する記述のうち，最も適切なものはどれか。

① アニーリング温度を上げすぎると，1本鎖DNAに対するプライマーの非特異的なアニーリングが起こりやすくなる。
② 伸長反応の時間は増幅したい配列の長さによって変える必要があり，増幅したい配列が長くなるにつれて伸長反応時間は短くする。
③ PCR法により増幅したDNAには，プライマーの塩基配列は含まれない。
④ 耐熱性の低いDNAポリメラーゼが，PCR法に適している。
⑤ DNAの熱変性では，2本鎖DNAの水素結合を切断して1本鎖DNAに解離させるために加熱を行う。

5群 環境・エネルギー・技術に関するもの（全6問題から3問題を選択解答）

I—5—1

重要度A

生物多様性国家戦略2023-2030に記載された，日本における生物多様性に関する次の記述のうち，最も不適切なものはどれか。

① 我が国に生息・生育する生物種は固有種の比率が高いことが特徴で，爬虫類の約6割，両生類の約8割が固有種となっている。
② 高度経済成長期以降，急速で規模の大きな開発・改変によって，自然性の高い森林，草原，農地，湿原，干潟等の規模や質が著しく縮小したが，近年では大規模な開発・改変による生物多様性への圧力は低下している。
③ 里地里山は，奥山自然地域と都市地域との中間に位置し，生物多様性保全上重要な地域であるが，農地，水路・ため池，農用林などの利用拡大等により，里地里山を構成する野生生物の生息・生育地が減少した。
④ 国外や国内の他の地域から導入された生物が，地域固有の生物相や生態系を改変し，在来種に大きな影響を与えている。
⑤ 温暖な気候に生育するタケ類の分布の北上や，南方系チョウ類の個体数増加及び分布域の北上が確認されている。

I—5—2

重要度A

大気汚染物質に関する次の記述のうち，最も不適切なものはどれか。

① 二酸化硫黄は，硫黄分を含む石炭や石油などの燃焼によって生じ，呼吸器疾患や酸性雨の原因となる。

② 二酸化窒素は，物質の燃焼時に発生する一酸化窒素が，大気中で酸化されて生成される物質で，呼吸器疾患の原因となる。

③ 一酸化炭素は，有機物の不完全燃焼によって発生し，血液中のヘモグロビンと結合することで酸素運搬機能を阻害する。

④ 光化学オキシダントは，工場や自動車から排出される窒素酸化物や揮発性有機化合物などが，太陽光により光化学反応を起こして生成される酸化性物質の総称である。

⑤ PM2.5は，粒径10μm以下の浮遊粒子状物質のうち，肺胞に最も付着しやすい粒径2.5μm付近の大きさを有するものである。

I—5—3

重要度A

日本のエネルギーに関する次の記述のうち，最も不適切なものはどれか。

① 日本の太陽光発電導入量，太陽電池の国内出荷量に占める国内生産品の割合は，いずれも2009年度以降2020年度まで毎年拡大している。

② 2020年度の日本の原油輸入の中東依存度は90％を上回り，諸外国と比べて高い水準にあり，特に輸入量が多い上位2か国はサウジアラビアとアラブ首長国連邦である。

③ 2020年度の日本に対するLNGの輸入供給源は，中東以外の地域が80％以上を占めており，特に2012年度から豪州が最大のLNG輸入先となっている。

④ 2020年末時点での日本の風力発電の導入量は4百万kWを上回り，再エネの中でも相対的にコストの低い風力発電の導入を推進するため，電力会社の系統受入容量の拡大などの対策が行われている。

⑤ 環境適合性に優れ，安定的な発電が可能なベースロード電源である地熱発電は，日本が世界第3位の資源量を有する電源として注目を集めている。

Ⅰ－5－4

重要度A

天然ガスは，日本まで輸送する際に容積を小さくするため，液化天然ガス（LNG, Liquefied Natural Gas）の形で運ばれている。0［℃］，1気圧の天然ガスを液化すると体積は何分の1になるか，次のうち最も近い値はどれか。

なお，天然ガスは全てメタン（CH_4）で構成される理想気体とし，LNGの密度は温度によらず425［kg/m^3］で一定とする。

① 1／400　② 1／600　③ 1／800　④ 1／1000　⑤ 1／1200

Ⅰ－5－5

重要度B

労働者や消費者の安全に関連する次の（ア）～（オ）の日本の出来事を年代の古い順から並べたものとして，適切なものはどれか。

（ア）　職場における労働者の安全と健康の確保などを図るために，労働安全衛生法が制定された。

（イ）　製造物の欠陥による被害者の保護を図るために，製造物責任法が制定された。

（ウ）　年少者や女子の労働時間制限などを図るために，工場法が制定された。

（エ）　健全なる産業の振興と労働者の幸福増進などを図るために，第1回の全国安全週間が実施された。

（オ）　工業標準化法（現在の産業標準化法）が制定され，日本工業規格（JIS，現在の日本産業規格）が定められることになった。

① ウ－エ－オ－ア－イ
② ウ－オ－エ－ア－イ
③ エ－ウ－オ－イ－ア
④ エ－オ－ウ－イ－ア
⑤ オ－ウ－ア－エ－イ

I—5—6

重要度A

科学と技術の関わりは多様であり，科学的な発見の刺激により技術的な応用がもたらされることもあれば，革新的な技術が科学的な発見を可能にすることもある。こうした関係についての次の記述のうち，不適切なものはどれか。

① 望遠鏡が発明されたのちに土星の環が確認された。
② 量子力学が誕生したのちにトランジスターが発明された。
③ 電磁波の存在が確認されたのちにレーダーが開発された。
④ 原子核分裂が発見されたのちに原子力発電の利用が始まった。
⑤ ウイルスが発見されたのちにワクチン接種が始まった。

Ⅱ 適性科目

Ⅱ　次の15問題を解答せよ。（解答欄に1つだけマークすること。）

Ⅱ―1

重要度A

技術士法第4章（技術士等の義務）の規定において技術士等に求められている義務・責務に関わる（ア）～（エ）の説明について，正しいものは○，誤っているものは×として，適切な組合せはどれか。

（ア）業務遂行の過程で与えられる情報や知見は，発注者や雇用主の財産であり，技術士等は守秘の義務を負っているが，依頼者からの情報を基に独自で調査して得られた情報はその限りではない。
（イ）情報の意図的隠蔽は社会との良好な関係を損なうことを認識し，たとえその情報が自分自身や所属する組織に不利であっても公開に努める必要がある。
（ウ）公衆の安全を確保するうえで必要不可欠と判断した情報については，所属する組織にその情報を速やかに公開するように働きかける。それでも事態が改善されない場合においては守秘義務を優先する。
（エ）技術士等の判断が依頼者に覆された場合，依頼者の主張が安全性に対し懸念を生じる可能性があるときでも，予想される可能性について発言する必要はない。

	ア	イ	ウ	エ
①	○	×	○	×
②	○	○	×	×
③	×	○	×	×
④	×	×	○	○
⑤	×	×	○	×

Ⅱ―2

重要度A

企業や組織は，保有する営業情報や技術情報を用いて他社との差別化を図り，競争力を向上させている。これらの情報の中には，秘密とすることでその価値を発揮するものも存在し，企業活動が複雑化する中，秘密情報の漏洩経路も多様化しており，情報漏洩を未然に防ぐための対策が企業に求められている。
情報漏洩対策に関する次の記述のうち，不適切なものはどれか。

① 社内規定等において，秘密情報の分類ごとに，アクセス権の設定に関するルールを明確にしたうえで，当該ルールに基づき，適切にアクセス権の範囲を設定する。
② 社内の規定に基づいて，秘密情報が記録された媒体等（書類，書類を綴じたファイル，USBメモリ，電子メール等）に，自社の秘密情報であることが分かるように表示する。
③ 秘密情報を取り扱う作業については，複数人での作業を避け，可能な限り単独作業で実施する。
④ 電子化された秘密情報について，印刷，コピー&ペースト，ドラッグ&ドロップ，USBメモリへの書込みができない設定としたり，コピーガード付きのUSBメモリやCD-R等に保存する。
⑤ 従業員同士で互いの業務態度が目に入ったり,背後から上司等の目につきやすくするような座席配置としたり，秘密情報が記録された資料が保管された書棚等が従業員等からの死角とならないようにレイアウトを工夫する。

Ⅱ—3 重要度A

国民生活の安全・安心を損なう不祥事は，事業者内部からの通報をきっかけに明らかになることも少なくない。こうした不祥事による国民への被害拡大を防止するために通報する行為は，正当な行為として事業者による解雇等の不利益な取扱いから保護されるべきものである。公益通報者保護法は，このような観点から，通報者がどこへどのような内容の通報を行えば保護されるのかという制度的なルールを明確にしたものである。2022年に改正された公益通報者保護法では，事業者に対し通報の受付や調査などを担当する従業員を指定する義務，事業者内部の公益通報に適切に対応する体制を整備する義務等が新たに規定されている。
公益通報者保護法に関する次の記述のうち，不適切なものはどれか。

① 通報の対象となる法律は，すべての法律が対象ではなく，「国民の生命，身体，財産その他の利益の保護に関わる法律」として公益通報者保護法や政令で定められている。

② 公務員は，国家公務員法，地方公務員法が適用されるため，通報の主体の適用範囲からは除外されている。

③ 公益通報者が労働者の場合，公益通報をしたことを理由として事業者が公益通報者に対して行った解雇は無効となり，不利益な取り扱いをすることも禁止されている。

④ 不利益な取扱いとは，降格，減給，自宅待機命令，給与上の差別，退職の強要，専ら雑務に従事させること，退職金の減額・没収等が該当する。

⑤ 事業者は，公益通報によって損害を受けたことを理由として，公益通報者に対して賠償を請求することはできない。

Ⅱ－4　　重要度A

ものづくりに携わる技術者にとって，知的財産を理解することは非常に大事なことである。知的財産の特徴の1つとして，「もの」とは異なり「財産的価値を有する情報」であることが挙げられる。これらの情報は，容易に模倣されるという特質を持っており，しかも利用されることにより消費されるということがないため，多くの者が同時に利用することができる。こうしたことから知的財産権制度は，創作者の権利を保護するため，元来自由利用できる情報を，社会が必要とする限度で自由を制限する制度ということができる。

次の（ア)～(オ）のうち，知的財産権における産業財産権に含まれるものを○，含まれないものを×として，適切な組合せはどれか。

（ア）特許権（発明の保護）
（イ）実用新案権（物品の形状等の考案の保護）
（ウ）意匠権（物品のデザインの保護）
（エ）商標権（商品・サービスに使用するマークの保護）
（オ）著作権（文芸，学術，美術，音楽，プログラム等の精神的作品の保護）

	ア	イ	ウ	エ	オ
①	○	○	○	○	○

②	○	○	○	○	×
③	○	○	○	×	○
④	○	○	×	○	○
⑤	○	×	○	○	○

Ⅱ－5

重要度B

技術の高度化，統合化や経済社会のグローバル化等に伴い，技術者に求められる資質能力はますます高度化，多様化し，国際的な同等性を備えることも重要になっている。技術者が業務を履行するために，技術ごとの専門的な業務の性格・内容，業務上の立場は様々であるものの，（遅くとも）35歳程度の技術者が，技術士資格の取得を通じて，実務経験に基づく専門的学識及び高等の専門的応用能力を有し，かつ，豊かな創造性を持って複合的な問題を明確にして解決できる技術者（技術士）として活躍することが期待される。2021年6月にIEA（International Engineering Alliance；国際エンジニアリング連合）により「GA＆PCの改訂（第4版）」が行われ，国際連合による持続可能な開発目標（SDGs）や多様性，包摂性等，より複雑性を増す世界の動向への対応や，データ・情報技術，新興技術の活用やイノベーションへの対応等が新たに盛り込まれた。

「GA＆PCの改訂（第4版）」を踏まえ，「技術士に求められる資質能力（コンピテンシー）」（令和5年1月 文部科学省科学技術・学術審議会 技術士分科会）に挙げられているキーワードのうち誤ったものの数はどれか。

※GA＆PC；「修了生としての知識・能力と専門職としてのコンピテンシー」

※GA；Graduate Attributes,　PC；Professional Competencies

（ア）専門的学識
（イ）問題解決
（ウ）マネジメント
（エ）評価
（オ）コミュニケーション
（カ）リーダーシップ
（キ）技術者倫理
（ク）継続研さん

① 0　② 1　③ 2　④ 3　⑤ 4

Ⅱ−6　重要度A

製造物責任法（PL法）は，製造物の欠陥により人の生命，身体又は財産に係る被害が生じた場合における製造業者等の損害賠償の責任について定めることにより，被害者の保護を図り，もって国民生活の安定向上と国民経済の健全な発展に寄与することを目的とする。

次の（ア）～（オ）のPL法に関する記述について，正しいものは○，誤っているものは×として，適切な組合せはどれか。

（ア）PL法における「製造物」の要件では，不動産は対象ではない。従って，エスカレータは，不動産に付合して独立した動産でなくなることから，設置された不動産の一部として，いかなる場合も適用されない。

（イ）ソフトウエア自体は無体物であり，PL法の「製造物」には当たらない。ただし，ソフトウエアを組み込んだ製造物が事故を起こした場合，そのソフトウエアの不具合が当該製造物の欠陥と解されることがあり，損害との因果関係があれば適用される。

（ウ）原子炉の運転等により生じた原子力損害については「原子力損害の賠償に関する法律」が適用され，PL法の規定は適用されない。

（エ）「修理」，「修繕」，「整備」は，基本的にある動産に本来存在する性質の回復や維持を行うことと考えられ，PL法で規定される責任の対象にならない。

（オ）PL法は，国際的に統一された共通の規定内容であるので，海外への製品輸出や，現地生産の場合は，我が国のPL法に基づけばよい。

	ア	イ	ウ	エ	オ
①	○	×	○	○	×
②	○	○	×	×	○
③	×	○	○	○	×
④	×	×	○	○	×
⑤	×	×	×	×	○

Ⅱ―7 **重要度A**

日本学術会議は，科学者が，社会の信頼と負託を得て，主体的かつ自律的に科学研究を進め，科学の健全な発達を促すため，平成18年10月に，すべての学術分野に共通する基本的な規範である声明「科学者の行動規範について」を決定，公表した。その後，データのねつ造や論文盗用といった研究活動における不正行為の事案が発生したことや，東日本大震災を契機として科学者の責任の問題がクローズアップされたこと，デュアルユース問題について議論が行われたことから，平成25年1月，同声明の改訂が行われた。

次の「科学者の行動規範」に関する（ア）～（エ）の記述について，正しいものは○，誤っているものは×として適切な組合せはどれか。

（ア）科学者は，研究成果を論文などで公表することで，各自が果たした役割に応じて功績の認知を得るとともに責任を負わなければならない。研究・調査データの記録保存や厳正な取扱いを徹底し，ねつ造，改ざん，盗用などの不正行為を為さず，また加担しない。

（イ）科学者は，社会と科学者コミュニティとのより良い相互理解のために，市民との対話と交流に積極的に参加する。また，社会の様々な課題の解決と福祉の実現を図るために，政策立案・決定者に対して政策形成に有効な科学的助言の提供に努める。その際，科学者の合意に基づく助言を目指し，意見の相違が存在するときは科学者コミュニティ内での多数決により統一見解を決めてから助言を行う。

（ウ）科学者は，公共の福祉に資することを目的として研究活動を行い，客観的で科学的な根拠に基づく公正な助言を行う。その際，科学者の発言が世論及び政策形成に対して与える影響の重大さと責任を自覚し，権威を濫用しない。また，科学的助言の質の確保に最大限努め，同時に科学的知見に係る不確実性及び見解の多様性について明確に説明する。

（エ）科学者は，政策立案・決定者に対して科学的助言を行う際には，科学的知見が政策形成の過程において十分に尊重されるべきものであるが，政策決定の唯一の判断根拠ではないことを認識する。科学者コミュニティの助言とは異なる政策決定が為された場合，必要に応じて政策立案・決定者に社会への説明を要請する。

	ア	イ	ウ	エ
①	×	○	○	○
②	○	×	○	○
③	○	○	×	○
④	○	○	○	×
⑤	○	○	○	○

Ⅱ―8　　重要度A

JIS Q 31000：2019「リスクマネジメント―指針」は，ISO 31000：2018を基に作成された規格である。この規格は，リスクのマネジメントを行い，意思を決定し，目的の設定及び達成を行い，並びにパフォーマンスの改善のために，組織における価値を創造し，保護する人々が使用するためのものである。リスクマネジメントは，規格に記載された原則，枠組み及びプロセスに基づいて行われる。図1は，リスクマネジメントプロセスを表したものであり，リスクアセスメントを中心とした活動の体系が示されている。

図1の□に入る語句の組合せとして，適切なものはどれか。

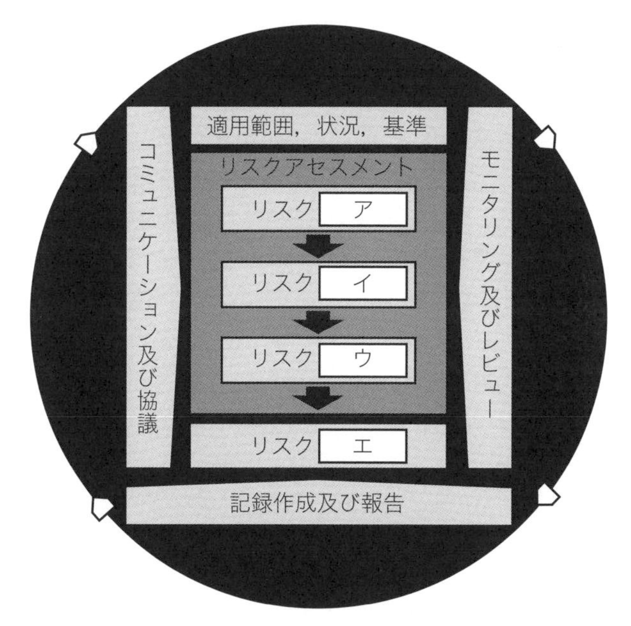

図1　リスクマネジメントプロセス

	ア	イ	ウ	エ
①	分析	評価	対応	管理
②	特定	分析	評価	対応
③	特定	評価	対応	管理
④	分析	特定	評価	対応
⑤	分析	評価	特定	管理

Ⅱ—9

重要度A

技術者にとって，過去の「失敗事例」は貴重な情報であり，対岸の火事とせず，他山の石として，自らの業務に活かすことは重要である。

次の事故・事件に関する記述のうち，事実と異なっているものはどれか。

① 2000年，大手乳業企業の低脂肪乳による集団食中毒事件；
原因は，脱脂粉乳工場での停電復旧後の不適切な処置であった。初期の一部消費者からの苦情に対し，全消費者への速やかな情報開示がされず，結果として製品回収が遅れ被害が拡大した。組織として経営トップの危機管理の甘さがあり，経営トップの責任体制，リーダーシップの欠如などが指摘された。

② 2004年，六本木高層商業ビルでの回転ドアの事故；
原因は，人（事故は幼児）の挟まれに対する安全制御装置（検知と非常停止）の不適切な設計とその運用管理の不備であった。設計段階において，高層ビルに適した機能追加やデザイン性を優先し，海外オリジナルの軽量設計を軽視して制御安全に頼る設計としていたことなどが指摘された。

③ 2005年，JR西日本福知山線の列車の脱線転覆事故；
原因は，自動列車停止装置（ATS）が未設置の急カーブ侵入部において，制限速度を大きく超え，ブレーキが遅れたことであった。組織全体で安全を確保する仕組みが構築できていなかった背景として，会社全体で安全最優先の風土が構築できておらず，特に経営層において安全最優先の認識と行動が不十分であったことが指摘された。

④ 2006年，東京都の都営アパートにおける海外メーカ社製のエレベータ事故；
原因は，保守点検整備を実施した会社が原設計や保守ノウハウを十分に

理解していなかったことであった。その結果ゴンドラのケーブルが破断し落下したものである。

⑤　2012年，中央自動車道笹子トンネルの天井崩落事故；
　原因は，トンネル給排気ダクト用天井のアンカーボルト部の劣化脱落である。建設当時の設計，施工に関する技術不足があり，またその後の保守点検（維持管理）も不十分であった。この事故は，日本国内全体の社会インフラの老朽化と適切な維持管理に対する本格的な取組の契機となった。

Ⅱ―10　重要度A

　平成23年3月に発生した東日本大震災によって，我が国の企業・組織は，巨大な津波や強い地震動による深刻な被害を受け，電力，燃料等の不足に直面した。また，経済活動への影響は，サプライチェーンを介して，国内のみならず，海外の企業にまで及んだ。我々は，この甚大な災害の教訓も踏まえ，今後発生が懸念されている大災害に立ち向かわなければならない。我が国の企業・組織は，国内外における大災害のあらゆる可能性を直視し，より厳しい事態を想定すべきであり，それらを踏まえ，不断の努力により，甚大な災害による被害にも有効な事業計画（BCP；Business Continuity Plan）や事業継続マネジメント（BCM；Business Continuity Management）に関する戦略を見いだし，対策を実施し，取組の改善を続けていくべきである。

「事業継続ガイドライン―あらゆる危機的事象を乗り越えるための戦略と対応―（令和3年4月）内閣府」に記載されているBCP，BCMに関する次の（ア）～(エ）の記述について，正しいものを○，誤ったものを×として，適切な組合せはどれか。

（ア）BCPが有効に機能するためには，経営者の適切なリーダーシップが求められる。

（イ）想定する発生事象（インシデント）により企業・組織が被害を受けた場合は，平常時とは異なる状況なので，法令や条例による規制その他の規定は遵守する必要はない。

（ウ）企業・組織の事業内容や業務体制，内外の環境は常に変化しているので，経営者が率先して，BCMの定期的及び必要な時期での見直しと，継続的な改善を実施することが必要である。

（エ）事業継続には，地域の復旧が前提になる場合も多いことも考慮し，地域の救援・復旧にできる限り積極的に取り組む経営判断が望まれる。

	ア	イ	ウ	エ
①	○	○	○	○
②	×	○	○	○
③	○	×	○	○
④	○	○	×	○
⑤	○	○	○	×

Ⅱ―11　重要度B

技術者の行動が倫理的かどうかを吟味するためのツールとして様々なエシックス・テストがある。

代表的なエシックス・テストに関する次の記述の，［　　］に入る語句の組合せとして，適切なものはどれか。

［ア］テスト：自分が今行おうとしている行為を，もしみんながやったらどうなるかを考えてみる。その場合に，明らかに社会が成り立たないと考えられ，矛盾が起こると予想されるならば，それは倫理的に不適切な行為であると考えられる。

［イ］テスト：もし自分が今行おうとしている行為によって直接影響を受ける立場であっても，同じ意思決定をするかどうかを考えてみる。「自分の嫌だということは人にもするな」という黄金律に基づくため，「黄金律テスト」とも呼ばれる。

［ウ］テスト：自分がしばしばこの選択肢を選んだら，どう見られるだろうかを考えてみる。

［エ］テスト：その行動をとったことが新聞などで報道されたらどうなるか考えてみる。

［専門家］テスト：その行動をとることは専門家からどのように評価されるか，倫理綱領などを参考に考えてみる。

	ア	イ	ウ	エ
①	普遍化可能性	危害	世評	美徳
②	普遍化可能性	可逆性	美徳	世評
③	普遍化可能性	可逆性	世評	常識
④	常識	普遍化可能性	美徳	世評
⑤	常識	危害	世評	普遍化可能性

Ⅱ—12

重要度A

我が国をはじめとする主要国では，武器や軍事転用可能な貨物・技術が，我が国及び国際社会の安全性を脅かす国家やテロリスト等，懸念活動を行うおそれのある者に渡ることを防ぐため，先進国を中心とした国際的な枠組み（国際輸出管理レジーム）を作り，国際社会と協調して輸出等の管理を行っている。我が国においては，この安全保障の観点に立った貿易管理の取組を，外国為替及び外国貿易法（外為法）に基づき実施している。

安全保障貿易に関する次の記述のうち，不適切なものはどれか。

① リスト規制とは，武器並びに大量破壊兵器及び通常兵器の開発等に用いられるおそれの高いものを法令等でリスト化して，そのリストに該当する貨物や技術を輸出や提供する場合には，経済産業大臣の許可が必要となる制度である。

② キャッチオール規制とは，リスト規制に該当しない貨物や技術であっても，大量破壊兵器等や通常兵器の開発等に用いられるおそれのある場合には，経済産業大臣の許可が必要となる制度である。

③ 外為法における「技術」とは，貨物の設計，製造又は使用に必要な特定の情報をいい，この情報は，技術データ又は技術支援の形態で提供され，許可が必要な取引の対象となる技術は，外国為替令別表にて定められている。

④ 技術提供の場が日本国内であれば，国内非居住者に技術提供する場合でも，提供する技術が外国為替令別表で規定されているかを確認する必要はない。

⑤ 国際特許の出願をするために外国の特許事務所に出願内容の技術情報を提供する場合，出願をするための必要最小限の技術提供であれば，許可申請は不要である。

Ⅱ―13

重要度A

「国民の安全・安心の確保」「持続可能な地域社会の形成」「経済成長の実現」の役割を担うインフラの機能を，将来にわたって適切に発揮させる必要があり，メンテナンスサイクルの核となる個別施設計画の充実化やメンテナンス体制の確保など，インフラメンテナンスの取組を着実に推進するために，平成26年に「国土交通省インフラ長寿命化計画（行動計画）」が策定された。令和3年6月に今後の取組の方向性を示す第二期の行動計画が策定されており，この中で「個別施設計画の策定・充実」「点検・診断／修繕・更新等」「基準類等の充実」といった具体的な7つの取組が示されている。

この7つの取組のうち，残り4つに含まれないものはどれか。

① 予算管理
② 体制の構築
③ 新技術の開発・導入
④ 情報基盤の整備と活用
⑤ 技術継承の取組

Ⅱ―14

重要度A

技術者にとって製品の安全確保は重要な使命の1つであり，この安全確保に関しては国際安全規格ガイド【ISO／IEC　Guide51―2014（JIS Z 8051―2015)】がある。この「安全」とは，絶対安全を意味するものではなく，「リスク」（危害の発生確率及びその危害の度合いの組合せ）という数量概念を用いて，許容不可能な「リスク」がないことをもって，「安全」と規定している。

次の記述のうち，不適切なものはどれか。

① 「安全」を達成するためには，リスクアセスメント及びリスク低減の反復プロセスが必須である。許容可能と評価された最終的な「残留リスク」については，その妥当性を確認し，その内容については文書化する必要がある。
② リスク低減とリスク評価の考え方として，「ALARP」の原理がある。この原理では，あらゆるリスクは合理的に実行可能な限り軽減するか，又は合理的に実行可能な最低の水準まで軽減することが要求される。

③　「ALARP」の適用に当たっては，当該リスクについてリスク軽減を更に行うことが実際的に不可能な場合，又はリスク軽減費用が製品原価として当初計画した事業予算に収まらない場合にだけ，そのリスクは許容可能である。

④　設計段階のリスク低減方策はスリーステップメソッドと呼ばれる。そのうちのステップ1は「本質的安全設計」であり，リスク低減のプロセスにおける，最初で，かつ最も重要なプロセスである。

⑤　警告は，製品そのもの及び／又はそのこん包に表示し，明白で，読みやすく，容易に消えなく，かつ理解しやすいもので，簡潔で明確に分かりやすい文章とすることが望ましい。

Ⅱ—15

重要度A

環境基本法は，環境の保全について，基本理念を定め，並びに国，地方公共団体，事業者及び国民の責務を明らかにするとともに，環境の保全に関する施策の基本となる事項を定めることにより，環境の保全に関する施策を総合的かつ計画的に推進し，もって現在及び将来の国民の健康で文化的な生活の確保に寄与するとともに人類の福祉に貢献することを目的としている。

環境基本法第二条において「公害とは，環境の保全上の支障のうち，事業活動その他の人の活動に伴って生ずる相当範囲にわたる7つの項目（典型7公害）によって，人の健康又は生活環境に係る被害が生ずることをいう」と定義されている。

上記の典型7公害として「大気の汚染」，「水質の汚濁」，「土壌の汚染」などが記載されているが，次のうち，残りの典型7公害として規定されていないものはどれか。

①　騒音

②　地盤の沈下

③　廃棄物投棄

④　悪臭

⑤　振動

令和５年度　解答・解説

Ⅰ 基礎科目

▌1群▌ 設計・計画に関するもの

Ⅰ—1—1　解答 ⑤

材料の選定に関する穴埋め問題です。

比強度は「強度÷密度」の値です。比強度が高いのは鉄鋼よりもCFRPです。

比強度当たりの価格は，「価格÷比強度」で表されます。鉄鋼の比強度当たりの価格は60÷(400÷7900)≒1200，CFRPの比強度当たりの価格は16000÷(2000÷1600)＝12800となります。

したがって，（ア）**強度を密度**，（イ）**CFRP**，（ウ）**10**の語句または数値となり，⑤が正解となります。

Ⅰ—1—2　解答 ④

材料の強度に関する穴埋め問題です。

令和元年度の出題（Ⅰ—1—4）に類似問題があります。

設問にあるような状態の細い針金の上端に圧縮荷重を加えると，荷重が小さいうちは純圧縮を受けますが，荷重が限界値を越えるとつり合いが不安定となり，棒が横方向に曲げ形式の変形を生じてたわみはじめます。この現象を座屈といいます。

したがって，（ア）**小**，（イ）**越す**，（ウ）**曲げ**，（エ）**座屈**の語句となり，④が正解となります。

Ⅰ—1—3　解答 ③

材料力学に関する穴埋め問題です。

平成29年度の出題（Ⅰ—1—4）に類似問題があります。

引張試験では荷重と伸びの線図で特性を示します。荷重を取り除いたときに完全に復元する性質を弾性，復元しない性質を塑性といいます。荷重と伸びの線図での最大応力を引張強さと呼びます。

したがって，（ア）**伸び**，（イ）**弾性**，（ウ）**塑性**，（エ）**引張強さ**となり，③が正解となります。

Ⅰ—1—4　解答 ④

信頼性に関する計算問題です。

3個の同じ機能の構成要素中2個以上が正常に動作する確率は，「3個すべてが正常に動作する確率」＋「3個のうち2個が正常に動作して1個が正常に動作していない確率（3通り）」となります。

3個すべてが正常に動作する確率は，
0.7×0.7×0.7＝0.343

3個のうち2個が正常に動作して1個が正常に動作していない3通りの確率は，0.7×0.7×(1－0.7)×3＝0.441

合計は0.343＋0.441＝**0.784**

したがって，④が正解となります。

Ⅰ—1—5　解答 ①

信頼性用語に関する組合せ問題です。

平成22年度の出題（Ⅰ—5—4）に類似問題がありました。

設問は，いずれもJIS Z 8115デイペンダビリティ（信頼性）用語として定義されている内容となっています。

したがって，（ア）**フェールセーフ**，（イ）**フェールソフト**，（ウ）**フールプルーフ**，（エ）**フォールトトレランス**となり，①が正解となります。

Ⅰ—1—6　解答 ②

相関係数に関する正誤問題です。

平成19年度の出題（Ⅰ—1—5）に類似問題がありました。

① **不適切**。相関係数は$-1 \leqq r \leqq 1$の範囲にあります。

② **適切**。記述のとおりです。

③ **不適切**。相関係数が0であっても，必ずしも2つのデータが独立であるとは言い切れません。

④ **不適切**。決定係数は相関係数の二乗の値に一致します。

⑤ **不適切**。相関係数の絶対値の大きさと因果関係はありません。

したがって，②が正解となります。

2群　情報・論理に関するもの

Ⅰ—2—1　解答 ①

情報セキュリティに関する正誤問題です。

① **適切**。記述のとおりです。

② **不適切**。一般的にPINコードには複数回間違うと一定時間コードを入力できないなどの制限が設けられているため，総当たり攻撃を事実上不可能としています。

③ **不適切**。複製した指紋を使用すれば本人不在でも認証が可能です。

④ **不適切**。安全性においては認証数よりも要素数が重要となります。

⑤ **不適切**。WEPという暗号化方式は脆弱性があるため，安全ではありません。

したがって，①が正解となります。

Ⅰ—2—2　解答 ④

流れ図に関する問題です。

平成26年度の出題（Ⅰ—2—2）に類似問題があります。

設問中に「余りが0になるまで繰り返す」とあるので，終了条件の流れとなる（イ）は**R=0**となります。

（ア）は（イ）と反対の条件になるので，**R≠0**となります。

（ウ）は目的である「AとBの最大公約数」を出力します。設問中に「AをBで割った」とあるので，A>Bと判断され，最大公約数は**B**となります。

したがって，④が正解となります。

Ⅰ—2—3　解答 ⑤

合同式に関する計算問題です。

合同式とは，割り算の余りに注目した等式です。与えられた設問から，奇数桁は$(9+8+1+3+4+9+X) \times 1 = 34+X$，偶数桁は$(7+4+0+3+1+4) \times 3 = 57$

ここから，$34+X+57=91+X \equiv 0 \pmod{10}$となるので，$91+X$を10で割って余りが0となる数字がXとなります。

したがって，⑤が正解となります。

Ⅰ—2—4　解答 ①

情報圧縮に関する正誤問題です。

① **不適切**。データ圧縮に情報源に関する知識は必要ありません。

②～⑤ **適切**。記述のとおりです。

したがって，①が正解となります。

I—2—5　解答 ①

論理式に関する問題です。

A=01011101，B=10101101なので，

$A \oplus B$はそれぞれの位を足して，

A	0	1	0	1	1	1	0	1
B	1	0	1	0	1	1	0	1
$A \oplus B$	1	1	1	1	0	0	0	0

$A \oplus B$=11110000

$(A \oplus B) \oplus B$は，

$A \oplus B$	1	1	1	1	0	0	0	0
B	1	0	1	0	1	1	0	1
$(A \oplus B) \oplus B$	0	1	0	1	1	1	0	1

$(A \oplus B) \oplus B$=01011101

$((A \oplus B) \oplus B) \oplus A$は，

$(A \oplus B) \oplus B$	0	1	0	1	1	1	0	1
A	0	1	0	1	1	1	0	1
$((A \oplus B) \oplus B) \oplus A$	0	0	0	0	0	0	0	0

$((A \oplus B) \oplus B) \oplus A$=00000000

$(((A \oplus B) \oplus B) \oplus A) \cdot A$は，それぞれの位を掛け算して

$((A \oplus B) \oplus B) \oplus A$	0	0	0	0	0	0	0	0
A	0	1	0	1	1	1	0	1
$(((A \oplus B) \oplus B) \oplus A) \cdot A$	0	0	0	0	0	0	0	0

$(((A \oplus B) \oplus B) \oplus A) \cdot A$=**00000000**

したがって，①が正解となります。

I—2—6　解答 ④

集合に関する問題です。

平成30年度の出題（Ⅰ—2—6）に類似問題がありました。

ベン図を書くと下図のようになります。このベン図内の重複している部分に注意して総個数を計算すると，(300+180+120)−{(60+40+20)−10}=490となります。

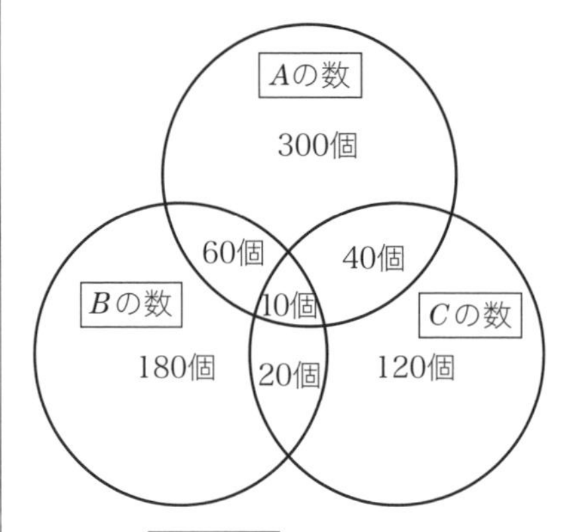

設問に$\overline{A \cup B \cup C}$=400とあるので，

全体集合V=400+490=**890**

したがって，④が正解となります。

3群　解析に関するもの

I—3—1　解答 ④

逆行列に関する問題です。

平成30年度の出題（Ⅰ—3—3）に類似問題があります。

掃き出し法で逆行列を求めます。行列$\boldsymbol{A}$と逆行列$\boldsymbol{A}^{-1}$の積が単位行列$\boldsymbol{I}$になることを利用します。

つまり，横長の行列（$\boldsymbol{AI}$）に行基本変形を繰り返し行って（$\boldsymbol{IB}$）になったら，$\boldsymbol{B}$は$\boldsymbol{A}$の逆行列$\boldsymbol{A}^{-1}$となります。

行基本変形とは次の3つです。

変形❶：ある行を定数倍する。変形❷：2つの行を交換する。変形❸：ある行の定数倍を別の行に加える。

まず，行列（$\boldsymbol{AI}$）を作ります。

$$\begin{bmatrix}1&0&0&1&0&0\\a&1&0&0&1&0\\b&c&1&0&0&1\end{bmatrix}\begin{matrix}\rightarrow 1行目\\\rightarrow 2行目\\\rightarrow 3行目\end{matrix}$$

手順1として，

2行目のaを0にするために，1行目の$-a$倍を2行目に加えます（変形❸）。

$$\begin{bmatrix}1&0&0&1&0&0\\0&1&0&-a&1&0\\b&c&1&0&0&1\end{bmatrix}\begin{matrix}\rightarrow 1行目\\\rightarrow 2行目\\\rightarrow 3行目\end{matrix}$$

手順2として，

3行目のbを0にするために，1行目の$-b$倍を3行目に加えます（変形❸）。

$$\begin{bmatrix}1&0&0&1&0&0\\0&1&0&-a&1&0\\0&c&1&-b&0&1\end{bmatrix}\begin{matrix}\rightarrow 1行目\\\rightarrow 2行目\\\rightarrow 3行目\end{matrix}$$

手順3として，

3行目のcを0にするために，2行目の$-c$倍を3行目に加えます（変形❸）。

$$\begin{bmatrix}1&0&0&1&0&0\\0&1&0&-a&1&0\\0&0&1&ac-b&-c&1\end{bmatrix}\begin{matrix}\rightarrow 1行目\\\rightarrow 2行目\\\rightarrow 3行目\end{matrix}$$

左側が単位行列$\boldsymbol{I}$になったので，右側が$\boldsymbol{A}$の逆行列です。

すなわち，（$\boldsymbol{IB}$）の形になったので，$\boldsymbol{B}=\boldsymbol{A}^{-1}$となります。

したがって，④が正解となります。

I—3—2　解答 ②

重積分に関する計算問題です。

$$\iint_R xdxdy=\int_0^1\left(\int_0^{\sqrt{1-x^2}}xdy\right)dx$$

$$=\int_0^1[xy]_0^{\sqrt{1-x^2}}dx$$

$$=\int_0^1(x\sqrt{1-x^2}-0)dx$$

$$=\int_0^1 x\sqrt{1-x^2}dx\cdots(1)$$

ここで，$x=\sin\theta$と置くと，xの範囲$0\leq x\leq 1$に対して，θの範囲は$0\leq\theta\leq\pi/2$となり，$\dfrac{dx}{d\theta}=\cos\theta$より，$dx=\cos\theta d\theta$なので，

(1)式は，

$$(1)=\int_0^{\frac{\pi}{2}}\sin\theta\sqrt{1-\sin^2\theta}$$

$$\times\cos\theta d\theta\cdots(2)$$

ここで，三角関数の関係式より，$1-\sin^2\theta=\cos^2\theta$と置けるので，

(2)式は，

$$(2)=\int_0^{\frac{\pi}{2}}\sin\theta\sqrt{\cos^2\theta}\times\cos\theta d\theta$$

$$=\int_0^{\frac{\pi}{2}}\sin\theta\times\cos^2\theta d\theta\cdots(3)$$

ここで，$t=\cos\theta$と置くと，

$dt=-\sin\theta d\theta$より，$\sin\theta d\theta=-dt$なので，tの範囲$1\rightarrow 0$に変わり，式(3)は，

$$(3)=\int_1^0-t^2dt=\left[-\frac{1}{3}t^3\right]_1^0=\mathbf{\frac{1}{3}}$$

したがって，②が正解となります。

I—3—3　解答 ①

数値解析に関する正誤問題です。

① **不適切**。代数的には等価な式でも，数値計算では桁落ち誤差や情報落ちによって異なる結果となることがあります。

②～⑤ **適切**。記述のとおりです。

したがって，①が正解となります。

I—3—4　解答 ⑤

部材の伸びに関する計算問題です。

引張荷重をP，棒の長さをL，断面積をA，ヤング率をE，応力をσ，引張ひずみをε，伸びをλとすると，それぞれの関係は，

$\sigma=P／A$（応力の定義）

$\sigma = E\varepsilon$（フックの法則）

$\varepsilon = \lambda / L$（引張ひずみの定義）

で表されます。

上記3式をもとにλについてまとめると，

$\lambda = PL / AE$

となります。

この式に設問で与えられた数値を代入すると，

$2.0 \times (2.4 \times 10^3) / (1.2 \times 10^2 \times 2.0 \times 10^2)$

$= 4800 / 24000 =$ **0.20**

したがって，⑤が正解となります。

I—3—5　解答 ②

慣性モーメントに関する問題です。

問われているモーター出力軸のトルクτは，変速機の入力軸のトルクと同じなので，これを求めます。

円盤の回転トルク（出力トルク）τ'は，公式より，

$\tau' = I \times (\omega_2 - \omega_1) / T$ …(1)式

I：慣性モーメント

$(\omega_2 - \omega_1) / T$：角加速度

また，出力トルクτ'＝入力トルクτ ×1／減速比×伝達効率なので，

減速比$1/n$，伝達効率1（100%，ロス無し）を入力して，

出力トルクτ'

＝入力トルク$\tau \times 1 / (1/n)$

よって，

入力トルクτ

＝出力トルク$\tau' \times (1/n)$ …(2)式

(1)式と(2)式を合わせて，

入力トルクτ

$= I \times (\omega_2 - \omega_1) / T \times (1/n)$

$= (1/n) \times I \times (\omega_2 - \omega_1) / T$

したがって，②が正解となります。

I—3—6　解答 ③

合成抵抗に関する計算問題です。

平成29年度の出題（I—3—4）に類似問題がありました。

導線はすべて長さがL，抵抗がrと同一なので，直列の合成抵抗Rは$R = r + r = 2r$，並列の合成抵抗Rは$\frac{1}{R} = \frac{1}{r} + \frac{1}{r} = \frac{2}{r}$より$R = \frac{r}{2}$となります。

(a)

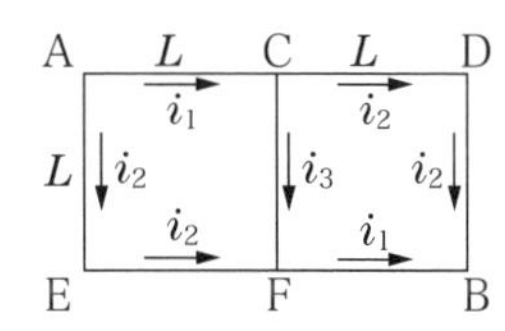

この回路は非対称ですので，単純に直列並列の組合せでは表せません。

回路に入る（A点）での電流は，回路を出る（B点）の電流と同じなので，この電流をiとすると，AB間の電位差E_{AB}は，オームの法則より電圧＝電流×抵抗値なので，

$E_{AB} = I \times R_a$ ……❶

ここで，AC間の電流とAE間の電流をそれぞれi_1，i_2とすると，

$I = i_1 + i_2$ ……❷

ここで，EF間も連続しているので電流はi_2となります。

AC間とFB間，またAEF間とCDB間は抵抗値が同じなので，図のようにi_1，i_2で表されます。

したがって，CF間の電流をi_3とおくと，

$i_1 = i_2 + i_3$ ……❸

ここで，F点の電圧降下は，そこまでの電流×抵抗値なので，ACFとAEFの電流×抵抗値は同じです。

すなわち，

$r\times i_1+r\times i_3=2r\times i_2$

よって，

$i_1+i_3=2\times i_2$　……❹

Iを定数として，❷，❸，❹の連立方程式を解くと，

$i_1=0.6I,\ i_2=0.4I,\ i_3=0.2I$となります。

よって，AB間の電圧降下は，ACDBの経路から（AEFBでも同じ），

電圧降下$E_{AB}=ri_1+2\times ri_2=0.6rI+0.8rI=1.4rI$となります。

これを❶に代入すると，$R_a=1.4r$

(b)

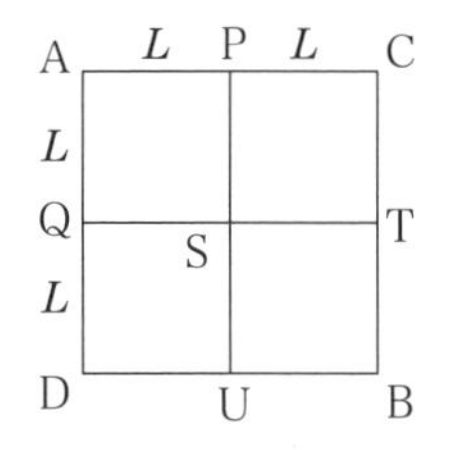

同様にACとADは同じ抵抗値なので，CとDの電位は同じです。したがって，以下のような回路と同じです。

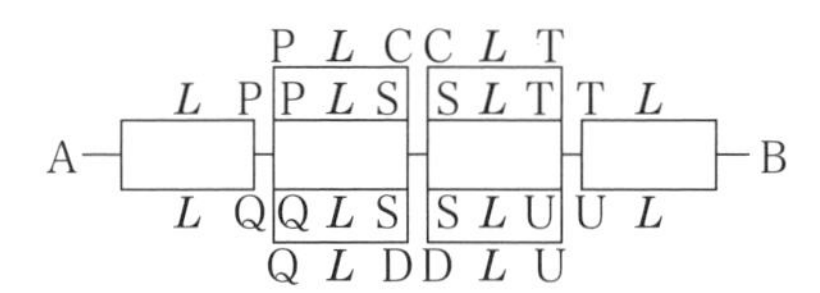

回路のAB間の合成抵抗は，〈2個並列$\frac{r}{2}$〉と〈4個並列$\frac{r}{4}$が2つ〉と〈2個並列$\frac{r}{2}$〉の4つの直列回路となるので，

$$R_b=\frac{r}{2}+\frac{r}{4}+\frac{r}{4}+\frac{r}{2}=\frac{3}{2}r=1.5r$$

(c)

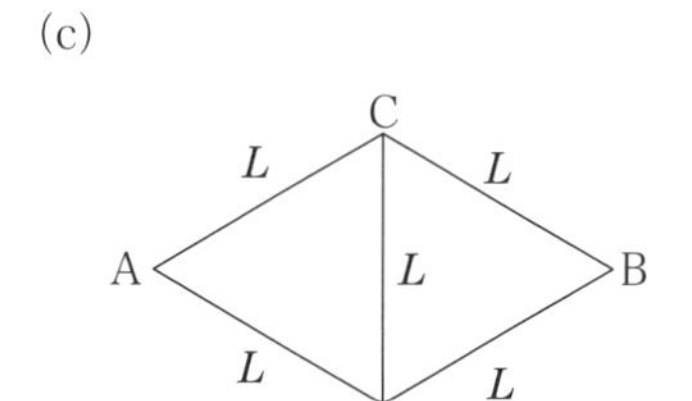

ACとADは同じ抵抗値なので，CとDの電位は同じです。したがって，CD間は電気が流れないので，以下のような回路と同じです。

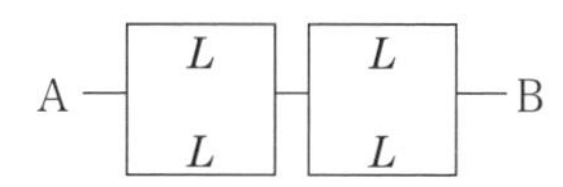

2個の並列回路2つが直列となるので，

$$R_c=\frac{r}{2}+\frac{r}{2}=r$$

したがって，$R_c<R_a<R_b$となり，③が正解となります。

▌4群▌　材料・化学・バイオに関するもの

I―4―1　　解答　③

原子に関する正誤問題です。

平成28年度の出題（I―4―2）に類似問題があります。

原子は原子核とその周りを回る電子から成り立っています。原子番号は原子核の中にある陽子の数を表したもの，質量数は陽子と中性子の総数です。中性子は，原子核を構成する電気的に中性の素粒子で，質量は陽子とほぼ同じです。

同位体は原子番号が同じで，中性子の数が異なる原子をいい，同素体は同一元素ながら原子の配列や結合の違いなどにより性質が異なる単体をいいます。

①　**不適切**。中性子の数は，Caが40

−20＝20，Arが40−18＝22となるので異なります。

② **不適切**。質量数が異なるので，中性子の数は等しくありません。

③ **適切**。電気的に中性な原子では，陽子の数(原子番号)＝電子の数となります。

④ **不適切**。原子番号が異なるので，同位体ではありません。

⑤ **不適切**。互いに同素体ではなく，同位体です。

したがって，③が正解となります。

Ⅰ―4―2 解答 ⑤

コロイドに関する正誤問題です。

①〜④ **適切**。記述のとおりです。

⑤ **不適切**。ゾルとは流動性のあるコロイドをいいます。流動性のないコロイドはゲルといいます。

したがって，⑤が正解となります。

Ⅰ―4―3 解答 ③

金属の結晶構造に関する穴埋め問題です。

金属の結晶構造には，体心立方構造，面心立方構造，六方最密充填構造があり，常温での固体の純鉄は体心立方構造で，そのときの金属組織はα−Fe（フェライト）と呼ばれ，強い磁性を示します。純鉄をある温度まで加熱すると，結晶構造が面心立方構造のγ−Fe（オーステナイト）に変化し，それに伴って収縮します。

常温で強磁性を示す金属には，鉄，コバルト，ニッケル，ガドリニウム（18℃以下）の4種類があります。

したがって，（ア）**体心立方**，（イ）**強磁性**，（ウ）**コバルト**，（エ）**収縮**の語句となり，③が正解となります。

Ⅰ―4―4 解答 ①

金属の腐食に関する正誤問題です。

平成30年度の出題（Ⅰ―4―3）に類似問題があります。

① **適切**。記述のとおりです。

② **不適切**。ステンレス鋼は，鉄にクロムを11％以上含有させた合金鋼で，さらに8％以上のニッケルを加えると耐食性が増します。

③ **不適切**。腐食の速度は，材料の使用環境温度に依存します。

④ **不適切**。腐食には，全面腐食，局部腐食，粒間腐食，孔食などがあります。

⑤ **不適切**。腐食は，化学反応または電気化学反応によって損耗する現象のことをいいます。

したがって，①が正解となります。

Ⅰ―4―5 解答 ③

タンパク質に関する穴埋め問題です。

タンパク質を作るアミノ酸はペプチド結合によってつながっています。酵素は生体内の化学反応を促進させる生体触媒であり，アミラーゼはデンプンを加水分解します。

したがって，（ア）**アミノ酸**，（イ）**ペプチド**，（ウ）**酵素**，（エ）**デンプン**の語句となり，③が正解となります。

Ⅰ―4―6 解答 ⑤

PCR法に関する正誤問題です。

令和2年度の出題（Ⅰ―4―6）に類似問題があります。

① **不適切**。温度が低いほどアニーリングが起こりやすく，増幅されやすくなりますが，非特異的なアニーリングが起

こりやすくなります。

② **不適切**。増幅したい配列が長くなるにつれて伸長反応時間は長くします。

③ **不適切**。増幅したDNAには，両端にプライマーの塩基配列が含まれます。

④ **不適切**。PCR法に適しているのは，耐熱性の高いDNAポリミラーゼです。

⑤ **適切**。記述のとおりです。

したがって，⑤が正解となります。

▌5群▌ 環境・エネルギー・技術に関するもの

Ⅰ—5—1 解答 ③

日本の生物多様性に関する正誤問題です。

①，②，④，⑤ **適切**。記述のとおりです。

③ **不適切**。農地，水路・ため池，農用林などの利用縮小等により，里地里山を構成する野生生物の生息・生育地が減少しました。

したがって，③が正解となります。

Ⅰ—5—2 解答 ⑤

大気汚染物質に関する正誤問題です。

①～④ **適切**。記述のとおりです。

⑤ **不適切**。PM2.5は，「2.5 μm付近の大きさ」ではなく，「2.5 μm以下の大きさ」を有するものです。

したがって，⑤が正解となります。

Ⅰ—5—3 解答 ①

日本のエネルギーに関する正誤問題です。

① **不適切**。日本の太陽光発電導入量は毎年拡大していますが，太陽電池の国内出荷量に占める国内生産品の割合は2009年度以降縮小しています。

②～⑤ **適切**。記述のとおりです。

したがって，①が正解となります。

Ⅰ—5—4 解答 ②

エネルギーに関する計算問題です。

平成29年度の出題（Ⅰ—5—3）に類似問題があります。

理想気体の体積の換算とメタンの分子量を知らないと難しい問題です。メタン（CH_4）の分子量は，$12+(1\times4)=16$になります。1 molの理想気体の体積は22.4リットルなので，メタン1リットルの質量は，$16\div22.4\fallingdotseq0.7142$となります。

設問より，LNGの密度は425(kg/m^3)＝425(g/リットル）が与えられているので，1リットル当たりの質量比が液体：気体＝425：0.7142となり，体積比はこの逆数なので，液体体積/気体体積＝0.7142/425≒**1/600**となります。

したがって，②が正解となります。

Ⅰ—5—5 解答 ①

各種の法律や法令に関する問題です。

（ア）労働安全衛生法の制定は1972年です。

（イ）製造物責任法の制定は1994年です。

（ウ）工場法の制定は1911年です。

（エ）第1回全国安全週間の実施は1928年です。

（オ）工業標準化法の制定は1949年です。

したがって，古い順に**ウ**—**エ**—**オ**—**ア**—**イ**となり，①が正解となります。

I—5—6　解答 ⑤

科学技術史に関する正誤問題です。

令和元年度の出題（I—5—5）に類似問題があります。

① **適切**。望遠鏡の発明（1608年），土星の環の確認（1610年）。

② **適切**。量子力学の誕生（1925年），トランジスターの発明（1947年）。

③ **適切**。電磁波の存在確認（1888年），レーダーの開発（1904年）。

④ **適切**。原子核分裂の発見（1938年），原子力発電の利用（1951年）。

⑤ **不適切**。ウイルスの発見（1898年頃），種痘の接種（1796年）。

したがって，⑤が正解となります。

II 適性科目

II—1　解答 ③

技術士法第4章に関する正誤問題です。

（ア）×。第45条「技術士等の秘密保持義務」に照らして，依頼者からの情報も守秘義務が生じます。

（イ）○。第47条の2「技術士等の公益確保の責務」に照らして，記述のとおりです。

（ウ）×。第47条の2「技術士等の公益確保の責務」に照らして，公益が優先されます。

（エ）×。第47条の2「技術士等の公益確保の責務」に照らして，安全性に対し懸念を生じる可能性について発言する必要があります。

したがって，③が正解となります。

II—2　解答 ③

情報漏洩問題に関する正誤問題です。

①，②，④，⑤ **適切**。記述のとおりです。

③ **不適切**。秘密情報を取り扱う作業については，可能な限り複数人で作業を行う体制を整えます。単独作業を実施する場合には，各部門の責任者等が事前に単独作業の必要性，事後には作業内容を確認するようにします。

したがって，③が正解となります。

II—3　解答 ②

公益通報者保護法に関する正誤問題です。

①，③～⑤ **適切**。記述のとおりです。

② **不適切**。公務員も原則として通報

の主体としての「労働者」に該当します。
したがって，②が正解となります。

Ⅱ—4 **解答 ②**

知的財産権制度に関する正誤問題です。
(ア)～(エ) ○。いずれも産業財産権に含まれます。
(オ) ×。産業財産権は手続きをしなければ権利が発生しませんが，著作権は権利を得るために手続きを必要としません。
したがって，②が正解となります。

Ⅱ—5 **解答 ①**

技術士に求められる資質能力に関する正誤問題です。
「技術士に求められる資質能力」に挙げられたキーワードは，専門的学識，問題解決，マネジメント，評価，コミュニケーション，リーダーシップ，技術者倫理，継続研さんの8つです。
したがって，誤ったものの数は**0**となり，①が正解となります。

Ⅱ—6 **解答 ③**

製造物責任法に関する正誤問題です。
(ア) ×。製造業者等が製造物の引き渡し後に当該製造物が不動産に付合して独立した動産でなくなったとしても，同製造物は製造物責任の対象になり得ます。
(イ)～(エ) ○。記述のとおりです。
(オ) ×。海外への製品輸出や現地生産の場合は，相手国の法律に基づく必要があります。
したがって，③が正解となります。

Ⅱ—7 **解答 ②**

科学者の行動規範に関する正誤問題です。
(ア) ○。記述のとおりです。
(イ) ×。意見の相違が存在するときは，「科学者コミュニティ内での多数決により統一見解を決めてから助言を行う」が誤りで，正しくは「これを解りやすく説明する」としています。
(ウ) ○。記述のとおりです。
(エ) ○。記述のとおりです。
したがって，②が正解となります。

Ⅱ—8 **解答 ②**

リスクマネジメントに関する穴埋め問題です。
リスクマネジメントの流れは，リスク特定→リスク分析→リスク評価→リスク対応となります。
したがって，(ア) **特定**，(イ) **分析**，(ウ) **評価**，(エ) **対応**の語句となり，②が正解となります。

Ⅱ—9 **解答 ④**

技術者にとっての失敗事例に関する正誤問題です。
① **正**。事実のとおりです。
② **正**。事実のとおりです。
③ **正**。事実のとおりです。
④ **誤**。事実と異なります。ゴンドラのケーブル破断ではなく，扉が閉まらないまま急にエレベータが上に動き出し，エレベータ内部の床部分と天井の間に挟まれた事故です。
⑤ **正**。事実のとおりです。
したがって，④が正解となります。

Ⅱ—10 **解答 ③**

BCP，BCMに関する正誤問題です。
(ア) ○。記述のとおりです。

（イ）×。想定する発生事象（インシデント）により企業・組織が被害を受けたとしても，法令や条例による規制その他の規定は遵守する必要があります。

（ウ）○。記述のとおりです。

（エ）○。記述のとおりです。

したがって，③が正解となります。

Ⅱ−11　解答 ②

エシックス・テストに関する穴埋め問題です。

（ア）「それは倫理的に不適切な行為である」から，普遍化可能性の選択肢となります。

（イ）「直接影響を受ける立場であっても」から，可逆性の選択肢となります。

（ウ）「どう見られるだろうか」から，美徳の選択肢となります。

（エ）「報道されたらどうなるか」から，世評の選択肢となります。

したがって，（ア）**普遍化可能性**，（イ）**可逆性**，（ウ）**美徳**，（エ）**世評**の語句となり，②が正解となります。

Ⅱ−12　解答 ④

安全保障貿易管理に関する正誤問題です。

①〜③，⑤　**適切**。記述のとおりです。

④　**不適切**。技術提供の場が日本国内であっても，国内非居住者に技術提供する場合は，提供する技術が外為令別表で規定されているかを確認する必要があります。

したがって，④が正解となります。

Ⅱ−13　解答 ⑤

国土交通省インフラ長寿命化計画に関する正誤問題です。

同計画では，点検・診断／修繕・更新等，基準類等の充実，個別施設計画の策定・充実，情報基盤の整備と活用，新技術の開発・導入，予算管理，体制の構築の7つの具体的な取組が示されています。

したがって，技術継承の取組は示されていないので，⑤が正解となります。

Ⅱ−14　解答 ③

ISO/IEC Guide51に関する正誤問題です。

①　**適切**。記述のとおりです。

②　**適切**。記述のとおりです。

③　**不適切**。ALARPの適用領域では，リスクの低減をし続ける努力をしなければなりません。

④　**適切**。記述のとおりです。

⑤　**適切**。記述のとおりです。

したがって，③が正解となります。

Ⅱ−15　解答 ③

環境基本法に関する正誤問題です。

環境基本法第二条において規定されている典型7公害は，大気の汚染，水質の汚濁，土壌の汚染，騒音，振動，地盤の沈下，悪臭となります。

したがって，廃棄物投棄は規定されていないので，③が正解となります。

令和５年度
技術士第一次試験　解答用紙

基礎科目解答欄

設計・計画に関するもの

問題番号	解答				
Ⅰ—1—1	①	②	③	④	⑤
Ⅰ—1—2	①	②	③	④	⑤
Ⅰ—1—3	①	②	③	④	⑤
Ⅰ—1—4	①	②	③	④	⑤
Ⅰ—1—5	①	②	③	④	⑤
Ⅰ—1—6	①	②	③	④	⑤

情報・論理に関するもの

問題番号	解答				
Ⅰ—2—1	①	②	③	④	⑤
Ⅰ—2—2	①	②	③	④	⑤
Ⅰ—2—3	①	②	③	④	⑤
Ⅰ—2—4	①	②	③	④	⑤
Ⅰ—2—5	①	②	③	④	⑤
Ⅰ—2—6	①	②	③	④	⑤

解析に関するもの

問題番号	解答				
Ⅰ—3—1	①	②	③	④	⑤
Ⅰ—3—2	①	②	③	④	⑤
Ⅰ—3—3	①	②	③	④	⑤
Ⅰ—3—4	①	②	③	④	⑤
Ⅰ—3—5	①	②	③	④	⑤
Ⅰ—3—6	①	②	③	④	⑤

材料・化学・バイオに関するもの

問題番号	解答				
Ⅰ—4—1	①	②	③	④	⑤
Ⅰ—4—2	①	②	③	④	⑤
Ⅰ—4—3	①	②	③	④	⑤
Ⅰ—4—4	①	②	③	④	⑤
Ⅰ—4—5	①	②	③	④	⑤
Ⅰ—4—6	①	②	③	④	⑤

環境・エネルギー・技術に関するもの

問題番号	解答				
Ⅰ—5—1	①	②	③	④	⑤
Ⅰ—5—2	①	②	③	④	⑤
Ⅰ—5—3	①	②	③	④	⑤
Ⅰ—5—4	①	②	③	④	⑤
Ⅰ—5—5	①	②	③	④	⑤
Ⅰ—5—6	①	②	③	④	⑤

適性科目解答欄

問題番号	解答				
Ⅱ—1	①	②	③	④	⑤
Ⅱ—2	①	②	③	④	⑤
Ⅱ—3	①	②	③	④	⑤
Ⅱ—4	①	②	③	④	⑤
Ⅱ—5	①	②	③	④	⑤
Ⅱ—6	①	②	③	④	⑤
Ⅱ—7	①	②	③	④	⑤
Ⅱ—8	①	②	③	④	⑤
Ⅱ—9	①	②	③	④	⑤
Ⅱ—10	①	②	③	④	⑤
Ⅱ—11	①	②	③	④	⑤
Ⅱ—12	①	②	③	④	⑤
Ⅱ—13	①	②	③	④	⑤
Ⅱ—14	①	②	③	④	⑤
Ⅱ—15	①	②	③	④	⑤

＊本紙は演習用の解答用紙です。実際の解答用紙とは異なります。

令和５年度
技術士第一次試験　解答一覧

■基礎科目

設計・計画に関するもの		材料・化学・バイオに関するもの	
Ⅰ—1—1	⑤	Ⅰ—4—1	③
Ⅰ—1—2	④	Ⅰ—4—2	⑤
Ⅰ—1—3	③	Ⅰ—4—3	③
Ⅰ—1—4	④	Ⅰ—4—4	①
Ⅰ—1—5	①	Ⅰ—4—5	③
Ⅰ—1—6	②	Ⅰ—4—6	⑤
情報・論理に関するもの		環境・エネルギー・技術に関するもの	
Ⅰ—2—1	①	Ⅰ—5—1	③
Ⅰ—2—2	④	Ⅰ—5—2	⑤
Ⅰ—2—3	⑤	Ⅰ—5—3	①
Ⅰ—2—4	①	Ⅰ—5—4	②
Ⅰ—2—5	①	Ⅰ—5—5	①
Ⅰ—2—6	④	Ⅰ—5—6	⑤
解析に関するもの			
Ⅰ—3—1	④		
Ⅰ—3—2	②		
Ⅰ—3—3	①		
Ⅰ—3—4	⑤		
Ⅰ—3—5	②		
Ⅰ—3—6	③		

■適性科目

Ⅱ—1	③
Ⅱ—2	③
Ⅱ—3	②
Ⅱ—4	②
Ⅱ—5	①
Ⅱ—6	③
Ⅱ—7	②
Ⅱ—8	②
Ⅱ—9	④
Ⅱ—10	③
Ⅱ—11	②
Ⅱ—12	④
Ⅱ—13	⑤
Ⅱ—14	③
Ⅱ—15	③

令和4年度

技術士第一次試験

I 基礎科目

I　次の1群～5群の全ての問題群からそれぞれ3問題，計15問題を選び解答せよ。（解答欄に1つだけマークすること。）

1群 設計・計画に関するもの（全6問題から3問題を選択解答）

I－1－1　重要度B

金属材料の一般的性質に関する次の（A）～（D）の記述の，［　　］に入る語句の組合せとして，適切なものはどれか。

（A）疲労限度線図では，規則的な繰り返し応力における平均応力を［ア］方向に変更すれば，少ない繰り返し回数で疲労破壊する傾向が示されている。

（B）材料に長時間一定荷重を加えるとひずみが時間とともに増加する。これをクリープという。［イ］ではこのクリープが顕著になる傾向がある。

（C）弾性変形下では，縦弾性係数の値が［ウ］と少しの荷重でも変形しやすい。

（D）部材の形状が急に変化する部分では，局所的にvon Mises相当応力（相当応力）が［エ］なる。

	ア	イ	ウ	エ
①	引張	材料の温度が高い状態	小さい	大きく
②	引張	材料の温度が高い状態	大きい	小さく
③	圧縮	材料の温度が高い状態	小さい	小さく
④	圧縮	引張強さが大きい材料	小さい	大きく
⑤	引張	引張強さが大きい材料	大きい	大きく

I—1—2　重要度A

確率分布に関する次の記述のうち，不適切なものはどれか。

① 1個のサイコロを振ったときに，1から6までのそれぞれの目が出る確率は，一様分布に従う。
② 大量生産される工業製品のなかで，不良品が発生する個数は，ポアソン分布に従うと近似できる。
③ 災害が起こってから次に起こるまでの期間は，指数分布に従うと近似できる。
④ ある交差点における5年間の交通事故発生回数は，正規分布に従うと近似できる。
⑤ 1枚のコインを5回投げたときに，表が出る回数は，二項分布に従う。

I—1—3　重要度A

次の記述の，[　　]に入る語句として，適切なものはどれか。

ある棒部材に，互いに独立な引張力F_aと圧縮力F_bが同時に作用する。引張力F_aは平均300N，標準偏差30Nの正規分布に従い，圧縮力F_bは平均200N，標準偏差40Nの正規分布に従う。棒部材の合力が200N以上の引張力となる確率は[　　]となる。ただし，平均0，標準偏差1の正規分布で値がz以上となる確率は以下の表により表される。

表　標準正規分布に従う確率変数zと上側確率

z	1.0	1.5	2.0	2.5	3.0
確率［%］	15.9	6.68	2.28	0.62	0.13

① 0.2%未満
② 0.2%以上1%未満
③ 1%以上5%未満
④ 5%以上10%未満
⑤ 10%以上

Ⅰ—1—4

重要度A

ある工業製品の安全率をxとする（x＞1）。この製品の期待損失額は，製品に損傷が生じる確率とその際の経済的な損失額の積として求められ，損傷が生じる確率は1／(1＋x)，経済的な損失額は9億円である。一方，この製品を造るための材料費やその調達を含む製造コストがx億円であるとした場合に，製造にかかる総コスト（期待損失額と製造コストの合計）を最小にする安全率xの値はどれか。

① 2.0　② 2.5　③ 3.0　④ 3.5　⑤ 4.0

Ⅰ—1—5

重要度A

次の記述の，［　　］に入る語句の組合せとして，適切なものはどれか。

断面が円形の等分布荷重を受ける片持ばりにおいて，最大曲げ応力は断面の円の直径の［ア］に［イ］し，最大たわみは断面の円の直径の［ウ］に［イ］する。また，この断面を円から長方形に変更すると，最大曲げ応力は断面の長方形の高さの［エ］に［イ］する。ただし，断面形状ははりの長さ方向に対して一様である。また，はりの長方形断面の高さ方向は荷重方向に一致する。

	ア	イ	ウ	エ
①	3乗	比例	4乗	3乗
②	4乗	比例	3乗	2乗
③	3乗	反比例	4乗	2乗
④	4乗	反比例	3乗	3乗
⑤	3乗	反比例	4乗	3乗

Ⅰ—1—6

重要度A

ある施設の計画案（ア）～（オ）がある。これらの計画案による施設の建設によって得られる便益が，将来の社会条件a，b，cにより表1のように変化するものとする。また，それぞれの計画案に要する建設費用が表2に示されるとおりとする。将来の社会条件の発生確率が，それぞれa＝70%，b＝20%，c＝10%と予測される場合，期待される価値（＝便益－費用）が最も大きくなる計画案はどれか。

表1　社会条件によって変化する便益（単位：億円）

計画案 社会条件	ア	イ	ウ	エ	オ
a	5	5	3	6	7
b	4	4	6	5	4
c	4	7	7	3	5

表2　計画案に要する建設費用（単位：億円）

計画案	ア	イ	ウ	エ	オ
建設費用	3	3	3	4	6

①　ア　　②　イ　　③　ウ　　④　エ　　⑤　オ

▌2群▌　情報・論理に関するもの（全6問題から3問題を選択解答）

Ⅰ―2―1　　重要度A

テレワーク環境における問題に関する次の記述のうち，最も不適切なものはどれか。

①　Web会議サービスを利用する場合，意図しない参加者を会議へ参加させないためには，会議参加用のURLを参加者に対し安全な通信路を用いて送付すればよい。
②　各組織のネットワーク管理者は，テレワークで用いるVPN製品等の通信機器の脆弱性について，常に情報を収集することが求められている。
③　テレワーク環境では，オフィス勤務の場合と比較してフィッシング等の被害が発生する危険性が高まっている。

④　ソーシャルハッキングへの対策のため，第三者の出入りが多いカフェやレストラン等でのテレワーク業務は避ける。

⑤　テレワーク業務におけるインシデント発生時において，適切な連絡先が確認できない場合，被害の拡大につながるリスクがある。

Ⅰ―2―2　重要度B

4つの集合A，B，C，Dが以下の4つの条件を満たしているとき，集合A，B，C，Dすべての積集合の要素数の値はどれか。

条件1　A，B，C，Dの要素数はそれぞれ11である。
条件2　A，B，C，Dの任意の2つの集合の積集合の要素数はいずれも7である。
条件3　A，B，C，Dの任意の3つの集合の積集合の要素数はいずれも4である。
条件4　A，B，C，Dすべての和集合の要素数は16である。

①　8　　②　4　　③　2　　④　1　　⑤　0

Ⅰ―2―3　重要度A

仮想記憶のページ置換手法としてLRU（Least Recently Used）が使われており，主記憶に格納できるページ数が3，ページの主記憶からのアクセス時間がH［秒］，外部記憶からのアクセス時間がM［秒］であるとする（HはMよりはるかに小さいものとする）。ここでLRUとは最も長くアクセスされなかったページを置換対象とする方式である。仮想記憶にページが何も格納されていない状態から開始し，プログラムが次の順番でページ番号を参照する場合の総アクセス時間として，適切なものはどれか。

$$2 \Rightarrow 1 \Rightarrow 1 \Rightarrow 2 \Rightarrow 3 \Rightarrow 4 \Rightarrow 1 \Rightarrow 3 \Rightarrow 4$$

なお，主記憶のページ数が1であり，2⇒2⇒1⇒2の順番でページ番号を参照する場合，最初のページ2へのアクセスは外部記憶からのアクセスとなり，同時に主記憶にページ2が格納される。以降のページ2，ページ1，ページ2への参照はそれぞれ主記憶，外部記憶，外部記憶からのアクセスとなるので，総アクセス時間は3M＋1H［秒］となる。

① 7M＋2H［秒］
② 6M＋3H［秒］
③ 5M＋4H［秒］
④ 4M＋5H［秒］
⑤ 3M＋6H［秒］

I−2−4　重要度A

次の記述の，［　　］に入る値の組合せとして，適切なものはどれか。

同じ長さの2つのビット列に対して，対応する位置のビットが異なっている箇所の数をそれらのハミング距離と呼ぶ。ビット列「0101011」と「0110000」のハミング距離は，表1のように考えると4であり，ビット列「1110101」と「1001111」のハミング距離は［ア］である。4ビットの情報ビット列「X1　X2　X3　X4」に対して，「X5　X6　X7」をX5＝X2＋X3＋X4（mod 2），X6＝X1＋X3＋X4（mod 2），X7＝X1＋X2＋X4（mod 2）（mod 2は整数を2で割った余りを表す）とおき，これらを付加したビット列「X1　X2　X3　X4　X5　X6　X7」を考えると，任意の2つのビット列のハミング距離が3以上であることが知られている。このビット列「X1　X2　X3　X4　X5　X6　X7」を送信し通信を行ったときに，通信過程で高々1ビットしか通信の誤りが起こらないという仮定の下で，受信ビット列が「0100110」であったとき，表2のように考えると「1100110」が送信ビット列であることがわかる。同じ仮定の下で，受信ビット列が「1000010」であったとき，送信ビット列は［イ］であることがわかる。

表1　ハミング距離の計算

1つめのビット列	0	1	0	1	0	1	1
2つめのビット列	0	1	1	0	0	0	0
異なるビット位置と個数計算			1	2		3	4

表2　受信ビット列が「0100110」の場合

受信ビット列の正誤	送信ビット列								X1, X2, X3, X4に対応する付加ビット列		
	X1	X2	X3	X4	X5	X6	X7	⇒	X2＋X3＋X4 (mod 2)	X1＋X3＋X4 (mod 2)	X1＋X2＋X4 (mod 2)
全て正しい	0	1	0	0	1	1	0		1	0	1
X1のみ誤り	1	1	0	0	同上			一致	1	1	0
X2のみ誤り	0	0	0	0	同上				0	0	0
X3のみ誤り	0	1	1	0	同上				0	1	1
X4のみ誤り	0	1	0	1	同上				0	1	0
X5のみ誤り	0	1	0	0	0	1	0		1	0	1
X6のみ誤り	同上				1	0	0		同上		
X7のみ誤り	同上				1	1	1		同上		

	ア	イ
①	4	「0000010」
②	5	「1100010」
③	4	「1001010」
④	5	「1000110」
⑤	4	「1000011」

Ⅰ—2—5　重要度A

次の記述の，　　　に入る値の組合せとして，適切なものはどれか。

nを0又は正の整数，$a_i \in \{0, 1\}$ $(i=0, 1, \cdots, n)$ とする。図は2進数$(a_n a_{n-1} \cdots a_1 a_0)_2$を10進数$s$に変換するアルゴリズムの流れ図である。

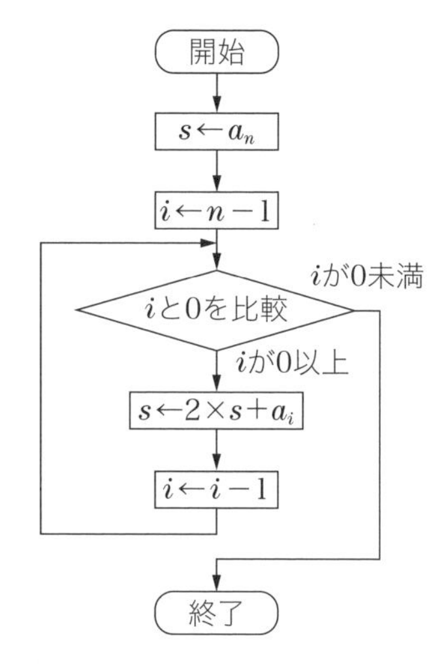

図　10進数sを求めるアルゴリズムの流れ図

このアルゴリズムを用いて2進数$(1011)_2$を10進数sに変換すると，sには初めに1が代入され，その後，順に2，5と更新され，最後に11となり終了する。このようにsが更新される過程を

$$1 \rightarrow 2 \rightarrow 5 \rightarrow 11$$

と表す。同様に，2進数$(11001011)_2$を10進数sに変換すると，sは次のように更新される。

1 → 3 → 6 → [ア] → [イ] → [ウ] → [エ] → 203

	ア	イ	ウ	エ
①	12	25	51	102
②	13	26	50	102
③	13	26	52	101
④	13	25	50	101
⑤	12	25	50	101

I―2―6 重要度A

IPv4アドレスは32ビットを8ビットごとにピリオド（.）で区切り4つのフィールドに分けて，各フィールドの8ビットを10進数で表記する。一方IPv6アドレスは128ビットを16ビットごとにコロン（：）で区切り，8つのフィールドに分けて各フィールドの16ビットを16進数で表記する。IPv6アドレスで表現できるアドレス数はIPv4アドレスで表現できるアドレス数の何倍の値となるかを考えた場合，適切なものはどれか。

① 2^4倍　② 2^{16}倍　③ 2^{32}倍　④ 2^{96}倍　⑤ 2^{128}倍

▌3群▐ 解析に関するもの（全6問題から3問題を選択解答）

I―3―1 重要度A

$x=x_i$における導関数$\dfrac{df}{dx}$の差分表現として，誤っているものはどれか。ただし，添え字iは格子点を表すインデックス，格子幅をΔとする。

① $\dfrac{f_{i+1}-f_i}{\Delta}$

② $\dfrac{3f_i-4f_{i-1}+f_{i-2}}{2\Delta}$

③ $\dfrac{f_{i+1}-f_{i-1}}{2\Delta}$

④ $\dfrac{f_{i+1}-2f_i+f_{i-1}}{\Delta^2}$

⑤ $\dfrac{f_i-f_{i-1}}{\Delta}$

I―3―2 重要度B

3次元直交座標系における任意のベクトル$\mathrm{a}=(a_1,\ a_2,\ a_3)$と$\mathrm{b}=(b_1,\ b_2,\ b_3)$

に対して必ずしも成立しない式はどれか。ただしa・b及びa×bはそれぞれベクトルaとbの内積及び外積を表す。

① (a×b)・a=0
② a×b=b×a
③ a・b=b・a
④ b・(a×b)=0
⑤ a×a=0

I―3―3

重要度A

数値解析の精度を向上する方法として次のうち，最も不適切なものはどれか。

① 丸め誤差を小さくするために，計算機の浮動小数点演算を単精度から倍精度に変更した。
② 有限要素解析において，高次要素を用いて要素分割を行った。
③ 有限要素解析において，できるだけゆがんだ要素ができないように要素分割を行った。
④ Newton法などの反復計算において，反復回数が多いので収束判定条件を緩和した。
⑤ 有限要素解析において，解の変化が大きい領域の要素分割を細かくした。

I―3―4

重要度A

両端にヒンジを有する2つの棒部材ACとBCがあり，点Cにおいて鉛直下向きの荷重Pを受けている。棒部材ACとBCに生じる軸方向力をそれぞれN_1とN_2とするとき，その比$\frac{N_1}{N_2}$として，適切なものはどれか。なお，棒部材の伸びは微小とみなしてよい。

① $\frac{1}{2}$

② $\frac{1}{\sqrt{3}}$

③ 1

④ $\sqrt{3}$

⑤ 2

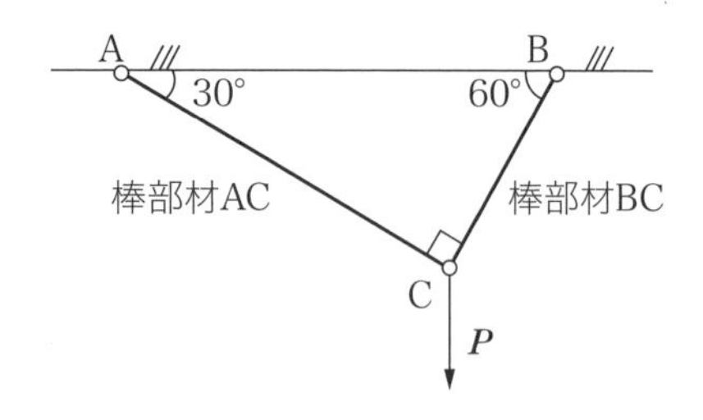

図　両端にヒンジを有する棒部材からなる構造

I—3—5　　重要度B

モータの出力軸に慣性モーメントI［kg・m^2］の円盤が取り付けられている。この円盤を時間T［s］の間に角速度ω_1［rad／s］からω_2［rad／s］($\omega_2>\omega_1$)に一定の角加速度$(\omega_2-\omega_1)/T$で増速するために必要なモータ出力軸のトルクτ［Nm］として適切なものはどれか。ただし，モータ出力軸の慣性モーメントは無視できるものとする。

① $\tau=I(\omega_2-\omega_1)$

② $\tau=I(\omega_2-\omega_1)\cdot T$

③ $\tau=I(\omega_2-\omega_1)/T$

④ $\tau=I(\omega_2{}^2-\omega_1{}^2)/2$

⑤ $\tau=I(\omega_2{}^2-\omega_1{}^2)\cdot T$

I—3—6　　重要度B

図（a）に示すような上下に張力Tで張られた糸の中央に物体が取り付けられた系の振動を考える。糸の長さは$2L$，物体の質量はmである。図（a）の拡大図に示すように，物体の横方向の変位をxとし，そのときの糸の傾きをθとすると，復元力は$2T\sin\theta$と表され，運動方程式よりこの系の固有振動数f_aを求めることができる。同様に，図（b）に示すような上下に張力Tで張られた長さ$4L$の糸の中央に質量$2m$の物体が取り付けられた系があり，この系の固有振動数をf_bとする。f_aとf_bの比として適切なものはどれか。ただし，どちらの系でも，糸の質量，及び物体の大きさは無視できるものとする。また，物体の鉛直方向の変位はなく，振動している際の張力変動は無視することができ，変位

xと傾きθは微小なものとみなしてよい。

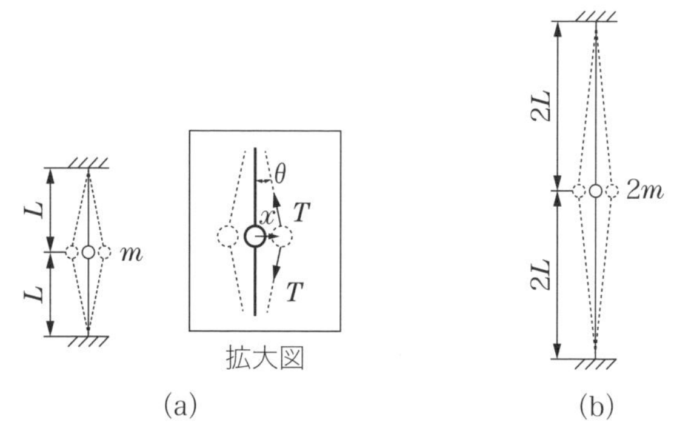

図　張られた糸に物体が取り付けられた2つの系

① $f_a : f_b = 1 : 1$
② $f_a : f_b = 1 : \sqrt{2}$
③ $f_a : f_b = 1 : 2$
④ $f_a : f_b = \sqrt{2} : 1$
⑤ $f_a : f_b = 2 : 1$

▌4群▌ 材料・化学・バイオに関するもの（全6問題から3問題を選択解答）

Ⅰ－4－1　　重要度A

次の記述のうち，最も不適切なものはどれか。ただし，いずれも常温・常圧下であるものとする。

① 酢酸は弱酸であり，炭酸の酸性度は酢酸より弱く，フェノールの酸性度は炭酸よりさらに弱い。
② 塩酸及び酢酸の0.1mol／L水溶液は同一のpHを示す。
③ 水酸化ナトリウム，水酸化カリウム，水酸化カルシウム，水酸化バリウムは水に溶けて強塩基性を示す。
④ 炭酸カルシウムに希塩酸を加えると，二酸化炭素を発生する。

⑤ 塩化アンモニウムと水酸化カルシウムの混合物を加熱すると，アンモニアを発生する。

I—4—2

重要度A

次の物質のうち，下線を付けた原子の酸化数が最小なものはどれか。

① $H_2\underline{S}$ ② $\underline{Mn}$ ③ $\underline{Mn}O_4^-$ ④ $\underline{N}H_3$ ⑤ $H\underline{N}O_3$

I—4—3

重要度B

金属材料に関する次の記述の，［　　］に入る語句及び数値の組合せとして，適切なものはどれか。

ニッケルは，［ア］に分類される金属であり，ニッケル合金やニッケルめっき鋼板などの製造に使われている。

幅0.50m，長さ1.0m，厚さ0.60mmの鋼板に，ニッケルで厚さ10μmの片面めっきを施すには，［イ］kgのニッケルが必要である。このニッケルめっき鋼板におけるニッケルの質量百分率は，［ウ］%である。ただし，鋼板，ニッケルの密度は，それぞれ，7.9×10^3kg／m^3，8.9×10^3kg／m^{3}とする。

	ア	イ	ウ
①	レアメタル	4.5×10^{-2}	1.8
②	ベースメタル	4.5×10^{-2}	0.18
③	レアメタル	4.5×10^{-2}	0.18
④	ベースメタル	8.9×10^{-2}	0.18
⑤	レアメタル	8.9×10^{-2}	1.8

I—4—4

重要度A

材料の力学特性試験に関する次の記述の，［　　］に入る語句の組合せとして，適切なものはどれか。

材料の弾塑性挙動を，試験片の両端を均一に引っ張る一軸引張試験機を用いて測定したとき，試験機から一次的に計測できるものは荷重と変位である。荷重を［ア］の試験片の断面積で除すことで［イ］が得られ，変位を［ア］の試験片の長さで除すことで［ウ］が得られる。

［イ］－［ウ］曲線において，試験開始の初期に現れる直線領域を［エ］変形領域と呼ぶ。

	ア	イ	ウ	エ
①	変形前	公称応力	公称ひずみ	弾性
②	変形後	真応力	公称ひずみ	弾性
③	変形前	公称応力	真ひずみ	塑性
④	変形後	真応力	真ひずみ	塑性
⑤	変形前	公称応力	公称ひずみ	塑性

I－4－5

重要度B

酵素に関する次の記述のうち，最も適切なものはどれか。

① 酵素を構成するフェニルアラニン，ロイシン，バリン，トリプトファンなどの非極性アミノ酸の側鎖は，酵素の外表面に存在する傾向がある。
② 至適温度が20℃以下，あるいは100℃以上の酵素は存在しない。
③ 酵素は，アミノ酸がペプチド結合によって結合したタンパク質を主成分とする無機触媒である。
④ 酵素は，活性化エネルギーを増加させる触媒の働きを持っている。
⑤ リパーゼは，高級脂肪酸トリグリセリドのエステル結合を加水分解する酵素である。

I－4－6

重要度A

ある二本鎖DNAの一方のポリヌクレオチド鎖の塩基組成を調べたところ，グアニン（G）が25%，アデニン（A）が15%であった。このとき，同じ側の鎖，又は相補鎖に関する次の記述のうち，最も適切なものはどれか。

① 同じ側の鎖では，シトシン（C）とチミン（T）の和が40％である。
② 同じ側の鎖では，グアニン（G）とシトシン（C）の和が90％である。
③ 相補鎖では，チミン（T）が25％である。
④ 相補鎖では，シトシン（C）とチミン（T）の和が50％である。
⑤ 相補鎖では，グアニン（G）とアデニン（A）の和が60％である。

5群 環境・エネルギー・技術に関するもの（全6問題から3問題を選択解答）

I—5—1　重要度A

気候変動に関する政府間パネル（IPCC）第6次評価報告書第1～3作業部会報告書政策決定者向け要約の内容に関する次の記述のうち，不適切なものはどれか。

① 人間の影響が大気，海洋及び陸域を温暖化させてきたことには疑う余地がない。
② 2011～2020年における世界平均気温は，工業化以前の状態の近似値とされる1850～1900年の値よりも約3℃高かった。
③ 気候変動による影響として，気象や気候の極端現象の増加，生物多様性の喪失，土地・森林の劣化，海洋の酸性化，海面水位上昇などが挙げられる。
④ 気候変動に対する生態系及び人間の脆弱性は，社会経済的開発の形態などによって，地域間及び地域内で大幅に異なる。
⑤ 世界全体の正味の人為的な温室効果ガス排出量について，2010～2019年の期間の年間平均値は過去のどの10年の値よりも高かった。

I—5—2　重要度A

廃棄物に関する次の記述のうち，不適切なものはどれか。

① 一般廃棄物と産業廃棄物の近年の総排出量を比較すると，一般廃棄物の方が多くなっている。

② 特別管理産業廃棄物とは，産業廃棄物のうち，爆発性，毒性，感染性その他の人の健康又は生活環境に係る被害を生ずるおそれがあるものである。
③ バイオマスとは，生物由来の有機性資源のうち化石資源を除いたもので，廃棄物系バイオマスには，建設発生木材や食品廃棄物，下水汚泥などが含まれる。
④ RPFとは，廃棄物由来の紙，プラスチックなどを主原料とした固形燃料のことである。
⑤ 2020年東京オリンピック競技大会・東京パラリンピック競技大会のメダルは，使用済小型家電由来の金属を用いて製作された。

Ⅰ―5―3　重要度A

石油情勢に関する次の記述の，［　　］に入る数値及び語句の組合せとして，適切なものはどれか。

日本で消費されている原油はそのほとんどを輸入に頼っているが，エネルギー白書2021によれば輸入原油の中東地域への依存度（数量ベース）は2019年度で約［ア］%と高く，その大半は同地域における地政学的リスクが大きい［イ］海峡を経由して運ばれている。また，同年における最大の輸入相手国は［ウ］である。石油及び石油製品の輸入金額が，日本の総輸入金額に占める割合は，2019年度には約［エ］%である。

	ア	イ	ウ	エ
①	90	ホルムズ	サウジアラビア	10
②	90	マラッカ	クウェート	32
③	90	ホルムズ	クウェート	10
④	67	マラッカ	クウェート	10
⑤	67	ホルムズ	サウジアラビア	32

Ⅰ―5―4　重要度B

水素に関する次の記述の，［　　］に入る数値及び語句の組合せとして，適切なものはどれか。

水素は燃焼後に水になるため，クリーンな二次エネルギーとして注目されている。水素の性質として，常温では気体であるが，1気圧の下で，[ア]℃まで冷やすと液体になる。液体水素になると，常温の水素ガスに比べてその体積は約[イ]になる。また，水素と酸素が反応すると熱が発生するが，その発熱量は[ウ]当たりの発熱量でみるとガソリンの発熱量よりも大きい。そして，水素を利用することで，鉄鉱石を還元して鉄に変えることもできる。コークスを使って鉄鉱石を還元する場合は二酸化炭素（CO_2）が発生するが，水素を使って鉄鉱石を還元する場合は，コークスを使う場合と比較してCO_2発生量の削減が可能である。なお，水素と鉄鉱石の反応は[エ]反応となる。

	ア	イ	ウ	エ
①	−162	1／600	重量	吸熱
②	−162	1／800	重量	発熱
③	−253	1／600	体積	発熱
④	−253	1／800	体積	発熱
⑤	−253	1／800	重量	吸熱

Ⅰ−5−5　重要度A

科学技術とリスクの関わりについての次の記述のうち，不適切なものはどれか。

① リスク評価は，リスクの大きさを科学的に評価する作業であり，その結果とともに技術的可能性や費用対効果などを考慮してリスク管理が行われる。
② レギュラトリーサイエンスは，リスク管理に関わる法や規制の社会的合意の形成を支援することを目的としており，科学技術と社会との調和を実現する上で重要である。
③ リスクコミュニケーションとは，リスクに関する，個人，機関，集団間での情報及び意見の相互交換である。
④ リスクコミュニケーションでは，科学的に評価されたリスクと人が認識するリスクの間に往々にして隔たりがあることを前提としている。

⑤　リスクコミュニケーションに当たっては，リスク情報の受信者を混乱させないために，リスク評価に至った過程の開示を避けることが重要である。

I—5—6　　重要度A

次の（ア）～（オ）の科学史・技術史上の著名な業績を，年代の古い順から並べたものとして，適切なものはどれか。

（ア）　ヘンリー・ベッセマーによる転炉法の開発
（イ）　本多光太郎による強力磁石鋼KS鋼の開発
（ウ）　ウォーレス・カロザースによるナイロンの開発
（エ）　フリードリヒ・ヴェーラーによる尿素の人工的合成
（オ）　志賀潔による赤痢菌の発見

①　ア—エ—イ—オ—ウ
②　ア—エ—オ—イ—ウ
③　エ—ア—オ—イ—ウ
④　エ—オ—ア—ウ—イ
⑤　オ—エ—ア—ウ—イ

Ⅱ 適性科目

Ⅱ　次の15問題を解答せよ。（解答欄に１つだけマークすること。）

Ⅱ—1

重要度A

技術士及び技術士補は，技術士法第4章（技術士等の義務）の規定の遵守を求められている。次に掲げる記述について，第4章の規定に照らして，正しいものは○，誤っているものは×として，適切な組合せはどれか。

（ア）技術士等の秘密保持義務は，所属する組織の業務についてであり，退職後においてまでその制約を受けるものではない。

（イ）技術は日々変化，進歩している。技術士は，名称表示している専門技術業務領域について能力開発することによって，業務領域を拡大することができる。

（ウ）技術士等は，顧客から受けた業務を誠実に実施する義務を負っている。顧客の指示が如何なるものであっても，指示通りに実施しなければならない。

（エ）技術士は，その業務に関して技術士の名称を表示するときは，その登録を受けた技術部門を明示してするものとし，登録を受けていない技術部門を表示してはならない。

（オ）技術士等は，その業務を行うに当たっては，公共の安全，環境の保全その他の公益を害することのないよう努めなければならないが，顧客の利益を害する場合は守秘義務を優先する必要がある。

（カ）企業に所属している技術士補は，顧客がその専門分野の能力を認めた場合は，技術士補の名称を表示して技術士に代わって主体的に業務を行ってよい。

（キ）技術士は，その登録を受けた技術部門に関しては，十分な知識及び技能を有しているので，その登録部門以外に関する知識及び技能の水準を重点的に向上させるよう努めなければならない。

	ア	イ	ウ	エ	オ	カ	キ
①	×	○	×	×	○	×	○
②	×	×	×	○	×	○	×
③	○	×	○	×	○	×	○
④	×	○	×	○	×	×	×
⑤	○	×	×	○	×	○	×

Ⅱ—2　重要度A

PDCAサイクルとは，組織における業務や管理活動などを進める際の，基本的な考え方を簡潔に表現したものであり，国内外において広く浸透している。PDCAサイクルは，P，D，C，Aの4つの段階で構成されており，この活動を継続的に実施していくことを，「PDCAサイクルを回す」という。文部科学省（研究及び開発に関する評価指針（最終改定）平成29年4月）では，「PDCAサイクルを回す」という考え方を一般的な日本語にも言い換えているが，次の記述のうち，適切なものはどれか。

① 計画→点検→実施→処置→計画（以降，繰り返す）
② 計画→点検→処置→実施→計画（以降，繰り返す）
③ 計画→実施→処置→点検→計画（以降，繰り返す）
④ 計画→実施→点検→処置→計画（以降，繰り返す）
⑤ 計画→処置→点検→実施→計画（以降，繰り返す）

Ⅱ—3　重要度A

近年，世界中で環境破壊，貧困など様々な社会的問題が深刻化している。また，情報ネットワークの発達によって，個々の組織の活動が社会に与える影響はますます大きく，そして広がるようになってきている。このため社会を構成するあらゆる組織に対して，社会的に責任ある行動がより強く求められている。ISO26000には社会的責任の7つの原則として「人権の尊重」，「国際行動規範の尊重」，「倫理的な行動」他4つが記載されている。次のうち，その4つに該当しないものはどれか。

① 透明性
② 法の支配の尊重
③ 技術の継承
④ 説明責任
⑤ ステークホルダーの利害の尊重

Ⅱ—4

重要度B

我が国では社会課題に対して科学技術・イノベーションの力で立ち向かうために「Society5.0」というコンセプトを打ち出している。「Society5.0」に関する次の記述の，[　　]に入る語句の組合せとして，適切なものはどれか。

Society5.0とは，我が国が目指すべき未来社会として，第5期科学技術基本計画（平成28年1月閣議決定）において，我が国が提唱したコンセプトである。

Society5.0は，[ア]社会（Society1.0），[イ]社会（Society2.0），工業社会（Society3.0），情報社会（Society4.0）に続く社会であり，具体的には，「サイバー空間（仮想空間）とフィジカル空間（現実空間）を高度に融合させたシステムにより，経済発展と[ウ]的課題の解決を両立する[エ]中心の社会」と定義されている。

我が国がSociety5.0として目指す社会は，ICTの浸透によって人々の生活をあらゆる面でより良い方向に変化させるデジタルトランスフォーメーションにより，「直面する脅威や先の見えない不確実な状況に対し，[オ]性・強靭性を備え，国民の安全と安心を確保するとともに，一人ひとりが多様な幸せ（well—being）を実現できる社会」である。

	ア	イ	ウ	エ	オ
①	狩猟	農耕	社会	人間	持続可能
②	農耕	狩猟	社会	人間	持続可能
③	狩猟	農耕	社会	人間	即応
④	農耕	狩猟	技術	自然	即応
⑤	狩猟	農耕	技術	自然	即応

Ⅱ—5　重要度A

職場のパワーハラスメントやセクシュアルハラスメント等の様々なハラスメントは，働く人が能力を十分に発揮することの妨げになることはもちろん，個人としての尊厳や人格を不当に傷つける等の人権に関わる許されない行為である。また，企業等にとっても，職場秩序の乱れや業務への支障が生じたり，貴重な人材の損失につながり，社会的評価にも悪影響を与えかねない大きな問題である。職場のハラスメントに関する次の記述のうち，適切なものの数はどれか。

（ア）ハラスメントの行為者としては，事業主，上司，同僚，部下に限らず，取引先，顧客，患者及び教育機関における教員・学生等がなり得る。
（イ）ハラスメントであるか否かについては，相手から意思表示があるかないかにより決定される。
（ウ）職場の同僚の前で，上司が部下の失敗に対し，「ばか」，「のろま」などの言葉を用いて大声で叱責する行為は，本人はもとより職場全体のハラスメントとなり得る。
（エ）職場で不満を感じたりする指示や注意・指導があったとしても，客観的にみて，これらが業務の適切な範囲で行われている場合には，ハラスメントに当たらない。
（オ）上司が，長時間労働をしている妊婦に対して，「妊婦には長時間労働は負担が大きいだろうから，業務分担の見直しを行い，あなたの残業量を減らそうと思うがどうか」と配慮する行為はハラスメントに該当する。
（カ）部下の性的指向（人の恋愛・性愛がいずれの性別を対象にするかをいう）または，性自認（性別に関する自己意識）を話題に挙げて上司が指導する行為は，ハラスメントになり得る。
（キ）職場のハラスメントにおいて，「優越的な関係」とは職務上の地位などの「人間関係による優位性」を対象とし，「専門知識による優位性」は含まれない。

①　1　　②　2　　③　3　　④　4　　⑤　5

Ⅱ―6　重要度A

技術者にとって安全の確保は重要な使命の1つである。この安全とは，絶対安全を意味するものではなく，リスク（危害の発生確率及びその危害の度合いの組合せ）という数量概念を用いて，許容不可能なリスクがないことをもって，安全と規定している。この安全を達成するためには，リスクアセスメント及びリスク低減の反復プロセスが必要である。安全の確保に関する次の記述のうち，不適切なものはどれか。

① リスク低減反復プロセスでは，評価したリスクが許容可能なレベルとなるまで反復し，その許容可能と評価した最終的な「残留リスク」については，妥当性を確認し文書化する。
② リスク低減とリスク評価に関して，「ALARP」の原理がある。「ALARP」とは，「合理的に実行可能な最低の」を意味する。
③ 「ALARP」が適用されるリスク水準領域において，評価するリスクについては，合理的に実行可能な限り低減するか，又は合理的に実行可能な最低の水準まで低減することが要求される。
④ 「ALARP」の適用に当たっては，当該リスクについてリスク低減をさらに行うことが実際的に不可能な場合，又は費用に比べて改善効果が甚だしく不釣合いな場合だけ，そのリスクは許容可能となる。
⑤ リスク低減方策のうち，設計段階においては，本質的安全設計，ガード及び保護装置，最終使用者のための使用上の情報の3方策があるが，これらの方策には優先順位はない。

Ⅱ―7　重要度A

倫理問題への対処法としての功利主義と個人尊重主義とは，ときに対立することがある。次の記述の，[　　]に入る語句の組合せとして，適切なものはどれか。

倫理問題への対処法としての「功利主義」とは，19世紀のイギリスの哲学者であるベンサムやミルらが主張した倫理学説で，「最大多数の[ア]」を原理とする。倫理問題で選択肢がいくつかあるとき，そのどれが最大多数の[ア]につながるかで優劣を判断する。しかしこの種の功利主義のもとでは，特定個人への不利益が生じたり，[イ]が制限されたりすることがある。一方，「個人尊重主義」の立場からは，[イ]はできる限り尊重すべきである。功利主義においては，特定の個人に犠牲を強いることになった場合には，個人尊重主義と対立することになる。功利主義のもとでの犠牲が個人にとって許容できるものかどうか。その確認の方法として，「黄金律」テストがある。黄金律とは，「[ウ]」あるいは「自分の望まないことを人にするな」という教えである。自分がされた場合には憤慨するようなことを，他人にはしていないかチェックする「黄金律」テストの結果，自分としては損害を許容できないとの結論に達したならば，他の行動を考える倫理的必要性が高いとされる。また，重要なのは，たとえ「黄金律」テストで自分でも許容できる範囲であると判断された場合でも，次のステップとして「相手の価値観においてはどうだろうか」と考えることである。権利にもレベルがあり，生活を維持する権利は生活を改善する権利に優先する。この場合の生活の維持とは，盗まれない権利，だまされない権利などまでを含むものである。また，安全，[エ]に関する権利は最優先されなければならない。

	ア	イ	ウ	エ
①	最大幸福	多数派の権利	自分の望むことを人にせよ	身分
②	最大利潤	個人の権利	人が望むことを自分にせよ	健康
③	最大幸福	個人の権利	自分の望むことを人にせよ	健康
④	最大利潤	多数派の権利	人が望むことを自分にせよ	健康
⑤	最大幸福	個人の権利	人が望むことを自分にせよ	身分

Ⅱ—8　　重要度B

安全保障貿易管理とは，我が国を含む国際的な平和及び安全の維持を目的として，武器や軍事転用可能な技術や貨物が，我が国及び国際的な平和と安全を脅かすおそれのある国家やテロリスト等，懸念活動を行うおそれのある者に渡ることを防ぐための技術の提供や貨物の輸出の管理を行うことである。先進国が有する高度な技術や貨物が，大量破壊兵器等（核兵器・化学兵器・生物兵器・ミサイル）を開発等（開発・製造・使用又は貯蔵）している国等に渡ること，また通常兵器が過剰に蓄積されることなどの国際的な脅威を未然に防ぐために，先進国を中心とした枠組みを作って，安全保障貿易管理を推進している。

安全保障貿易管理は，大量破壊兵器等や通常兵器に係る「国際輸出管理レジーム」での合意を受けて，我が国を含む国際社会が一体となって，管理に取り組んでいるものであり，我が国では外国為替及び外国貿易法（外為法）等に基づき規制が行われている。安全保障貿易管理に関する次の記述のうち，適切なものの数はどれか。

（ア）自社の営業担当者は，これまで取引のないA社（海外）から製品の大口の引き合いを受けた。A社からすぐに製品の評価をしたいので，少量のサンプルを納入して欲しいと言われた。当該製品は国内では容易に入手が可能なものであるため，規制はないと判断し，商機を逃すまいと急いでA社に向けて評価用サンプルを輸出した。

（イ）自社は商社として，メーカーの製品を海外へ輸出している。メーカーから該非判定書を入手しているが，メーカーを信用しているため，自社では判定書の内容を確認していない。また，製品に関する法令改正を確認せず，5年前に入手した該非判定書を使い回している。

（ウ）自社は従来，自動車用の部品（非該当）を生産し，海外へも販売を行っていた。あるとき，昔から取引のあるA社から，B社（海外）もその部品の購入意向があることを聞いた。自社では，信頼していたA社からの紹介ということもあり，すぐに取引を開始した。

（エ）自社では，リスト規制品の場合，営業担当者は該非判定の結果及び取引審査の結果を出荷部門へ連絡し，出荷指示をしている。出荷部門では該非判定・取引審査の完了を確認し，さらに，輸出・提供するものと審査したものとの同一性や，輸出許可の取得の有無を確認して出荷を行った。

① 0　② 1　③ 2　④ 3　⑤ 4

Ⅱ−9　重要度A

知的財産を理解することは，ものづくりに携わる技術者にとって非常に大事なことである。知的財産の特徴の1つとして「財産的価値を有する情報」であることが挙げられる。情報は，容易に模倣されるという特質を持っており，しかも利用されることにより消費されるということがないため，多くの者が同時に利用することができる。こうしたことから知的財産権制度は，創作者の権利を保護するため，元来自由利用できる情報を，社会が必要とする限度で自由を制限する制度ということができる。

次の（ア）～（オ）のうち，知的財産権のなかの知的創作物についての権利等に含まれるものを○，含まれないものを×として，正しい組合せはどれか。

（ア）特許権（特許法）
（イ）実用新案権（実用新案法）
（ウ）意匠権（意匠法）
（エ）著作権（著作権法）
（オ）営業秘密（不正競争防止法）

	ア	イ	ウ	エ	オ
①	○	×	○	○	○
②	○	○	×	○	○
③	○	○	○	×	○
④	○	○	○	○	×
⑤	○	○	○	○	○

Ⅱ—10　重要度A

循環型社会形成推進基本法は，環境基本法の基本理念にのっとり，循環型社会の形成について基本原則を定めている。この法律は，循環型社会の形成に関する施策を総合的かつ計画的に推進し，現在及び将来の国民の健康で文化的な生活の確保に寄与することを目的としている。次の（ア）～（エ）の記述について，正しいものは○，誤っているものは×として，適切な組合せはどれか。

（ア）「循環型社会」とは，廃棄物等の発生抑制，循環資源の循環的な利用及び適正な処分が確保されることによって，天然資源の消費を抑制し，環境への負荷ができる限り低減される社会をいう。
（イ）「循環的な利用」とは，再使用，再生利用及び熱回収をいう。
（ウ）「再生利用」とは，循環資源を製品としてそのまま使用すること，並びに循環資源の全部又は一部を部品その他製品の一部として使用することをいう。

（エ）廃棄物等の処理の優先順位は，［1］発生抑制，［2］再生利用，［3］再使用，［4］熱回収，［5］適正処分である。

	ア	イ	ウ	エ
①	○	○	○	○
②	×	○	×	○
③	○	×	○	×
④	○	○	×	×
⑤	○	×	○	○

Ⅱ—11 重要度A

製造物責任法（PL法）は，製造物の欠陥により人の生命，身体又は財産に係る被害が生じた場合における製造業者等の損害賠償の責任について定めることにより，被害者の保護を図り，もって国民生活の安定向上と国民経済の健全な発展に寄与することを目的とする。次の（ア）～（ク）のうち，「PL法としての損害賠償責任」には該当しないものの数はどれか。なお，いずれの事例も時効期限内とする。

（ア）家電量販店にて購入した冷蔵庫について，製造時に組み込まれた電源装置の欠陥により，発火して住宅に損害が及んだ場合。

（イ）建設会社が造成した土地付き建売住宅地の住宅について，不適切な基礎工事により，地盤が陥没して住居の一部が損壊した場合。

（ウ）雑居ビルに設置されたエスカレータ設備について，工場製造時の欠陥により，入居者が転倒して怪我をした場合。

（エ）電力会社の電力系統について，発生した変動（周波数）により，一部の工場設備が停止して製造中の製品が損傷を受けた場合。

（オ）産業用ロボット製造会社が製作販売した作業ロボットについて，製造時に組み込まれた制御用専用ソフトウエアの欠陥により，アームが暴走して工場作業者が怪我をした場合。

（カ）大学ベンチャー企業が国内のある湾で自然養殖し，一般家庭へ直接出荷販売した活魚について，養殖場のある湾内に発生した菌の汚染により，集団食中毒が発生した場合。

（キ）輸入業者が輸入したイタリア産の生ハムについて，イタリアでの加工処理設備の欠陥により，消費者の健康に害を及ぼした場合。
（ク）マンションの管理組合が保守点検を発注したエレベータについて，その保守専門業者の作業ミスによる不具合により，その作業終了後の住民使用開始時に住民が死亡した場合。

①　1　　②　2　　③　3　　④　4　　⑤　5

Ⅱ－12

重要度A

公正な取引を行うことは，技術者にとって重要な責務である。私的独占の禁止及び公正取引の確保に関する法律（独占禁止法）では，公正かつ自由な競争を促進するため，私的独占，不当な取引制限，不公正な取引方法などを禁止している。また，金融商品取引法では，株や証券などの不公正取引行為を禁止している。公正な取引に関する次の（ア）～（エ）の記述のうち，正しいものは○，誤っているものは×として，適切な組合せはどれか。

（ア）国や地方公共団体などの公共工事や物品の公共調達に関する入札の際，入札に参加する事業者たちが事前に相談して，受注事業者や受注金額などを決めてしまう行為は，インサイダー取引として禁止されている。
（イ）相場を意図的・人為的に変動させ，その相場があたかも自然の需給によって形成されたかのように他人に認識させ，その相場の変動を利用して自己の利益を図ろうとする行為は，相場操縦取引として禁止されている。
（ウ）事業者又は業界団体の構成事業者が相互に連絡を取り合い，本来各事業者が自主的に決めるべき商品の価格や販売・生産数量などを共同で取り決め，競争を制限する行為は，談合として禁止されている。
（エ）上場会社の関係者等がその職務や地位により知り得た，投資者の投資判断に重大な影響を与える未公表の会社情報を利用して自社株等を売買する行為は，カルテルとして禁止されている。

	ア	イ	ウ	エ
①	○	×	○	○

②	○	○	○	×
③	×	○	×	○
④	○	×	×	○
⑤	×	○	×	×

Ⅱ—13　重要度B

情報通信技術が発達した社会においては，企業や組織が適切な情報セキュリティ対策をとることは当然の責務である。2020年は新型コロナウイルス感染症に関連した攻撃や，急速に普及したテレワークやオンライン会議環境の脆弱性を突く攻撃が世界的に問題となった。また，2017年に大きな被害をもたらしたランサムウェアが，企業・組織を標的に「恐喝」を行う新たな攻撃となり観測された。情報セキュリティマネジメントとは，組織が情報を適切に管理し，機密を守るための包括的枠組みを示すもので，情報資産を扱う際の基本方針やそれに基づいた具体的な計画などトータルなリスクマネジメント体系を示すものである。情報セキュリティに関する次の（ア)～(オ）の記述について，正しいものは○，誤っているものは×として，適切な組合せはどれか。

（ア）情報セキュリティマネジメントでは，組織が保護すべき情報資産について，情報の機密性，完全性，可用性を維持することが求められている。
（イ）情報の可用性とは，保有する情報が正確であり，情報が破壊，改ざん又は消去されていない情報を確保することである。
（ウ）情報セキュリティポリシーとは，情報管理に関して組織が規定する組織の方針や行動指針をまとめたものであり，PDCAサイクルを止めることなく実施し，ネットワーク等の情報セキュリティ監査や日常のモニタリング等で有効性を確認することが必要である。
（エ）情報セキュリティは人の問題でもあり，組織幹部を含めた全員にセキュリティ教育を実施して遵守を徹底させることが重要であり，浸透具合をチェックすることも必要である。
（オ）情報セキュリティに関わる事故やトラブルが発生した場合には，セキュリティポリシーに記載されている対応方法に則して，適切かつ迅速な初動処理を行い，事故の分析，復旧作業，再発防止策を実施する。必要な項目があれば，セキュリティポリシーの改定や見直しを行う。

	ア	イ	ウ	エ	オ
①	×	○	○	×	○
②	×	×	○	○	○
③	○	×	○	○	○
④	○	○	×	○	×
⑤	○	○	×	○	○

Ⅱ—14　　重要度A

SDGs（Sustainable Development Goals：持続可能な開発目標）とは，持続可能で多様性と包摂性のある社会の実現のため，2015年9月の国連サミットで全会一致で採択された国際目標である。次の（ア）～（キ）の記述のうち，SDGsの説明として正しいものは○，誤っているものは×として，適切な組合せはどれか。

（ア）SDGsは，先進国だけが実行する目標である。

（イ）SDGsは，前身であるミレニアム開発目標（MDGs）を基にして，ミレニアム開発目標が達成できなかったものを全うすることを目指している。

（ウ）SDGsは，経済，社会及び環境の三側面を調和させることを目指している。

（エ）SDGsは，「誰一人取り残さない」ことを目指している。

（オ）SDGsでは，すべての人々の人権を実現し，ジェンダー平等とすべての女性と女児のエンパワーメントを達成することが目指されている。

（カ）SDGsは，すべてのステークホルダーが，協同的なパートナーシップの下で実行する。

（キ）SDGsでは，気候変動対策等，環境問題に特化して取組が行われている。

	ア	イ	ウ	エ	オ	カ	キ
①	×	×	○	○	○	○	○
②	×	○	×	○	×	○	×
③	×	○	○	○	○	○	×
④	○	×	○	×	○	×	○
⑤	×	○	○	○	○	×	×

Ⅱ－15

重要度A

CPD（Continuing Professional Development）は，技術者が自らの技術力や研究能力向上のために自分の能力を継続的に磨く活動を指し，継続教育，継続学習，継続研鑽などを意味する。CPDに関する次の（ア）～（エ）の記述について，正しいものは○，誤っているものは×として，適切な組合せはどれか。

（ア）CPDへの適切な取組を促すため，それぞれの学協会は積極的な支援を行うとともに，質や量のチェックシステムを導入して，資格継続に制約を課している場合がある。

（イ）技術士のCPD活動の形態区分には，参加型（講演会，企業内研修，学協会活動），発信型（論文・報告文，講師・技術指導，図書執筆，技術協力），実務型（資格取得，業務成果），自己学習型（多様な自己学習）がある。

（ウ）技術者はCPDへの取組を記録し，その内容について証明可能な状態にしておく必要があるとされているので，記録や内容の証明がないものは実施の事実があったとしてもCPDとして有効と認められない場合がある。

（エ）技術提供サービスを行うコンサルティング企業に勤務し，日常の業務として自身の技術分野に相当する業務を遂行しているのであれば，それ自体がCPDの要件をすべて満足している。

	ア	イ	ウ	エ
①	○	○	○	○
②	×	○	×	○
③	○	×	○	○
④	○	×	○	×
⑤	○	○	○	×

令和４年度　解答・解説

Ⅰ 基礎科目

■1群■　設計・計画に関するもの

Ⅰ―1―1　解答　①

金属材料の一般的性質に関する穴埋め問題です。

(A) 疲労限度線図は，縦軸を応力振幅，横軸を平均応力として，この限界線を描いた図です。疲労の繰り返し応力で引張の平均応力がかかっていると疲労限度は低下します。

(B) 一般に材料の温度が高い状態ほど，クリープ現象が顕著になる傾向があります。

(C) 縦弾性係数はヤング係数とも呼ばれ，弾性変形下では，この係数の値が小さいほど変形しやすくなります。

(D) von Mises相当応力は，せん断ひずみエネルギーに比例する相当応力で，方向を持たない応力です。部材の形状が急に変化する部分では，局所的にvon Mises相当応力が大きくなります。

したがって，(ア) **引張**，(イ) **材料の温度が高い状態**，(ウ) **小さい**，(エ) **大きく**の語句となり，①が正解となります。

Ⅰ―1―2　解答　④

確率分布に関する正誤問題です。

①～③，⑤　**適切**。記述のとおりです。

④　**不適切**。交通事故発生回数は，正規分布ではなく，ポアソン分布に従います。

したがって，④が正解となります。

Ⅰ―1―3　解答　③

正規分布と確率変数に関する計算問題です。

平成27年度の出題（Ⅰ―1―5）に類似問題があります。

引張力F_a，圧縮力F_bのそれぞれの平均は300，200となっているので，合力の平均は，

300－200＝100となります。

引張力F_a，圧縮力F_bのそれぞれの標準偏差は30，40となっているので，合力の標準偏差は，

$\sqrt{30^2+40^2}=\sqrt{900+1600}=50$となります。

zは，ある値が分布の中でどの辺りに位置するかを平均0，標準偏差1の標準正規分布に置き換えて表したものです。

合力のz＝(ある値－合力の平均)／合力の標準偏差＝(200－100)／50＝2.0となることから，設問にある表に照らすと，z＝2.0の確率は**2.28**となります。

したがって，この値を満たす③が正解となります。

Ⅰ―1―4　解答　①

総コストと安全率に関する計算問題です。

令和元年度再試験の出題（Ⅰ―1―5）に類似問題があります。

9×1／(1＋x)＋xの式を最小にする安全率を選択肢から選びます。

①　9×1／(1＋2.0)＋2.0＝**5**

②　9×1／(1＋2.5)＋2.5≒5.07

③　9×1／(1＋3.0)＋3.0＝5.25

④　9×1／(1+3.5)+3.5=5.5

⑤　9×1／(1+4.0)+4.0=5.8

したがって，①が正解となります。

Ⅰ−1−5　解答　③

材料力学に関する穴埋め問題です。

最大曲げ応力σ_{max}は，断面係数Zと曲げモーメントMにより求めることができます。

$$\sigma_{max}=\frac{M}{Z}$$

この式から，σ_{max}はZに反比例することがわかります。

断面係数Zは，曲げ応力に対する断面の強さを表す値で，断面の形状により公式が異なります。

〔円の場合〕

円の直径をdとすると，

$$Z=\frac{\pi}{32}d^3$$

〔長方形の場合〕

長方形の断面の幅をb，高さをhとすると，

$$Z=\frac{bh^2}{6}$$

最大たわみδ_{max}は，荷重をP，はりの長さをL，縦弾性係数をE，断面二次モーメントをIとすると，

$$\delta_{max}=\frac{PL^3}{3EI}$$

この式から，δ_{max}はIに反比例することがわかります。

断面二次モーメントも形状により公式が異なります。

〔円の場合〕

$$I=\frac{\pi d^4}{64}$$

〔長方形の場合〕

$$I=\frac{bh^3}{12}$$

したがって，（ア）**3乗**，（イ）**反比例**，（ウ）**4乗**，（エ）**2乗**の語句となり，③が正解となります。

Ⅰ−1−6　解答　②

期待値に関する計算問題です。

平成19年度の出題（Ⅰ−1−5）に類似問題がありました。

問題文に沿った計算式を立て，それぞれを計算します。

（ア）5×0.7+4×0.2+4×0.1−3=1.7

（イ）5×0.7+4×0.2+7×0.1−3=**2.0**

（ウ）3×0.7+6×0.2+7×0.1−3=1.0

（エ）6×0.7+5×0.2+3×0.1−4=1.5

（オ）7×0.7+4×0.2+5×0.1−6=0.2

したがって，期待される価値が最も大きくなる案は**イ**となり，②が正解となります。

2群　情報・論理に関するもの

Ⅰ−2−1　解答　①

テレワーク環境に関する正誤問題です。

①　**不適切**。パスワードを設定する必要があります。

②～⑤　**適切**。いずれも記述のとおりです。

したがって，①が正解となります。

Ⅰ−2−2　解答　③

集合の要素数に関する問題です。

4つの集合の要素数の公式より，

$n(A\cup B\cup C\cup D)$

$=n(A)+n(B)+n(C)+n(D)$

$\quad -n(A\cap B)-n(A\cap C)-n(A\cap D)$

$-n(\mathrm{B}\cap\mathrm{C})-n(\mathrm{B}\cap\mathrm{D})-n(\mathrm{C}\cap\mathrm{D})$
$+n(\mathrm{A}\cap\mathrm{B}\cap\mathrm{C})+n(\mathrm{A}\cap\mathrm{B}\cap\mathrm{D})$
$+n(\mathrm{A}\cap\mathrm{C}\cap\mathrm{D})+n(\mathrm{B}\cap\mathrm{C}\cap\mathrm{D})$
$-\mathrm{A}\cap\mathrm{B}\cap\mathrm{C}\cap\mathrm{D}$

上記公式に設問で与えられている4つの条件を当てはめると，

$16=4\times11-6\times7+4\times4-x$

という式になります。

ここから，$x=2$となります。

したがって，A，B，C，Dすべての積集合の要素数は**2**となり，③が正解となります。

I—2—3　解答 ③

総アクセス時間に関する問題です。

設問のLRUをプログラムの順番で図に表すと，以下のようになります。

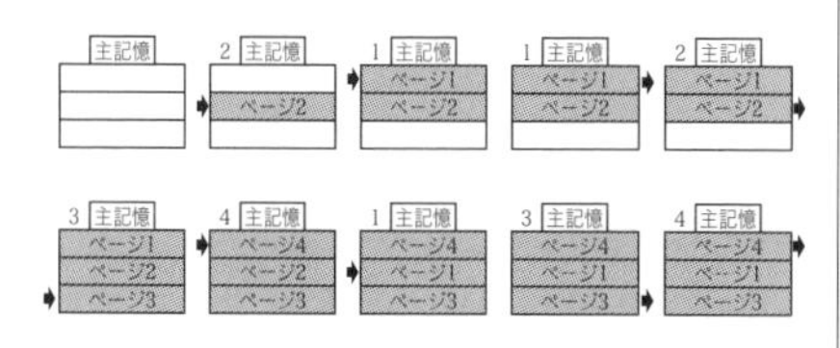

図より，ページの主記憶からのアクセスが4回，外部装置からのアクセスが5回となります。

したがって，総アクセス時間は**5M+4H［秒］**となり，③が正解となります。

I—2—4　解答 ⑤

ハミング距離に関する問題です。

令和元年度の出題（I—2—5）に類似問題があります。

ビット列「1110101」と「1001111」を表1に沿って比較すると，異なるビット位置が4であることがわかります。

上記から選択肢が①，③，⑤に絞られるので，この3つについて表2に沿って考えると，

① 送信するビット「0000010」
　→付加するビット「000」
③ 送信するビット「1001010」
　→付加するビット「100」
⑤ 送信するビット「1000011」
　→付加するビット「011」（一致）

したがって，(ア)**4**，(イ)**「1000011」**の値となり，⑤が正解となります。

I—2—5　解答 ⑤

アルゴリズムに関する問題です。

令和2年度の出題（I—2—5）に類似問題があります。

設問の流れ図に従ってアルゴリズムを進めるとi，a_i，sはそれぞれ以下のようになります。

〔0回目〕7，1，1
〔1回目〕6，1，3
〔2回目〕5，0，6
〔3回目〕4，0，12
〔4回目〕3，1，25
〔5回目〕2，0，50
〔6回目〕1，1，101
〔7回目〕0，1，203

したがって，（ア）**12**，（イ）**25**，（ウ）**50**，（エ）**101**の値となり，⑤が正解となります。

I—2—6　解答 ④

情報量に関する問題です。

平成28年度の出題（I—2—6）に類似問題があります。

IPv4アドレス，IPv6アドレスに関する知識がなくとも，設問上にそれぞれの数値が示されているので，単純な計算問題となります。

設問からIPv4アドレスは32ビット（4

×8)，IPv6アドレスは128ビット（8×16）であることがわかります。

$2^{128}/2^{32}=2^{128-32}=\mathbf{2^{96}}$

したがって，④が正解となります。

▌3群▌ 解析に関するもの

I—3—1 解答 ④

導関数に関する問題です。

平成26年度の出題（I—3—3）に類似問題があります。

$f_i=i$とすると，$f_{i+1}-f_i=f_i-f_{i-1}=f_{i-1}-f_{i-2}=\Delta$となります。差分表現とするので，$f_i=i$の傾きが1となるものが正しいものとなります。

① **正しい**。$\dfrac{f_{i+1}-f_i}{\Delta}=\dfrac{\Delta}{\Delta}=1$

② **正しい**。$\dfrac{3f_i-4f_{i-1}+f_{i-2}}{2\Delta}$

$=\dfrac{3(f_i-f_{i-1})-(f_{i-1}-f_{i-2})}{2\Delta}$

$=\dfrac{3\Delta-\Delta}{2\Delta}=\dfrac{2\Delta}{2\Delta}=1$

③ **正しい**。$\dfrac{f_{i+1}-f_{i-1}}{2\Delta}$

$=\dfrac{f_{i+1}-f_i+f_i-f_{i-1}}{2\Delta}=\dfrac{2\Delta}{2\Delta}=1$

④ **誤り**。$\dfrac{f_{i+1}-2f_i+f_{i-1}}{\Delta^2}$

$=\dfrac{f_{i+1}-f_i-(f_i-f_{i-1})}{\Delta^2}=\dfrac{\Delta-\Delta}{\Delta^2}=0$

⑤ **正しい**。$\dfrac{f_i-f_{i-1}}{\Delta}=\dfrac{\Delta}{\Delta}=1$

したがって，④が正解となります。

I—3—2 解答 ②

ベクトルの内積と外積に関する問題です。

①，④ **成立する**。a×bは，aとbの両方と直交（=0）します。

② **成立しない**。ベクトルの内積と異なり，外積は掛け合わせる順序によって「向き」が変わってしまうため，a×b=b×aは成立しません。a×b=−b×aであれば成立します。

③ **成立する**。ベクトルの内積は掛け合わせる順序によって結果に影響を与えません。

⑤ **成立する**。同じベクトル同士の外積は0となります。

したがって，②が正解となります。

I—3—3 解答 ④

数値解析に関する正誤問題です。

令和元年度再試験の出題（I—3—3）に類似問題があります。

①～③，⑤ **適切**。記述のとおりです。

④ **不適切**。収束判定条件を緩和すると精度が低下します。

したがって，④が正解となります。

I—3—4 解答 ②

材料力学に関する計算問題です。

平成29年度の出題（I—3—5）に類似問題があります。

荷重Pは棒部材ACと棒部材BC方向の引張強さN_1とN_2に分解されます。

$$N_1=P\cos 60°=\frac{1}{2}P$$

$$N_2=P\cos 30°=\frac{\sqrt{3}}{2}P$$

ここから，$\dfrac{N_1}{N_2}=\dfrac{\frac{1}{2}P}{\frac{\sqrt{3}}{2}P}=\dfrac{1}{\sqrt{3}}$

したがって，②が正解となります。

I—3—5　**解答　③**

慣性モーメントに関する問題です。

慣性モーメントとトルクには次の関係式があります。

トルクτ＝慣性モーメントI×角加速度$(\omega_2-\omega_1)$

設問は，「時間Tの間に」としているので，

$\tau=I(\omega_2-\omega_1)/T$

したがって，③が正解となります。

I—3—6　**解答　⑤**

固有振動数に関する問題です。

運動方程式はニュートンの第二法則により，物体にかかる力の大きさをF，質量をm，加速度をaとおけば，

$F=ma$ …①

一方，xだけ変位したバネが戻ろうとする力F'はフックの法則から，ばね定数をkとすれば，

$F'=kx$ …②

①＝②なので，

$ma=-kx$（力と変位の方向が逆なのでマイナスがつく）

加速度aはxについて，時間の2階微分なので，

$m\ddot{x}=-kx$

両辺をmで割ると，

$\ddot{x}=-\frac{k}{m}x$ …③

この振動系が$x=A\sin\omega t$で振動するとおけば（A, ωは定数），

このxを時間tで2階微分すると，

$\ddot{x}=-\omega^2A\sin\omega t$となるので，$x=A\sin\omega t$より，

$\ddot{x}=-\omega^2x$ …④

③，④より，

$\omega^2=\frac{k}{m}$となるので，$\omega=\sqrt{\frac{k}{m}}$

このωが固有角振動です。

固有振動数fは，$f=\frac{\omega}{2\pi}$なので，

$f=\frac{1}{2\pi}\sqrt{\frac{k}{m}}$ …⑤

図(a)のばね定数k_aは，$k_a=\frac{EA}{2L}$

（Eはヤング率，Aは部材の断面積，Lは部材の長さ）

図(b)のばね定数k_bは，$k_b=\frac{EA}{4L}$

よって，

図(a)の固有振動数f_aは，式⑤にあてはめて，

$f_a=\frac{1}{2\pi}\sqrt{\frac{EA}{2mL}}$

図(b)の固有振動数f_bは，長さを$4L$，質量を$2m$として式⑤にあてはめて，

$f_b=\frac{1}{2\pi}\sqrt{\frac{EA}{8mL}}$

ここから，

$f_a:f_b=\frac{1}{2\pi}\sqrt{\frac{EA}{2mL}}:\frac{1}{2\pi}\sqrt{\frac{EA}{8mL}}$

$=\sqrt{\frac{1}{2}}:\sqrt{\frac{1}{8}}$

$=1:1/2$

＝2：1

したがって，⑤が正解となります。

【4群】材料・化学・バイオに関するもの

I—4—1　**解答　②**

化学反応に関する正誤問題です。

平成30年度の出題（Ⅰ—4—2）に類似問題があります。

① **適切**。酸解離定数pK_aは，酢酸4.8，炭酸6.4，フェノール9.9となります。

② **不適切**。強酸である塩酸と弱酸である酢酸は，電離度が異なるため，pHの値も異なります。

③ **適切**。アルカリ金属やアルカリ土類金属の水酸化物は強塩基性を示します。

④ **適切**。$CaCO_3+2HCl \rightarrow CO_2+CaCl_2+H_2O$

⑤ **適切**。$2NH_4Cl+Ca(OH)_2 \rightarrow CaCl_2+2H_2O+2NH_3$

したがって，②が正解となります。

Ⅰ―4―2　解答 ④

原子の酸化数に関する問題です。

平成27年度の出題（Ⅰ―4―2）に類似問題があります。

化合物中の水素は酸化数「+1」，化合物中の酸素は酸化数「−2」，化合物全体の酸化数の総和は0，イオン全体の酸化数は電荷に等しいというルールに従って計算します。それぞれの物質の酸化数をxとすると，

① $H_2S \rightarrow 1\times 2+x=0$より，$x=-2$

② $Mn \rightarrow$単体原子の酸化数なので，$x=0$

③ $MnO_4^- \rightarrow x+(-2)\times 4=-1$より，$x=7$

④ $NH_3 \rightarrow x+1\times 3=0$より，$x=$ **−3**

⑤ $HNO_3 \rightarrow 1+x+(-2)\times 3=0$より，$x=5$

したがって，④が正解となります。

Ⅰ―4―3　解答 ①

金属材料に関する穴埋め問題です。

（ア）ニッケルはレアメタルに分類される金属です。ベースメタルは，社会の中で大量に使用され，生産量が多く，さまざまな材料に使用されてきた金属（鉄，銅，亜鉛，鉛，アルミニウムなど）を指します。

（イ）単位を揃えて計算します。$1\mu m$は$10^{-6}m$です。

$0.5\times 1.0\times 10\times 10^{-6}\times 8.9\times 10^3$
$=4.45\times 10^{-2}$

（ウ）同様に単位を揃えて計算します。0.6mmは$0.6\times 10^{-3}m$です。

$0.5\times 1.0\times 0.6\times 10^{-3}\times 7.9\times 10^3$
$=2.37$(鋼板)

$4.45\times 10^{-2}/(4.45\times 10^{-2}+2.37)\times 100$
$=0.0445/(0.0445+2.37)\times 100$
$\fallingdotseq 1.84$

したがって，（ア）**レアメタル**，（イ）**4.5×10^{-2}**，（ウ）**1.8**の語句，数値となり，①が正解となります。

Ⅰ―4―4　解答 ①

材料の力学特性試験に関する穴埋め問題です。

平成28年度の出題（Ⅰ―4―4）に類似問題があります。

試験片に加わる荷重を変形前の試験片平行部の断面積で除した値を公称応力，変位を変形前の試験片平行部の長さで除したものを公称ひずみといいます。材料の引張試験によって得られた荷重―変位の計測から，公称応力―公称ひずみ曲線を求めることができます。

公称応力―公称ひずみ曲線において，試験初期に現れる直線領域を弾性変形領域といい，これを超えると塑性変形領域となります。なお，変形の進行とともに平行部の断面積や長さは変化するので，このときの応力とひずみを，それぞれ真応力，真ひずみと呼びます。

したがって，（ア）**変形前**，（イ）**公称応力**，（ウ）**公称ひずみ**，（エ）**弾性**の語句となり，①が正解となります。

I―4―5　解答 ⑤

酵素に関する正誤問題です。

① **不適切**。非極性アミノ酸の側鎖は，外表面ではなく，酵素に内包されています。

② **不適切**。好冷菌や好熱菌の酵素には，20℃以下や100℃以上での至適温度を持つものがあります。

③ **不適切**。無機触媒ではなく，有機触媒です。

④ **不適切**。活性化エネルギーを減少させる触媒の働きを持っています。

⑤ **適切**。記述のとおりです。

したがって，⑤が正解となります。

I―4―6　解答 ⑤

DNAに関する正誤問題です。

平成27年度の出題（I―4―6）に類似問題があります。

DNAは2本のポリヌクレオチド鎖が塩基の部分で結合した二本鎖になっており，DNAの塩基にはアデニン（A），チミン（T），グアニン（G），シトシン（C）の4種類があります。二本鎖の塩基は，AとT，CとGという決まった形で結合するため，これを相補鎖といいます。

設問の数値を図に表すと以下のようになり，一方の鎖の塩基すべての割合を足した値が100%となります。

```
          15%       25%       } 合わせて100%
同じ側の鎖 A ― T ― G ― C
           |    |    |    |
相補鎖     T ― A ― C ― G
          15%       25%       } 合わせて100%
```

① **不適切**。同じ側の鎖では，C+T=100−(A+G)=100−(15+25)=60%となります。

② **不適切**。同じ側の鎖では，Aが15%と与えられているので，100−15=85より，GとCとの和が90%となることはありません。

③ **不適切**。相補鎖では，Tは15%となります。

④ **不適切**。相補鎖では，C+T=25+15=40%となります。

⑤ **適切**。相補鎖では，G+A=100−(C+T)=100−(25+15)=60%となります。

したがって，⑤が正解となります。

5群 環境・エネルギー・技術に関するもの

I―5―1　解答 ②

気候変動に対する政府間パネル（IPCC）第6次評価報告書に関する正誤問題です。

①，③～⑤ **適切**。記述のとおりです。

② **不適切**。評価報告書によれば，2011～2020年の世界平均気温は，1850～1900年の気温よりも1.09℃高かったとしています。

したがって，②が正解となります。

I―5―2　解答 ①

廃棄物に関する正誤問題です。

① **不適切**。総排出量の比較では，産業廃棄物の方が一般廃棄物より多くなっています。

②～⑤ **適切**。記述のとおりです。

したがって，①が正解となります。

Ⅰ—5—3　解答 ①

エネルギーに関する穴埋め問題です。

平成30年度の出題（Ⅰ—5—3）に類似問題があります。

財務省貿易統計によれば，原油の地域別輸入先では中東地域が約90%を占め，国別輸入先ではサウジアラビアが第1位となっています（クウェートは第4位）。また，日本の総輸入金額に占める原油・石油製品の輸入金額の割合は約10%となっています。ホルムズ海峡は，中東地域の産油国が臨むペルシャ湾の出入り口にあたります。

したがって，（ア）**90**，（イ）**ホルムズ**，（ウ）**サウジアラビア**，（エ）**10**の語句，数値となり，①が正解となります。

Ⅰ—5—4　解答 ⑤

水素に関する穴埋め問題です。

水素は−252.8℃の極低温で液化します。液体水素は水素ガスの1／800の体積になります。水素の重量当たりの発熱量（141.9MJ/kg）はガソリンの約3倍になります。コークスを使った鉄鉱石の還元は $2Fe_2O_3+3C \rightarrow 4Fe+3CO_2+$ 熱（発熱反応），水素を使った鉄鉱石の還元は $Fe_2O_3+3H_2+$ 熱 $\rightarrow 2Fe+3H_2O$（吸熱反応）で表されます。

したがって，（ア）**−253**，（イ）**1／800**，（ウ）**重量**，（エ）**吸熱**の語句，数値となり，⑤が正解となります。

Ⅰ—5—5　解答 ⑤

科学技術とリスクに関する正誤問題です。

令和元年度再試験の出題（Ⅰ—5—6）に類似問題があります。

①～④　**適切**。記述のとおりです。

⑤　**不適切**。リスク評価に至った過程の開示を避ければ，リスク情報の受信者は混乱が生じます。

したがって，⑤が正解となります。

Ⅰ—5—6　解答 ③

科学技術史に関する問題です。

（ア）ヘンリー・ベッセマーによる転炉法の開発は1856年です。

（イ）本多光太郎による強力磁石鋼KS鋼の開発は1916年です。

（ウ）ウォーレス・カロザースによるナイロンの開発は1935年です。

（エ）フリードリヒ・ヴェーラーによる尿素の人工的合成は1828年です。

（オ）志賀潔による赤痢菌の発見は1897年です。

したがって，年代の古い順から**エーアーオーイーウ**となり，③が正解となります。

Ⅱ　適性科目

Ⅱ―1　解答 ④

技術士法第4章に関する正誤問題です。

(ア) ×。退職後においても制約を受けます。

(イ) ○。記述のとおりです。

(ウ) ×。顧客の指示が公益に反する場合は除きます。

(エ) ○。記述のとおりです。

(オ) ×。顧客の利益よりも公益を優先します。

(カ) ×。技術士補が主体的に業務を行うことはできません。

(キ) ×。自らの登録部門に関する知識や技能水準の向上に努める必要があります。

したがって，④が正解となります。

Ⅱ―2　解答 ④

PDCAサイクルに関する問題です。

PDCAは，Plan（計画），Do（実行），Check（評価），Action（改善）の頭文字を取ったものです。設問では，一般的な日本語に言い換えたものとあるので，計画→**計画**，実行→**実施**，評価→**点検**，改善→**処置**とある選択肢が適切なものとなります。

したがって，④が正解となります。

Ⅱ―3　解答 ③

ISO26000に関する問題です。

ISO26000では，説明責任，透明性，倫理的な行動，ステークホルダーの利害の尊重，法の支配の尊重，国際行動規範の尊重，人権の尊重を社会的責任の7つの原則として定義づけています。

したがって，③が正解となります。

Ⅱ―4　解答 ①

Society5.0に関する穴埋め問題です。

Society5.0とは，サイバー空間（仮想空間）とフィジカル空間（現実空間）を高度に融合させたシステムにより，経済発展と社会的課題の解決を両立する，人間中心の社会（Society）と定義され，狩猟社会（Society1.0），農耕社会（Society2.0），工業社会（Society3.0），情報社会（Society4.0）に続く，新たな社会を指すもので，第5期科学技術基本計画において我が国が目指すべき未来社会の姿として初めて提唱されました。そして，我が国が目指す未来社会像として，「直面する脅威や先の見えない不確実な状況に対し，持続可能性・強靭性を備え，国民の安全と安心を確保するとともに，一人ひとりが多様な幸せ（well-being）を実現できる社会」を提示しています。

したがって，(ア) **狩猟**，(イ) **農耕**，(ウ) **社会**，(エ) **人間**，(オ) **持続可能**の語句となり，①が正解となります。

Ⅱ―5　解答 ④

ハラスメントに関する正誤問題です。

(ア) **適切**。記述のとおりです。

(イ) **不適切**。明確な意思表示がなくとも，相手が不快に思えばハラスメントに当たります。

(ウ) **適切**。記述のとおりです。

(エ) **適切**。記述のとおりです。

(オ) **不適切**。妊娠を理由とする不利益な取扱いがなければハラスメントに当たりません。

（カ）**適切**。記述のとおりです。

（キ）**不適切**。「専門知識による優位性」も対象に含まれます。

したがって，適切なものの数は**4**となり，④が正解となります。

Ⅱ—6　解答 ⑤

リスクと安全に関する正誤問題です。

①～④　**適切**。記述のとおりです。

⑤　**不適切**。リスク低減方策は，本質的安全設計，ガード及び保護装置，最終使用者のための使用上の情報の順に優先順位が付けられています。

したがって，⑤が正解となります。

Ⅱ—7　解答 ③

功利主義と個人尊重主義に関する穴埋め問題です。

社会の目的を「最大多数の最大幸福」の実現とする功利主義のもとでは，特定個人への不利益が生じたり，個人の権利が制限されたりすることがあります。その犠牲が個人にとって許容できるものかどうかが判断基準となります。その確認方法としての黄金律テストがあり，黄金律とは「自分の望むことを人にせよ」あるいは「自分の望まないことを人にするな」という教えです。また，いかなる権利においても安全，健康が最優先されなければなりません。

したがって，（ア）**最大幸福**，（イ）**個人の権利**，（ウ）**自分の望むことを人にせよ**，（エ）**健康**，の語句となり，③が正解となります。

Ⅱ—8　解答 ②

安全保障貿易管理に関する正誤問題です。

（ア）**不適切**。安易に規制はないと判断する前に，該当するかどうかを必ず確認する必要があります。

（イ）**不適切**。自社でも該非判定書を確認する必要があります。

（ウ）**不適切**。すぐに取引を開始するのではなく，自社で需要者や用途の確認を行う必要があります。

（エ）**適切**。記述のとおりです。

したがって，適切なものの数は1となり，②が正解となります。

Ⅱ—9　解答 ⑤

知的財産権に関する問題です。

（ア）～（オ）〇。**特許権**，**実用新案権**，**意匠権**，**著作権**，**営業秘密**はいずれも知的財産権のなかの知的創作物についての権利等に含まれます。

したがって，⑤が正解となります。

Ⅱ—10　解答 ④

循環型社会形成推進基本法に関する正誤問題です。

（ア）〇。記述のとおりです。

（イ）〇。記述のとおりです。

（ウ）×。記述は「再使用」に関する内容です。

（エ）×。優先順位は，発生抑制，再使用，再生利用，熱回収，適正処分です。

したがって，④が正解となります。

Ⅱ—11　解答 ④

製造物責任法（PL法）に関する問題です。

（ア）〇。該当する事例です。

（イ）×。不動産は同法の対象外です。

（ウ）〇。該当する事例です。

（エ）×。電気は同法の対象外です。

（オ）○。該当する事例です。ソフトウエア自体は同法の対象外ですが，ソフトウエアを組み込んだ製造物については同法の対象と解されます。

（カ）×。未加工水産物は同法の対象外です。

（キ）○。該当する事例です。

（ク）×。保守による作業ミスは同法の対象外です。

したがって，該当しないものの数は**4**となり，④が正解となります。

Ⅱ−12　解答　⑤

独占禁止法と金融商品取引法に関する正誤問題です。

（ア）×。記述の行為はインサイダー取引ではなく，談合です。

（イ）○。正しい記述です。

（ウ）×。記述の行為は談合ではなく，カルテルです。

（エ）×。記述の行為はカルテルではなく，インサイダー取引です。

したがって，⑤が正解となります。

Ⅱ−13　解答　③

情報セキュリティに関する正誤問題です。

（ア），（ウ）〜（オ）○。いずれも正しい記述です。

（イ）×。情報の可用性とは，許可された者が必要なときにいつでも情報にアクセスできるようにすることです。設問の記述は，情報の「完全性」に関する記述です。

したがって，③が正解となります。

Ⅱ−14　解答　③

SDGsに関する正誤問題です。

（ア）×。SDGsは先進国，途上国を問わず，すべての国々を対象としています。

（イ）〜（カ）○。いずれも正しい記述です。

（キ）×。SDGsに掲げられた17の目標には気候変動対策等，環境問題も含まれますが，特化した取組ではありません。

したがって，③が正解となります。

Ⅱ−15　解答　⑤

CPDに関する正誤問題です。

（ア）〜（ウ）○。いずれも正しい記述です。

（エ）×。CPDは自己の責任と判断で，資質向上に寄与できると判断でき，かつ，第三者からも妥当と認められるものを対象としており，日常の業務だけではCPDの要件を満足しません。

したがって，⑤が正解となります。

●気持ちにゆとりを持ちましょう

技術士第一次試験の各科目の合格判定基準は，50%以上です。例えば，基礎科目では全30問中15問を選び，そのうちの8問以上が正解であれば合格となります。つまり，基礎科目の全30問に照らせば，22問は解けなくともよいわけです。

そうした気持ちのゆとりを持って，試験に臨んでください。

●時間配分に注意しましょう

試験時間は，基礎科目，適性科目ともに1時間です。問題数を考えれば，1問に費やせる時間はそれほど長くありません。

基礎科目は，平成25年度から出題数が5群×各6問＝全30問に増えました。選択の幅が広がったことはよい点といえますが，一方で全30問に目を通していると，時間配分が厳しくなります。このため，問題の選択基準がより重要となります。

おおよその目安としては，基礎科目では，一見して解けそうにない問題には初めから手を出さない，得意なカテゴリー順に解答する，ということがポイントです。適性科目では，判断に迷ったら次の問題に移って，迷った問題は後回しにする，という判断が必要となります。

本書で過去問題を解く際も，時間配分を意識して取り組んでください。

令和４年度
技術士第一次試験　解答用紙

基礎科目解答欄

設計・計画に関するもの

問題番号	解　　答
Ⅰ—1—1	①　②　③　④　⑤
Ⅰ—1—2	①　②　③　④　⑤
Ⅰ—1—3	①　②　③　④　⑤
Ⅰ—1—4	①　②　③　④　⑤
Ⅰ—1—5	①　②　③　④　⑤
Ⅰ—1—6	①　②　③　④　⑤

情報・論理に関するもの

問題番号	解　　答
Ⅰ—2—1	①　②　③　④　⑤
Ⅰ—2—2	①　②　③　④　⑤
Ⅰ—2—3	①　②　③　④　⑤
Ⅰ—2—4	①　②　③　④　⑤
Ⅰ—2—5	①　②　③　④　⑤
Ⅰ—2—6	①　②　③　④　⑤

解析に関するもの

問題番号	解　　答
Ⅰ—3—1	①　②　③　④　⑤
Ⅰ—3—2	①　②　③　④　⑤
Ⅰ—3—3	①　②　③　④　⑤
Ⅰ—3—4	①　②　③　④　⑤
Ⅰ—3—5	①　②　③　④　⑤
Ⅰ—3—6	①　②　③　④　⑤

材料・化学・バイオに関するもの

問題番号	解　　答
Ⅰ—4—1	①　②　③　④　⑤
Ⅰ—4—2	①　②　③　④　⑤
Ⅰ—4—3	①　②　③　④　⑤
Ⅰ—4—4	①　②　③　④　⑤
Ⅰ—4—5	①　②　③　④　⑤
Ⅰ—4—6	①　②　③　④　⑤

環境・エネルギー・技術に関するもの

問題番号	解　　答
Ⅰ—5—1	①　②　③　④　⑤
Ⅰ—5—2	①　②　③　④　⑤
Ⅰ—5—3	①　②　③　④　⑤
Ⅰ—5—4	①　②　③　④　⑤
Ⅰ—5—5	①　②　③　④　⑤
Ⅰ—5—6	①　②　③　④　⑤

適性科目解答欄

問題番号	解　　答
Ⅱ—1	①　②　③　④　⑤
Ⅱ—2	①　②　③　④　⑤
Ⅱ—3	①　②　③　④　⑤
Ⅱ—4	①　②　③　④　⑤
Ⅱ—5	①　②　③　④　⑤
Ⅱ—6	①　②　③　④　⑤
Ⅱ—7	①　②　③　④　⑤
Ⅱ—8	①　②　③　④　⑤
Ⅱ—9	①　②　③　④　⑤
Ⅱ—10	①　②　③　④　⑤
Ⅱ—11	①　②　③　④　⑤
Ⅱ—12	①　②　③　④　⑤
Ⅱ—13	①　②　③　④　⑤
Ⅱ—14	①　②　③　④　⑤
Ⅱ—15	①　②　③　④　⑤

＊本紙は演習用の解答用紙です。実際の解答用紙とは異なります。

令和４年度
技術士第一次試験　解答一覧

■基礎科目

設計・計画に関するもの		材料・化学・バイオに関するもの	
Ⅰ―1―1	①	Ⅰ―4―1	②
Ⅰ―1―2	④	Ⅰ―4―2	④
Ⅰ―1―3	③	Ⅰ―4―3	①
Ⅰ―1―4	①	Ⅰ―4―4	①
Ⅰ―1―5	③	Ⅰ―4―5	⑤
Ⅰ―1―6	②	Ⅰ―4―6	⑤

情報・論理に関するもの		環境・エネルギー・技術に関するもの	
Ⅰ―2―1	①	Ⅰ―5―1	②
Ⅰ―2―2	③	Ⅰ―5―2	①
Ⅰ―2―3	③	Ⅰ―5―3	①
Ⅰ―2―4	⑤	Ⅰ―5―4	⑤
Ⅰ―2―5	⑤	Ⅰ―5―5	⑤
Ⅰ―2―6	④	Ⅰ―5―6	③

解析に関するもの	
Ⅰ―3―1	④
Ⅰ―3―2	②
Ⅰ―3―3	④
Ⅰ―3―4	②
Ⅰ―3―5	③
Ⅰ―3―6	⑤

■適性科目

Ⅱ―1	④
Ⅱ―2	④
Ⅱ―3	③
Ⅱ―4	①
Ⅱ―5	④
Ⅱ―6	⑤
Ⅱ―7	③
Ⅱ―8	②
Ⅱ―9	⑤
Ⅱ―10	④
Ⅱ―11	④
Ⅱ―12	⑤
Ⅱ―13	③
Ⅱ―14	③
Ⅱ―15	⑤

令和3年度

技術士第一次試験

アクセスキー Z
（大文字のゼット）

Ⅰ 基礎科目

Ⅰ 次の１群～５群の全ての問題群からそれぞれ３問題，計１５問題を選び解答せよ。（解答欄に１つだけマークすること。）

１群 設計・計画に関するもの（全６問題から３問題を選択解答）

Ⅰ―1―1

重要度A

次のうち，ユニバーサルデザインの特性を備えた製品に関する記述として，最も不適切なものはどれか。

① 小売店の入り口のドアを，ショッピングカートやベビーカーを押していて手がふさがっている人でも通りやすいよう，自動ドアにした。

② 録音再生機器（オーディオプレーヤーなど）に，利用者がゆっくり聴きたい場合や速度を速めて聴きたい場合に対応できるよう，再生速度が変えられる機能を付けた。

③ 駅構内の施設を案内する表示に，視覚的な複雑さを軽減し素早く効果的に情報が伝えられるよう，ピクトグラム（図記号）を付けた。

④ 冷蔵庫の扉の取っ手を，子どもがいたずらしないよう，扉の上の方に付けた。

⑤ 電子機器の取扱説明書を，個々の利用者の能力や好みに合うよう，大きな文字で印刷したり，点字や音声・映像で提供したりした。

Ⅰ―1―2

重要度A

下図に示した，互いに独立な3個の要素が接続されたシステムA～Eを考える。3個の要素の信頼度はそれぞれ0.9，0.8，0.7である。各システムを信頼度が高い順に並べたものとして，最も適切なものはどれか。

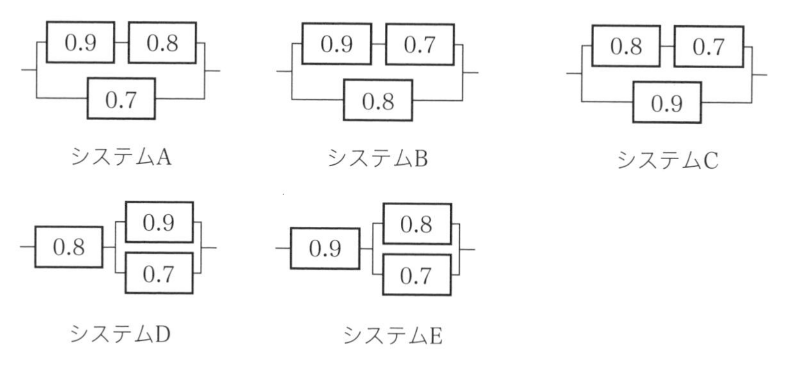

図　システム構成図と各要素の信頼度

① C>B>E>A>D
② C>B>A>E>D
③ C>E>B>D>A
④ E>D>A>B>C
⑤ E>D>C>B>A

Ⅰ―1―3　　重要度A

設計や計画のプロジェクトを管理する方法として知られる，PDCAサイクルに関する次の（ア）～（エ）の記述について，それぞれの正誤の組合せとして，最も適切なものはどれか。

（ア） Pは，Planの頭文字を取ったもので，プロジェクトの目標とそれを達成するためのプロセスを計画することである。
（イ） Dは，Doの頭文字を取ったもので，プロジェクトを実施することである。
（ウ） Cは，Changeの頭文字を取ったもので，プロジェクトで変更される事項を列挙することである。
（エ） Aは，Adjustの頭文字を取ったもので，プロジェクトを調整することである。

	ア	イ	ウ	エ
①	正	誤	正	正
②	正	正	誤	誤
③	正	正	正	誤
④	誤	正	誤	正
⑤	誤	誤	正	正

Ⅰ—1—4

重要度A

ある装置において，平均故障間隔（MTBF：Mean Time Between Failures）がA時間，平均修復時間（MTTR：Mean Time To Repair）がB時間のとき，この装置の定常アベイラビリティ（稼働率）の式として，最も適切なものはどれか。

① A／(A−B)
② B／(A−B)
③ A／(A+B)
④ B／(A+B)
⑤ A／B

Ⅰ—1—5

重要度A

構造設計に関する次の（ア）～（エ）の記述について，それぞれの正誤の組合せとして，最も適切なものはどれか。ただし，応力とは単位面積当たりの力を示す。

（ア） 両端がヒンジで圧縮力を受ける細長い棒部材について，オイラー座屈に対する安全性を向上させるためには部材長を長くすることが有効である。
（イ） 引張強度の異なる，2つの細長い棒部材を考える。幾何学的形状と縦弾性係数，境界条件が同一とすると，2つの棒部材の，オイラーの座屈荷重は等しい。
（ウ） 許容応力とは，応力で表した基準強度に安全率を掛けたものである。

（エ）　構造物は，設定された限界状態に対して設計される。考慮すべき限界状態は1つの構造物につき必ず1つである。

	ア	イ	ウ	エ
①	正	誤	正	正
②	正	正	誤	正
③	誤	誤	誤	正
④	誤	正	正	誤
⑤	誤	正	誤	誤

Ⅰ—1—6　重要度A

製図法に関する次の（ア）～（オ）の記述について，それぞれの正誤の組合せとして，最も適切なものはどれか。

（ア）　対象物の投影法には，第一角法，第二角法，第三角法，第四角法，第五角法がある。

（イ）　第三角法の場合は，平面図は正面図の上に，右側面図は正面図の右にというように，見る側と同じ側に描かれる。

（ウ）　第一角法の場合は，平面図は正面図の上に，左側面図は正面図の右にというように，見る側とは反対の側に描かれる。

（エ）　図面の描き方が，各会社や工場ごとに相違していては，いろいろ混乱が生じるため，日本では製図方式について国家規格を制定し，改訂を加えてきた。

（オ）　ISOは，イタリアの規格である。

	ア	イ	ウ	エ	オ
①	誤	正	正	正	誤
②	正	誤	正	誤	正
③	誤	正	誤	正	誤
④	誤	誤	正	誤	正
⑤	正	誤	誤	正	誤

2群 情報・論理に関するもの（全6問題から3問題を選択解答）

I—2—1　　重要度A

情報セキュリティと暗号技術に関する次の記述のうち，最も適切なものはどれか。

① 公開鍵暗号方式では，暗号化に公開鍵を使用し，復号に秘密鍵を使用する。
② 公開鍵基盤の仕組みでは，ユーザとその秘密鍵の結びつきを証明するため，第三者機関である認証局がそれらデータに対するディジタル署名を発行する。
③ スマートフォンがウイルスに感染したという報告はないため，スマートフォンにおけるウイルス対策は考えなくてもよい。
④ ディジタル署名方式では，ディジタル署名の生成には公開鍵を使用し，その検証には秘密鍵を使用する。
⑤ 現在，無線LANの利用においては，WEP（Wired Equivalent Privacy）方式を利用することが推奨されている。

I—2—2　　重要度A

次の論理式と等価な論理式はどれか。

$$\overline{\bar{A}\cdot\bar{B}+A\cdot B}$$

ただし，論理式中の＋は論理和，・は論理積を表し，論理変数Xに対して$\bar{X}$はXの否定を表す。2変数の論理和の否定は各変数の否定の論理積に等しく，2変数の論理積の否定は各変数の否定の論理和に等しい。また，論理変数Xの否定の否定は論理変数Xに等しい。

① $(A+B)\cdot(\overline{A+B})$
② $(A+B)\cdot(\bar{A}+\bar{B})$
③ $(A\cdot B)\cdot(\bar{A}\cdot\bar{B})$
④ $(A\cdot B)\cdot(\overline{A\cdot B})$
⑤ $(A+B)+(\bar{A}+\bar{B})$

I―2―3

重要度A

通信回線を用いてデータを伝送する際に必要となる時間を伝送時間と呼び，伝送時間を求めるには，次の計算式を用いる。

$$伝送時間 = \frac{データ量}{回線速度 \times 回線利用率}$$

ここで，回線速度は通信回線が1秒間に送ることができるデータ量で，回線利用率は回線容量のうちの実際のデータが伝送できる割合を表す。

データ量5Gバイトのデータを2分の1に圧縮し，回線速度が200Mbps，回線利用率が70%である通信回線を用いて伝送する場合の伝送時間に最も近い値はどれか。ただし，1Gバイト$=10^9$バイトとし，bpsは回線速度の単位で，1Mbpsは1秒間に伝送できるデータ量が10^6ビットであることを表す。

①　286秒　②　143秒　③　100秒　④　18秒　⑤　13秒

I―2―4

重要度A

西暦年号は次の（ア）若しくは（イ）のいずれかの条件を満たすときにうるう年として判定し，いずれにも当てはまらない場合はうるう年でないと判定する。

（ア）　西暦年号が4で割り切れるが100で割り切れない。
（イ）　西暦年号が400で割り切れる。

うるう年か否かの判定を表現している決定表として，最も適切なものはどれか。

なお，決定表の条件部での“Y”は条件が真，“N”は条件が偽であることを表し，“―”は条件の真偽に関係ない又は論理的に起こりえないことを表す。動作部での“X”は条件が全て満たされたときその行で指定した動作の実行を表し，“―”は動作を実行しないことを表す。

①

条件部	西暦年号が4で割り切れる	N	Y	Y	Y
	西暦年号が100で割り切れる	—	N	Y	Y
	西暦年号が400で割り切れる	—	—	N	Y
動作部	うるう年と判定する	—	X	X	X
	うるう年でないと判定する	X	—	—	—

②

条件部	西暦年号が4で割り切れる	N	Y	Y	Y
	西暦年号が100で割り切れる	—	N	Y	Y
	西暦年号が400で割り切れる	—	—	N	Y
動作部	うるう年と判定する	—	X	—	X
	うるう年でないと判定する	X	—	X	—

③

条件部	西暦年号が4で割り切れる	N	Y	Y	Y
	西暦年号が100で割り切れる	—	N	Y	Y
	西暦年号が400で割り切れる	—	—	N	Y
動作部	うるう年と判定する	—	—	X	X
	うるう年でないと判定する	X	X	—	—

④

条件部	西暦年号が4で割り切れる	N	Y	Y	Y
	西暦年号が100で割り切れる	—	N	Y	Y
	西暦年号が400で割り切れる	—	—	N	Y
動作部	うるう年と判定する	—	X	—	—
	うるう年でないと判定する	X	—	X	X

⑤

条件部	西暦年号が4で割り切れる	N	Y	Y	Y
	西暦年号が100で割り切れる	—	N	Y	Y
	西暦年号が400で割り切れる	—	—	N	Y
動作部	うるう年と判定する	—	—	—	X
	うるう年でないと判定する	X	X	X	—

Ⅰ—2—5　重要度A

演算式において，＋，－，×，÷などの演算子を，演算の対象であるAやBなどの演算数の間に書く「A＋B」のような記法を中置記法と呼ぶ。また，「AB＋」のように演算数の後に演算子を書く記法を逆ポーランド表記法と呼ぶ。中置記法で書かれる式「(A＋B)×(C－D)」を下図のような構文木で表し，これを深さ優先順で，「左部分木，右部分木，節」の順に走査すると得られる「AB＋CD－×」は，この式の逆ポーランド表記法となっている。

中置記法で「(A＋B÷C)×(D－F)」と書かれた式を逆ポーランド表記法で表したとき，最も適切なものはどれか。

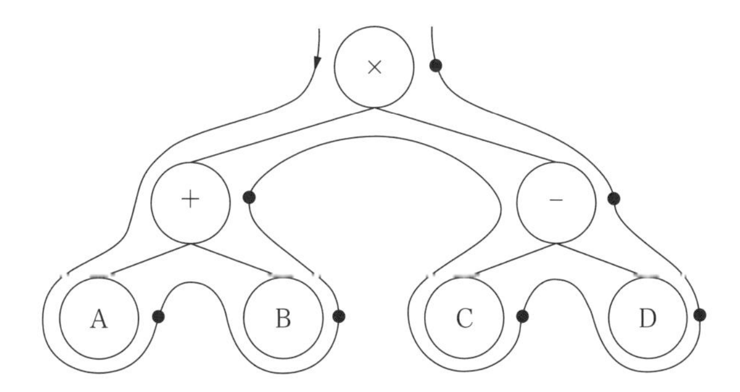

図　(A＋B)×(C－D) を表す構文木。矢印の方向に走査し，ノードを上位に向かって走査するとき（●で示す）に記号を書き出す。

① ABC÷＋DF－×
② AB＋C÷DF－×
③ ABC÷＋D×F－
④ ×＋A÷BC－DF
⑤ AB＋C÷D×F－

Ⅰ—2—6　重要度B

アルゴリズムの計算量は漸近的記法（オーダ表記）により表される場合が多い。漸近的記法に関する次の（ア）～（エ）の正誤の組合せとして，最も適切なものはどれか。ただし，正の整数全体からなる集合を定義域とし，非負実数全体からなる集合を値域とする関数f，gに対して，$f(n)=O(g(n))$ とは，すべての整数$n \geq n_0$に対して$f(n) \leq c \cdot g(n)$ であるような正の整数cとn_0が存在するときをいう。

（ア）　$5n^3+1=O(n^3)$
（イ）　$n\log_2 n=O(n^{1.5})$
（ウ）　$n^3 3^n=O(4^n)$
（エ）　$2^{2^n}=O(10^{n^{100}})$

	ア	イ	ウ	エ
①	正	誤	誤	誤
②	正	正	誤	正
③	正	正	正	誤
④	正	誤	正	誤
⑤	誤	誤	誤	正

▌3群▌ 解析に関するもの（全6問題から3問題を選択解答）

Ⅰ—3—1　　重要度A

3次元直交座標系（x,y,z）におけるベクトル$V=(V_x,V_y,V_z)=(y+z,x^2+y^2+z^2,z+2y)$ の点（2,3,1）での回転$\mathrm{rot}V=\left(\dfrac{\partial V_z}{\partial y}-\dfrac{\partial V_y}{\partial z}\right)i+\left(\dfrac{\partial V_x}{\partial z}-\dfrac{\partial V_z}{\partial x}\right)j+\left(\dfrac{\partial V_y}{\partial x}-\dfrac{\partial V_x}{\partial y}\right)k$として，最も適切なものはどれか。ただし，$i,j,k$はそれぞれ$x,y,z$軸方向の単位ベクトルである。

①　7　　②　(0,6,1)　　③　4　　④　(0,1,3)　　⑤　(4,14,7)

Ⅰ—3—2　　重要度B

3次関数$f(x)=ax^3+bx^2+cx+d$があり，a，b，c，dは任意の実数とする。

積分$\int_{-1}^{1} f(x)\,dx$として恒等的に正しいものはどれか。

① $2f(0)$

② $f\left(-\sqrt{\frac{1}{3}}\right)+f\left(\sqrt{\frac{1}{3}}\right)$

③ $f(-1)+f(1)$

④ $\frac{f\left(-\sqrt{\frac{3}{5}}\right)}{2}+\frac{8f(0)}{9}+\frac{f\left(\sqrt{\frac{3}{5}}\right)}{2}$

⑤ $\frac{f(-1)}{2}+f(0)+\frac{f(1)}{2}$

Ⅰ−3−3　重要度B

線形弾性体の2次元有限要素解析に利用される（ア）～（ウ）の要素のうち，要素内でひずみが一定であるものはどれか。

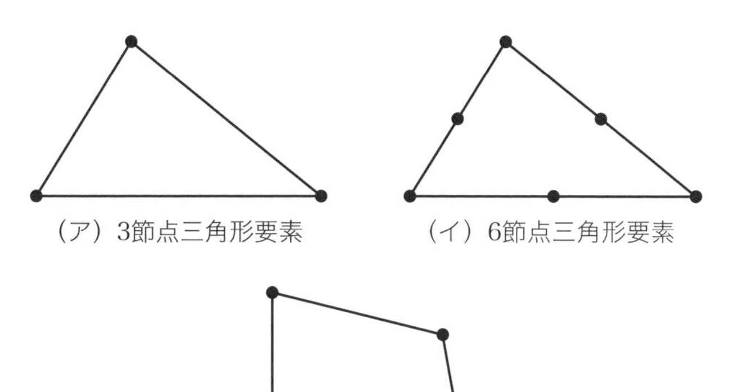

（ア）3節点三角形要素　（イ）6節点三角形要素

（ウ）4節点アイソパラメトリック四辺形要素

図　2次元解析に利用される有限要素

① （ア）　② （イ）　③ （ウ）

④ （ア）と（イ）　⑤ （ア）と（ウ）

I—3—4

重要度A

下図に示すように断面積0.1m^2，長さ2.0mの線形弾性体の棒の両端が固定壁に固定されている。この線形弾性体の縦弾性係数を2.0×10^3MPa，線膨張率を$1.0 \times 10^{-4}\mathrm{K}^{-1}$とする。最初に棒の温度は一様に10℃で棒の応力はゼロであった。その後，棒の温度が一様に30℃となったときに棒に生じる応力として，最も適切なものはどれか。

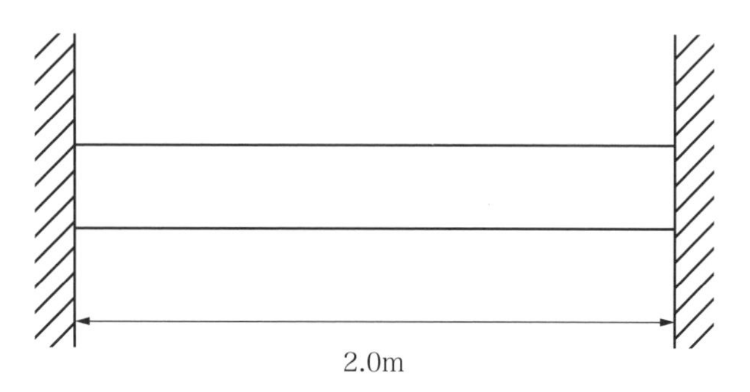

図　両端を固定された線形弾性体の棒

① 2.0MPaの引張応力
② 4.0MPaの引張応力
③ 4.0MPaの圧縮応力
④ 8.0MPaの引張応力
⑤ 8.0MPaの圧縮応力

I—3—5

重要度A

上端が固定されてつり下げられたばね定数kのばねがある。このばねの下端に質量mの質点がつり下げられ，平衡位置（つり下げられた質点が静止しているときの位置，すなわち，つり合い位置）を中心に振幅aで調和振動（単振動）している。質点が最も下の位置にきたとき，ばねに蓄えられているエネルギーとして，最も適切なものはどれか。ただし，重力加速度をgとする。

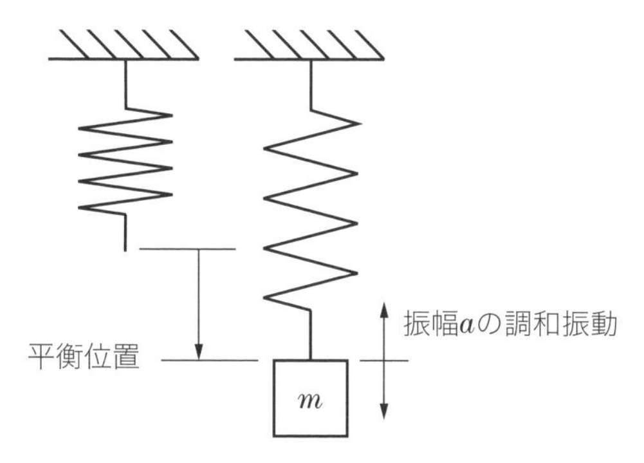

図　上端が固定されたばねがつり下げられている状態とそのばねに質量mの質点がつり下げられた状態

① 0　② $\frac{1}{2}ka^2$　③ $\frac{1}{2}ka^2-mga$

④ $\frac{1}{2}k\left(\frac{mg}{k}+a\right)^2$　⑤ $\frac{1}{2}ka^2+mga$

Ⅰ―3―6

重要度B

下図に示すように，厚さが一定で半径a，面密度ρの一様な四分円の板がある。重心の座標として，最も適切なものはどれか。

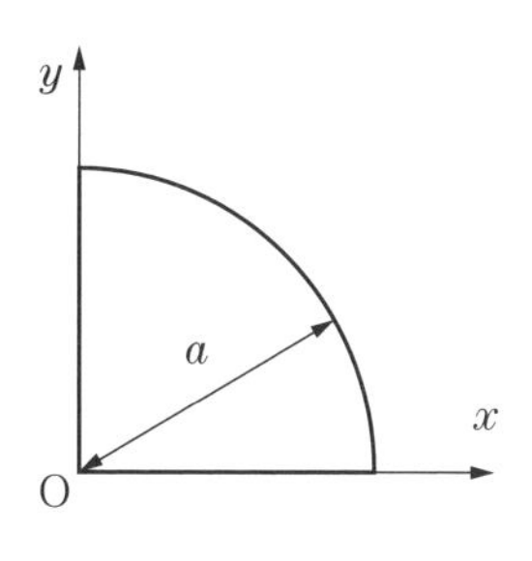

図　四分円の板

① $\left(\frac{\sqrt{3}a}{4}, \frac{\sqrt{3}a}{4}\right)$　② $\left(\frac{a}{2}, \frac{a}{2}\right)$　③ $\left(\frac{a}{\sqrt{2}}, \frac{a}{\sqrt{2}}\right)$

④ $\left(\frac{3a}{4\pi}, \frac{3a}{4\pi}\right)$　⑤ $\left(\frac{4a}{3\pi}, \frac{4a}{3\pi}\right)$

▌4群▌ 材料・化学・バイオに関するもの（全6問題から3問題を選択解答）

Ⅰ－4－1　　重要度A

同位体に関する次の（ア）～（オ）の記述について，それぞれの正誤の組合せとして，最も適切なものはどれか。

（ア） 質量数が異なるので，化学的性質も異なる。
（イ） 陽子の数は等しいが，電子の数は異なる。
（ウ） 原子核中に含まれる中性子の数が異なる。
（エ） 放射線を出す同位体の中には，放射線を出して別の元素に変化するものがある。
（オ） 放射線を出す同位体は，年代測定などに利用されている。

	ア	イ	ウ	エ	オ
①	正	正	誤	誤	誤
②	正	正	正	正	誤
③	誤	誤	正	正	正
④	誤	正	誤	正	正
⑤	誤	誤	正	誤	誤

Ⅰ－4－2　　重要度A

次の化学反応のうち，酸化還元反応でないものはどれか。

① $2Na + 2H_2O \rightarrow 2NaOH + H_2$
② $NaClO + 2HCl \rightarrow NaCl + H_2O + Cl_2$
③ $3H_2 + N_2 \rightarrow 2NH_3$
④ $2NaCl + CaCO_3 \rightarrow Na_2CO_3 + CaCl_2$
⑤ $NH_3 + 2O_2 \rightarrow HNO_3 + H_2O$

I—4—3

重要度A

金属の変形に関する次の記述について，［　　］に入る語句及び数値の組合せとして，最も適切なものはどれか。

金属が比較的小さい引張応力を受ける場合，応力（σ）とひずみ（ε）は次の式で表される比例関係にある。

$$\sigma = E\varepsilon$$

これは［ア］の法則として知られており，比例定数Eを［イ］という。常温での［イ］は，マグネシウムでは［ウ］GPa，タングステンでは［エ］GPaである。温度が高くなると［イ］は，［オ］なる。

※応力とは単位面積当たりの力を示す。

	ア	イ	ウ	エ	オ
①	フック	ヤング率	45	407	大きく
②	フック	ヤング率	45	407	小さく
③	フック	ポアソン比	407	45	小さく
④	ブラッグ	ポアソン比	407	45	大きく
⑤	ブラッグ	ヤング率	407	45	小さく

I—4—4

重要度A

鉄の製錬に関する次の記述の，［　　］に入る語句及び数値の組合せとして，最も適切なものはどれか。

地殻中に存在する元素を存在比（wt%）の大きい順に並べると，鉄は，酸素，ケイ素，［ア］についで4番目となる。鉄の製錬は，鉄鉱石（Fe_2O_3），石灰石，コークスを主要な原料として［イ］で行われる。

［イ］において，鉄鉱石をコークスで［ウ］することにより銑鉄（Fe）を得ることができる。この方法で銑鉄を1000kg製造するのに必要な鉄鉱石は，最低［エ］kgである。ただし，酸素及び鉄の原子量は16及び56とし，鉄鉱石及び銑鉄中に不純物を含まないものとして計算すること。

	ア	イ	ウ	エ
①	アルミニウム	高炉	還元	1429
②	アルミニウム	電炉	還元	2857
③	アルミニウム	高炉	酸化	2857
④	銅	電炉	酸化	2857
⑤	銅	高炉	還元	1429

I—4—5

重要度A

アミノ酸に関する次の記述の，[ ]に入る語句の組合せとして，最も適切なものはどれか。

一部の特殊なものを除き，天然のタンパク質を加水分解して得られるアミノ酸は20種類である。アミノ酸のα-炭素原子には，アミノ基と[ア]，そしてアミノ酸の種類によって異なる側鎖（R基）が結合している。R基に脂肪族炭化水素鎖や芳香族炭化水素鎖を持つイソロイシンやフェニルアラニンは[イ]性アミノ酸である。システインやメチオニンのR基には[ウ]が含まれており，そのためタンパク質中では2個のシステイン側鎖の間に共有結合ができることがある。

	ア	イ	ウ
①	カルボキシ基	疎水	硫黄（S）
②	ヒドロキシ基	疎水	硫黄（S）
③	カルボキシ基	親水	硫黄（S）
④	カルボキシ基	親水	窒素（N）
⑤	ヒドロキシ基	親水	窒素（N）

I—4—6

重要度B

DNAの構造的な変化によって生じる突然変異を遺伝子突然変異という。遺伝子突然変異では，1つの塩基の変化でも形質発現に影響を及ぼすことが多く，置換，挿入，欠失などの種類がある。遺伝子突然変異に関する次の記述のうち，最も適切なものはどれか。

① 1塩基の置換により遺伝子の途中のコドンが終止コドンに変わると，タンパク質の合成がそこで終了するため，正常なタンパク質の合成ができなくなる。この遺伝子突然変異を中立突然変異という。
② 遺伝子に1塩基の挿入が起こると，その後のコドンの読み枠がずれるフレームシフトが起こるので，アミノ酸配列が大きく変わる可能性が高い。
③ 鎌状赤血球貧血症は，1塩基の欠失により赤血球中のヘモグロビンの1つのアミノ酸がグルタミン酸からバリンに置換されたために生じた遺伝子突然変異である。
④ 高等動植物において突然変異による形質が潜性（劣性）であった場合，突然変異による形質が発現するためには，2本の相同染色体上の特定遺伝子の片方に変異が起こればよい。
⑤ 遺伝子突然変異はX線や紫外線，あるいは化学物質などの外界からの影響では起こりにくい。

▌5群▌ 環境・エネルギー・技術に関するもの（全6問題から3問題を選択解答）

I−5−1　　重要度A

気候変動に対する様々な主体における取組に関する次の記述のうち，最も不適切なものはどれか。

① RE100は，企業が自らの事業の使用電力を100％再生可能エネルギーで賄うことを目指す国際的なイニシアティブであり，2020年時点で日本を含めて各国の企業が参加している。
② 温室効果ガスであるフロン類については，オゾン層保護の観点から特定フロンから代替フロンへの転換が進められてきており，地球温暖化対策としても十分な効果を発揮している。
③ 各国の中央銀行総裁及び財務大臣からなる金融安定理事会の作業部会である気候関連財務情報開示タスクフォース（TCFD）は，投資家等に適切な投資判断を促すため気候関連財務情報の開示を企業等へ促すことを目的としており，2020年時点において日本国内でも200以上の機関が賛同を表明している。

④　2050年までに温室効果ガス又は二酸化炭素の排出量を実質ゼロにすることを目指す旨を表明した地方自治体が増えており，これらの自治体を日本政府は「ゼロカーボンシティ」と位置付けている。

⑤　ZEH（ゼッチ）及びZEH-M（ゼッチ・マンション）とは，建物外皮の断熱性能等を大幅に向上させるとともに，高効率な設備システムの導入により，室内環境の質を維持しつつ大幅な省エネルギーを実現したうえで，再生可能エネルギーを導入することにより，一次エネルギー消費量の収支をゼロとすることを目指した戸建住宅やマンション等の集合住宅のことであり，政府はこれらの新築・改修を支援している。

Ⅰ—5—2　　重要度A

環境保全のための対策技術に関する次の記述のうち，最も不適切なものはどれか。

①　ごみ焼却施設におけるダイオキシン類対策においては，炉内の温度管理や滞留時間確保等による完全燃焼，及びダイオキシン類の再合成を防ぐために排ガスを200℃以下に急冷するなどが有効である。

②　屋上緑化や壁面緑化は，建物表面温度の上昇を抑えることで気温上昇を抑制するとともに，居室内への熱の侵入を低減し，空調エネルギー消費を削減することができる。

③　産業廃棄物の管理型処分場では，環境保全対策として遮水工や浸出水処理設備を設けることなどが義務付けられている。

④　掘削せずに土壌の汚染物質を除去する「原位置浄化」技術には化学的作用や生物学的作用等を用いた様々な技術があるが，実際に土壌汚染対策法に基づいて実施された対策措置においては掘削除去の実績が多い状況である。

⑤　下水処理の工程は一次処理から三次処理に分類できるが，活性汚泥法などによる生物処理は一般的に一次処理に分類される。

Ⅰ—5—3　　重要度A

エネルギー情勢に関する次の記述の，□に入る数値の組合せとして，最

も適切なものはどれか。

日本の総発電電力量のうち，水力を除く再生可能エネルギーの占める割合は年々増加し，2018年度時点で約［ア］%である。特に，太陽光発電の導入量が近年着実に増加しているが，その理由の1つとして，そのシステム費用の低下が挙げられる。実際，国内に設置された事業用太陽光発電のシステム費用はすべての規模で毎年低下傾向にあり，10kW以上の平均値（単純平均）は，2012年の約42万円/kWから2020年には約［イ］万円/kWまで低下している。一方，太陽光発電や風力発電の出力は，天候等の気象環境に依存する。例えば，風力発電で利用する風のエネルギーは，風速の［ウ］乗に比例する。

	ア	イ	ウ
①	9	25	3
②	14	25	3
③	14	15	3
④	9	25	2
⑤	14	15	2

I−5−4　重要度A

IEAの資料による2018年の一次エネルギー供給量に関する次の記述の，［　］に入る国名の組合せとして，最も適切なものはどれか。

各国の1人当たりの一次エネルギー供給量（以下，「1人当たり供給量」と略称）を石油換算トンで表す。1石油換算トンは約42GJ（ギガジュール）に相当する。世界平均の1人当たり供給量は1.9トンである。中国の1人当たり供給量は，世界平均をやや上回り，2.3トンである。［ア］の1人当たり供給量は，6トン以上である。［イ］の1人当たり供給量は，5トンから6トンの間にある。［ウ］の1人当たり供給量は，3トンから4トンの間にある。

	ア	イ	ウ
①	アメリカ及びカナダ	ドイツ及び日本	韓国及びロシア

②	アメリカ及びカナダ	韓国及びロシア	ドイツ及び日本
③	ドイツ及び日本	アメリカ及びカナダ	韓国及びロシア
④	韓国及びロシア	ドイツ及び日本	アメリカ及びカナダ
⑤	韓国及びロシア	アメリカ及びカナダ	ドイツ及び日本

I―5―5　重要度A

次の（ア）～（オ）の，社会に大きな影響を与えた科学技術の成果を，年代の古い順から並べたものとして，最も適切なものはどれか。

（ア）フリッツ・ハーバーによるアンモニアの工業的合成の基礎の確立
（イ）オットー・ハーンによる原子核分裂の発見
（ウ）アレクサンダー・グラハム・ベルによる電話の発明
（エ）ハインリッヒ・ルドルフ・ヘルツによる電磁波の存在の実験的な確認
（オ）ジェームズ・ワットによる蒸気機関の改良

① ア―オ―ウ―エ―イ
② ウ―エ―オ―イ―ア
③ ウ―オ―ア―エ―イ
④ オ―ウ―エ―ア―イ
⑤ オ―エ―ウ―イ―ア

I―5―6　重要度C

日本の科学技術基本計画は，1995年に制定された科学技術基本法（現，科学技術・イノベーション基本法）に基づいて一定期間ごとに策定され，日本の科学技術政策を方向づけてきた。次の（ア）～（オ）は，科学技術基本計画の第1期から第5期までのそれぞれの期の特徴的な施策を1つずつ選んで順不同で記したものである。これらを第1期から第5期までの年代の古い順から並べたものとして，最も適切なものはどれか。

（ア）ヒトに関するクローン技術や遺伝子組換え食品等を例として，科学技術が及ぼす「倫理的・法的・社会的課題」への責任ある取組の推進が明示された。

（イ）「社会のための，社会の中の科学技術」という観点に立つことの必要性が明示され，科学技術と社会との双方向のコミュニケーションを確立していくための条件整備などが図られた。

（ウ）「ポストドクター等1万人支援計画」が推進された。

（エ）世界に先駆けた「超スマート社会」の実現に向けた取組が「Society5.0」として推進された。

（オ）目指すべき国の姿として，東日本大震災からの復興と再生が掲げられた。

① イ－ア－ウ－エ－オ
② イ－ウ－ア－オ－エ
③ ウ－ア－イ－エ－オ
④ ウ－イ－ア－オ－エ
⑤ ウ－イ－エ－ア－オ

Ⅱ 適性科目

Ⅱ　次の15問題を解答せよ。(解答欄に１つだけマークすること。)

Ⅱ—1

重要度A

技術士法第４章に規定されている，技術士等が求められている義務・責務に関わる次の（ア)～(キ）の記述のうち，あきらかに不適切なものの数を選べ。

なお，技術士等とは，技術士及び技術士補を指す。

（ア）技術士等は，その業務に関して知り得た情報を顧客の許可なく第三者に提供してはならない。

（イ）技術士等の秘密保持義務は，所属する組織の業務についてであり，退職後においてまでその制約を受けるものではない。

（ウ）技術士等は，顧客から受けた業務を誠実に実施する義務を負っている。顧客の指示が如何なるものであっても，指示通り実施しなければならない。

（エ）技術士等は，その業務を行うに当たっては，公共の安全，環境の保全その他の公益を害することのないよう努めなければならないが，顧客の利益を害する場合は守秘義務を優先する必要がある。

（オ）技術士は，その業務に関して技術士の名称を表示するときは，その登録を受けた技術部門を明示するものとし，登録を受けていない技術部門を表示してはならないが，技術士を補助する技術士補の技術部門表示は，その限りではない。

（カ）企業に所属している技術士補は，顧客がその専門分野能力を認めた場合は，技術士補の名称を表示して技術士に代わって主体的に業務を行ってよい。

（キ）技術は日々変化，進歩している。技術士は，常に，その業務に関して有する知識及び技能の水準を向上させ，名称表示している専門技術業務領域の能力開発に努めなければならない。

①　7　　②　6　　③　5　　④　4　　⑤　3

Ⅱ−2

重要度A

「公衆の安全，健康，及び福利を最優先すること」は，技術者倫理で最も大切なことである。ここに示す「公衆」は，技術業の業務によって危険を受けうるが，技術者倫理における1つの考え方として，「公衆」は，「 ア である」というものがある。

次の記述のうち，「 ア 」に入るものとして，最も適切なものはどれか。

① 国家や社会を形成している一般の人々
② 背景などを異にする多数の組織されていない人々
③ 専門職としての技術業についていない人々
④ よく知らされたうえでの同意を与えることができない人々
⑤ 広い地域に散在しながらメディアを通じて世論を形成する人々

Ⅱ−3

重要度A

科学技術に携わる者が自らの職務内容について，そのことを知ろうとする者に対して，わかりやすく説明する責任を説明責任（accountability）と呼ぶ。説明を行う者は，説明を求める相手に対して十分な情報を提供するとともに，説明を受ける者が理解しやすい説明を心がけることが重要である。以下に示す説明責任に関する（ア）～（エ）の記述のうち，正しいものを○，誤ったものを×として，最も適切な組合せはどれか。

（ア）技術者は，説明責任を遂行するに当たり，説明を行う側が努力する一方で，説明を受ける側もそれを受け入れるために相応に努力することが重要である。

（イ）技術者は，自らが関わる業務において，利益相反の可能性がある場合には，説明責任と公正さを重視して，雇用者や依頼者に対し，利益相反に関連する情報を開示する。

（ウ）公正で責任ある研究活動を推進するうえで，どの研究領域であっても共有されるべき「価値」があり，その価値の1つに「研究実施における説明責任」がある。

（エ）技術者は，時として守秘義務と説明責任のはざまにおかれることがあり，守秘義務を果たしつつ説明責任を果たすことが求められる。

	ア	イ	ウ	エ
①	○	○	○	○
②	×	○	○	○
③	○	×	○	○
④	○	○	×	○
⑤	○	○	○	×

Ⅱ－4　重要度A

安全保障貿易管理（輸出管理）は，先進国が保有する高度な貨物や技術が，大量破壊兵器等の開発や製造等に関与している懸念国やテロリスト等の懸念組織に渡ることを未然に防ぐため，国際的な枠組みの下，各国が協調して実施している。近年，安全保障環境は一層深刻になるとともに，人的交流の拡大や事業の国際化の進展等により，従来にも増して安全保障貿易管理の重要性が高まっている。大企業や大学，研究機関のみならず，中小企業も例外ではなく，業として輸出等を行う者は，法令を遵守し適切に輸出管理を行わなければならない。輸出管理を適切に実施することにより，法令違反の未然防止はもとより，懸念取引等に巻き込まれるリスクも低減する。

輸出管理に関する次の記述のうち，最も適切なものはどれか。

① α大学の大学院生は，ドローンの輸出に関して学内手続をせずに，発送した。

② α大学の大学院生は，ロボットのデモンストレーションを実施するためにA国β大学に輸出しようとするロボットに，リスト規制に該当する角速度・加速度センサーが内蔵されているため，学内手続の申請を行いセンサーが主要な要素になっていないことを確認した。その結果，規制に該当しないものと判断されたので，輸出を行った。

③ α大学の大学院生は，学会発表及びB国γ研究所と共同研究の可能性を探るための非公開の情報を用いた情報交換を実施することを目的とした外国出張の申請書を作成した。申請書の業務内容欄には「学会発表及び研究概要打合せ」と記載した。研究概要打合せは，輸出管理上の判定欄に「公知」と記載した。

④ α大学の大学院生は，C国において地質調査を実施する計画を立てており

り，「赤外線カメラ」をハンドキャリーする予定としていた。この大学院生は，過去に学会発表でC国に渡航した経験があるので，直前に海外渡航申請の提出をした。

⑤　α大学の大学院生は，自作した測定装置は大学の輸出管理の対象にならないと考え，輸出管理手続をせずに海外に持ち出すことにした。

Ⅱ—5　　重要度A

SDGs（Sustainable Development Goals：持続可能な開発目標）とは，2030年の世界の姿を表した目標の集まりであり，貧困に終止符を打ち，地球を保護し，すべての人が平和と豊かさを享受できるようにすることを目指す普遍的な行動を呼びかけている。SDGsは2015年に国連本部で開催された「持続可能な開発サミット」で採択された17の目標と169のターゲットから構成され，それらには「経済に関すること」「社会に関すること」「環境に関すること」などが含まれる。また，SDGsは発展途上国のみならず，先進国自身が取り組むユニバーサル（普遍的）なものであり，我が国も積極的に取り組んでいる。国連で定めるSDGsに関する次の（ア）～（エ）の記述のうち，正しいものを○，誤ったものを×として，最も適切な組合せはどれか。

（ア）SDGsは，政府・国連に加えて，企業・自治体・個人など誰もが参加できる枠組みになっており，地球上の「誰一人取り残さない（leave no one behind）」ことを誓っている。

（イ）SDGsには，法的拘束力があり，処罰の対象となることがある。

（ウ）SDGsは，深刻化する気候変動や，貧富の格差の広がり，紛争や難民・避難民の増加など，このままでは美しい地球を子・孫・ひ孫の代につないでいけないという危機感から生まれた。

（エ）SDGsの達成には，目指すべき社会の姿から振り返って現在すべきことを考える「バックキャスト（Backcast）」ではなく，現状をベースとして実現可能性を踏まえた積み上げを行う「フォーキャスト（Forecast）」の考え方が重要とされている。

	ア	イ	ウ	エ
①	○	×	○	○

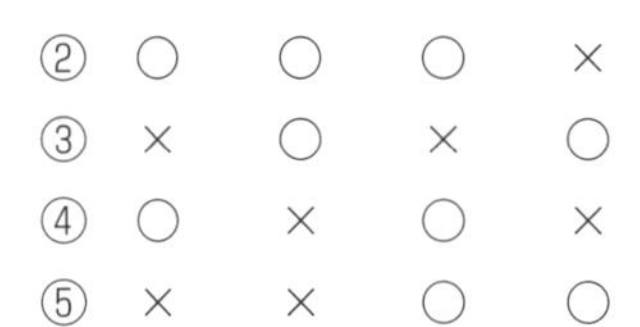
② ○ ○ ○ ×
③ × ○ × ○
④ ○ × ○ ×
⑤ × × ○ ○

Ⅱ－6

重要度B

AIに関する研究開発や利活用は今後飛躍的に発展することが期待されており，AIに対する信頼を醸成するための議論が国際的に実施されている。我が国では，政府において，「AI-Readyな社会」への変革を推進する観点から，2018年5月より，政府統一のAI社会原則に関する検討を開始し，2019年3月に「人間中心のAI社会原則」が策定・公表された。また，開発者及び事業者において，基本理念及びAI社会原則を踏まえたAI利活用の原則が作成・公表された。

以下に示す（ア）～（コ）の記述のうち，AIの利活用者が留意すべき原則にあきらかに該当しないものの数を選べ。

（ア）適正利用の原則
（イ）適正学習の原則
（ウ）連携の原則
（エ）安全の原則
（オ）セキュリティの原則
（カ）プライバシーの原則
（キ）尊厳・自律の原則
（ク）公平性の原則
（ケ）透明性の原則
（コ）アカウンタビリティの原則

① 0　② 1　③ 2　④ 3　⑤ 4

Ⅱ－7

重要度A

近年，企業の情報漏洩が社会問題化している。営業秘密等の漏えいは，企業にとって社会的な信用低下や顧客への損害賠償等，甚大な損失を被るリスクがある。例えば，2012年に提訴された，新日鐵住金において変圧器用の電磁鋼板の製造プロセス及び製造設備の設計図等が外国ライバル企業へ漏えいした事案では，賠償請求・差止め請求がなされたなど，基幹技術など企業情報の漏えい事案が多発している。また，サイバー空間での窃取，拡散など漏えい態様も多様化しており，抑止力向上と処罰範囲の整備が必要となっている。

営業秘密に関する次の（ア）～（エ）の記述のうち，正しいものは○，誤っているものは×として，最も適切な組合せはどれか。

（ア）顧客名簿や新規事業計画書は，企業の研究・開発や営業活動の過程で生み出されたものなので営業秘密である。
（イ）有害物質の垂れ流し，脱税等の反社会的な活動についての情報は，法が保護すべき正当な事業活動ではなく，有用性があるとはいえないため，営業秘密に該当しない。
（ウ）刊行物に記載された情報や特許として公開されたものは，営業秘密に該当しない。
（エ）「営業秘密」として法律により保護を受けるための要件の1つは，秘密として管理されていることである。

	ア	イ	ウ	エ
①	○	○	○	×
②	○	○	×	○
③	○	×	○	○
④	×	○	○	○
⑤	○	○	○	○

Ⅱ―8　重要度A

我が国の製造物責任（PL）法には，製造物責任の対象となる「製造物」について定められている。

次の（ア）～（エ）の記述のうち，正しいものは○，誤っているものは×として，最も適切な組合せはどれか。

(ア) 土地，建物などの不動産は責任の対象とならない。ただし，エスカレータなどの動産は引き渡された時点で不動産の一部となるが，引き渡された時点で存在した欠陥が原因であった場合は責任の対象となる。

(イ) ソフトウエア自体は無体物であり，責任の対象とならない。ただし，ソフトウエアを組み込んだ製造物による事故が発生した場合，ソフトウエアの不具合と損害との間に因果関係が認められる場合は責任の対象となる。

(ウ) 再生品とは，劣化，破損等により修理等では使用困難な状態となった製造物について当該製造物の一部を利用して形成されたものであり責任の対象となる。この場合，最後に再生品を製造又は加工した者が全ての責任を負う。

(エ)「修理」，「修繕」，「整備」は，基本的にある動産に本来存在する性質の回復や維持を行うことと考えられ，責任の対象とならない。

	ア	イ	ウ	エ
①	○	×	○	○
②	×	○	○	×
③	○	○	×	○
④	○	×	○	×
⑤	×	○	×	○

Ⅱ−9

重要度B

ダイバーシティ (Diversity) とは，一般に多様性，あるいは，企業で人種・国籍・性・年齢を問わずに人材を活用することを意味する。また，ダイバーシティ経営とは「多様な人材を活かし，その能力が最大限発揮できる機会を提供することで，イノベーションを生み出し，価値創造につなげている経営」と定義されている。「能力」には，多様な人材それぞれの持つ潜在的な能力や特性なども含んでいる。「イノベーションを生み出し，価値創造につなげている経営」とは，組織内の個々の人材がその特性を活かし，生き生きと働くことのできる環境を整えることによって，自由な発想が生まれ，生産性を向上し，自社の競争力強化につながる，といった一連の流れを生み出しうる経営のことである。

「多様な人材」に関する次の（ア）～（コ）の記述のうち，あきらかに不適切なものの数を選べ。

（ア）性別　（イ）年齢　（ウ）人種　（エ）国籍
（オ）障がいの有無　（カ）性的指向　（キ）宗教・信条　（ク）価値観
（ケ）職歴や経験　（コ）働き方

①　0　②　1　③　2　④　3　⑤　4

Ⅱ―10　重要度A

多くの国際安全規格は，ISO／IEC Guide51（JIS　Z　8051）に示された「規格に安全側面（安全に関する規定）を導入するためのガイドライン」に基づいて作成されている。このGuide51には「設計段階で取られるリスク低減の方策」として以下が提示されている。

・「ステップ1」：本質的安全設計
・「ステップ2」：ガード及び保護装置
・「ステップ3」：使用上の情報（警告，取扱説明書など）

次の（ア）～（カ）の記述のうち，このガイドラインが推奨する行動として，あきらかに誤っているものの数を選べ。

（ア）ある商業ビルのメインエントランスに設置する回転ドアを設計する際に，施工主の要求仕様である「重厚感のある意匠」を優先して，リスク低減に有効な「軽量設計」は採用せずに，インターロックによる制御安全機能，及び警告表示でリスク軽減を達成させた。

（イ）建設作業用重機の本質的安全設計案が，リスクアセスメントの検討結果，リスク低減策として的確と評価された。しかし，僅かに計画予算を超えたことから，ALARPの考え方を導入し，その設計案の一部を採用しないで，代わりに保護装置の追加，及び警告表示と取扱説明書を充実させた。

（ウ）ある海外工場から充電式掃除機を他国へ輸出したが，「警告」の表示は，明白で，読みやすく，容易で消えなく，かつ，理解しやすいものとした。また，その表記は，製造国の公用語だけでなく，輸出であることから国際的にも判るように，英語も併記した。

（エ）介護ロボットを製造販売したが，「警告」には，警告を無視した場合の，製品のハザード，そのハザードによってもたらされる危害，及びその結果について判りやすく記載した。

（オ）ドラム式洗濯乾燥機を製造販売したが，「取扱説明書」には，使用者が適切な意思決定ができるように，必要な情報をわかり易く記載した。また，万一の製品の誤使用を回避する方法も記載した。

（カ）エレベータを製造販売したが「取扱説明書」に推奨されるメンテナンス方法について記載した。ここで，メンテナンスの実施は納入先の顧客（使用者）が主体で行う場合もあるため，その作業者の訓練又は個人用保護具の必要性についても記載した。

① 1　② 2　③ 3　④ 4　⑤ 5

Ⅱ—11　重要度A

再生可能エネルギーは，現時点では安定供給面，コスト面で様々な課題があるが，エネルギー安全保障にも寄与できる有望かつ多様で，長期を展望した環境負荷の低減を見据えつつ活用していく重要な低炭素の国産エネルギー源である。また，2016年のパリ協定では，世界の平均気温上昇を産業革命以前に比べて2℃より十分低く保ち，1.5℃に抑える努力をすること，そのためにできるかぎり早く世界の温室効果ガス排出量をピークアウトし，21世紀後半には，温室効果ガス排出量と（森林などによる）吸収量のバランスをとることなどが合意された。再生可能エネルギーは温室効果ガスを排出しないことから，パリ協定の実現に貢献可能である。

再生可能エネルギーに関する次の（ア）～（オ）の記述のうち，正しいものは○，誤っているものは×として，最も適切な組合せはどれか。

（ア）石炭は，古代原生林が主原料であり，燃焼により排出される炭酸ガスは，樹木に吸収され，これらの樹木から再び石炭が作られるので，再生可能エネルギーの1つである。

（イ）空気熱は，ヒートポンプを利用することにより温熱供給や冷熱供給が可能な，再生可能エネルギーの1つである。

（ウ）水素燃料は，クリーンなエネルギーであるが，天然にはほとんど存在していないため，水や化石燃料などの各種原料から製造しなければならず，再生可能エネルギーではない。
（エ）月の引力によって周期的に生じる潮汐の運動エネルギーを取り出して発電する潮汐発電は，再生可能エネルギーの1つである。
（オ）バイオガスは，生ゴミや家畜の糞尿を微生物などにより分解して製造される生物資源の1つであるが，再生可能エネルギーではない。

	ア	イ	ウ	エ	オ
①	○	○	○	○	○
②	○	×	○	×	○
③	×	○	○	○	×
④	×	○	×	○	×
⑤	×	×	×	×	○

Ⅱ—12　重要度A

技術者にとって労働者の安全衛生を確保することは重要な使命の1つである。労働安全衛生法は「職場における労働者の安全と健康を確保」するとともに，「快適な職場環境を形成」する目的で制定されたものである。次に示す安全と衛生に関する（ア）～（キ）の記述のうち，適切なものの数を選べ。

（ア）総合的かつ計画的な安全衛生対策を推進するためには，目的達成の手段方法として「労働災害防止のための危害防止基準の確立」「責任体制の明確化」「自主的活動の促進の措置」などがある。
（イ）労働災害の原因は，設備，原材料，環境などの「不安全な状態」と，労働者の「不安全な行動」に分けることができ，災害防止には不安全な状態・不安全な行動を無くす対策を講じることが重要である。
（ウ）ハインリッヒの法則では，「人間が起こした330件の災害のうち，1件の重い災害があったとすると，29回の軽傷，傷害のない事故を300回起こしている」とされる。29の軽傷の要因を無くすことで重い災害を無くすことができる。
（エ）ヒヤリハット活動は，作業中に「ヒヤっとした」「ハッとした」危険有害情報を活用する災害防止活動である。情報は，朝礼などの機会に報告するようにし，「情報提供者を責めない」職場ルールでの実施が基本となる。

（オ）安全の4S活動は，職場の安全と労働者の健康を守り，そして生産性の向上を目指す活動として，整理（Seiri），整頓（Seiton），清掃（Seisou），しつけ（Shituke）がある。

（カ）安全データシート（SDS：Safety Data Sheet）は，化学物質の危険有害性情報を記載した文書のことであり，化学物質及び化学物質を含む製品の使用者は，危険有害性を把握し，リスクアセスメントを実施し，労働者へ周知しなければならない。

（キ）労働衛生の健康管理とは，労働者の健康状態を把握し管理することで，事業者には健康診断の実施が義務づけられている。一定規模以上の事業者は，健康診断の結果を行政機関へ提出しなければならない。

① 3　② 4　③ 5　④ 6　⑤ 7

Ⅱ—13　重要度A

産業財産権制度は，新しい技術，新しいデザイン，ネーミングなどについて独占権を与え，模倣防止のための保護，研究開発へのインセンティブを付与し，取引上の信用を維持することによって，産業の発展を図ることを目的にしている。これらの権利は，特許庁に出願し，登録することによって，一定期間，独占的に実施（使用）することができる。

従来型の経営資源である人・物・金を活用して利益を確保する手法に加え，産業財産権を最大限に活用して利益を確保する手法について熟知することは，今や経営者及び技術者にとって必須の事項といえる。

産業財産権の取得は，利益を確保するための手段であって目的ではなく，取得後どのように活用して利益を確保するかを，研究開発時や出願時などのあらゆる節目で十分に考えておくことが重要である。

次の知的財産権のうち，「産業財産権」に含まれないものはどれか。

① 特許権
② 実用新案権

③　回路配置利用権
④　意匠権
⑤　商標権

Ⅱ―14　重要度A

個人情報の保護に関する法律（以下，個人情報保護法と呼ぶ）は，利用者や消費者が安心できるように，企業や団体に個人情報をきちんと大切に扱ってもらったうえで，有効に活用できるよう共通のルールを定めた法律である。

個人情報保護法に基づき，個人情報の取り扱いに関する次の（ア）～（エ）の記述のうち，正しいものは○，誤っているものは×として，最も適切な組合せはどれか。

（ア）学習塾で，生徒同士のトラブルが発生し，生徒Aが生徒Bにケガをさせてしまった。生徒Aの保護者は生徒Bとその保護者に謝罪するため，生徒Bの連絡先を教えて欲しいと学習塾に尋ねてきた。学習塾では，「謝罪したい」という理由を踏まえ，生徒名簿に記載されている生徒Bとその保護者の氏名，住所，電話番号を伝えた。

（イ）クレジットカード会社に対し，カードホルダーから「請求に誤りがあるようなので確認して欲しい」との照会があり，クレジット会社が調査を行った結果，処理を誤った加盟店があることが判明した。クレジットカード会社は，当該加盟店に対し，直接カードホルダーに請求を誤った経緯等を説明するよう依頼するため，カードホルダーの連絡先を伝えた。

（ウ）小売店を営んでおり，人手不足のためアルバイトを募集していたが，なかなか人が集まらなかった。そのため，店のポイントプログラムに登録している顧客をアルバイトに勧誘しようと思い，事前にその顧客の同意を得ることなく，登録された電話番号に電話をかけた。

（エ）顧客の氏名，連絡先，購入履歴等を顧客リストとして作成し，新商品やセールの案内に活用しているが，複数の顧客にイベントの案内を電子メールで知らせる際に，CC（Carbon Copy）に顧客のメールアドレスを入力し，一斉送信した。

	ア	イ	ウ	エ
①	○	×	×	×
②	×	○	×	×
③	×	×	○	×
④	×	×	×	○
⑤	×	×	×	×

Ⅱ―15 重要度A

リスクアセスメントは，職場の潜在的な危険性又は有害性を見つけ出し，これを除去，低減するための手法である。労働安全衛生マネジメントシステムに関する指針では，「危険性又は有害性等の調査及びその結果に基づき講ずる措置」の実施，いわゆるリスクアセスメント等の実施が明記されているが，2006年4月1日以降，その実施が労働安全衛生法第28条の2により努力義務化された。なお，化学物質については，2016年6月1日にリスクアセスメントの実施が義務化された。

リスクアセスメント導入による効果に関する次の（ア)～(オ）の記述のうち，正しいものは○，間違っているものは×として，最も適切な組合せはどれか。

（ア）職場のリスクが明確になる
（イ）リスクに対する認識を共有できる
（ウ）安全対策の合理的な優先順位が決定できる
（エ）残留リスクに対して「リスクの発生要因」の理由が明確になる
（オ）専門家が分析することにより「危険」に対する度合いが明確になる

	ア	イ	ウ	エ	オ
①	○	○	○	○	○
②	○	○	○	○	×
③	○	○	○	×	×
④	○	○	×	×	×
⑤	×	×	×	×	×

令和３年度　解答・解説

Ⅰ 基礎科目

▌1群▌ 設計・計画に関するもの

Ⅰ－1－1　解答 ④

ユニバーサルデザインに関する正誤問題です。

米国ノースカロライナ州立大学のロナルド・メイスによって提唱されたユニバーサルデザインは，「可能な限りの最大限の人が利用可能であるように製品や環境をデザインすること」を基本コンセプトとして，(1) 公平な利用，(2) 利用における柔軟性，(3) 単純で直感的な利用，(4) 認知できる情報，(5) 失敗に対する寛大さ，(6) 少ない身体的な努力，(7) 接近や利用のためのサイズと空間を7原則としています。

①～③，⑤　**適切**。記述のとおりです。

④　**不適切**。子どものいたずら対策は，ユニバーサルデザインのコンセプトには当てはまりません。

したがって，④が正解となります。

Ⅰ－1－2　解答 ②

信頼度に関する計算問題です。

直列部の信頼度は「信頼度の積」，並列部の信頼度は，1－{(1－信頼度)の積} で表されます。

システムAの信頼度＝1－{(1－0.9×0.8)×(1－0.7)}＝0.916

システムBの信頼度＝1－{(1－0.9×0.7)×(1－0.8)}＝0.926

システムCの信頼度＝1－{(1－0.8×0.7)×(1－0.9)}＝0.956

システムDの信頼度＝0.8×{1－(1－0.9)×(1－0.7)}＝0.776

システムEの信頼度＝0.9×{1－(1－0.8)×(1－0.7)}＝0.846

したがって，信頼度の高い順に**C>B>A>E>D**となり，②が正解となります。

Ⅰ－1－3　解答 ②

品質管理に関する正誤問題です。

平成27年度の出題（Ⅰ－1－6）に類似問題があります。

PDCAサイクルは，P（Plan，計画）→D（Do，実行）→C（Check，評価）→A（Act，改善）の順序と意味になります。

（ア）（イ）**正**。記述のとおりです。

（ウ）**誤**。Changeではなく，Checkの頭文字を取ったもので，プロジェクトを評価することです。

（エ）**誤**。Adjustではなく，Actの頭文字を取ったもので，プロジェクトを改善することです。

したがって，②が正解となります。

Ⅰ－1－4　解答 ③

アベイラビリティに関する問題です。

アベイラビリティとは，要求された外部資源が用意されたと仮定したとき，アイテムが与えられた条件，与えられた時点，または期間中，要求機能を実行できる状態にある能力をいい，アイテムの稼働率のことです。

MTBFは故障から次の故障までの間

隔，MTTRは故障発生から修復までの時間です。

アベイラビリティ（稼働率）＝MTBF／(MTBF＋MTTR) で表されます。

したがって，③が正解となります。

I—1—5　解答 ⑤

構造設計に関する正誤問題です。

（ア）**誤**。オイラー座屈に対する安全性を向上させるためには部材長を短くすることが有効です。

（イ）**正**。記述のとおりです。

（ウ）**誤**。許容応力は，設計基準強度を安全率で除したものです。

（エ）**誤**。限界状態には，終局限界状態，使用限界状態，修復限界状態などがあります。

したがって，⑤が正解となります。

I—1—6　解答 ③

製図法に関する正誤問題です。

令和2年度の出題（Ⅰ—1—5）に類似問題があります。

（ア）**誤**。投影法に第五角法はありません。

（イ）**正**。記述のとおりです。

（ウ）**誤**。第一角法では，平面図は正面図の下に描きます。

（エ）**正**。記述のとおりです。

（オ）**誤**。ISOは，スイスのジュネーブに本部がある非政府組織の国際標準化機関の略称です。

したがって，③が正解となります。

【2群】 情報・論理に関するもの

I—2—1　解答 ①

情報セキュリティに関する正誤問題です。

平成27年度の出題（Ⅰ—2—5）に類似問題があります。

① **適切**。記述のとおりです。

② **不適切**。公開鍵基盤における認証局の役割は，公開鍵の正当性を保証するディジタル証明書を発行することです。

③ **不適切**。スマートフォンを標的としたウイルスも発見されており，パソコンと同様にセキュリティ対策が必要です。

④ **不適切**。ディジタル署名方式では，ディジタル署名の生成には秘密鍵を使用し，その検証には公開鍵を使用します。

⑤ **不適切**。WEP方式は脆弱性が指摘されており，利用は推奨されていません。

したがって，①が正解となります。

I—2—2　解答 ②

論理式に関する問題です。

ド・モルガンの法則である$\overline{A+B}=\overline{A}\cdot\overline{B}$（2変数の論理和の否定は各変数の否定の論理積に等しい），$\overline{A\cdot B}=\overline{A}+\overline{B}$（2変数の論理積の否定は各変数の否定の論理和に等しい），さらに二重否定の法則である$\overline{\overline{A}}=A$を用います。

これにより，$\overline{\overline{A}\cdot\overline{B}+A\cdot B}=(\overline{\overline{A}\cdot\overline{B}})\cdot(\overline{A\cdot B})=(\overline{\overline{A}}+\overline{\overline{B}})\cdot(\overline{A}+\overline{B})=\boldsymbol{(A+B)\cdot(\overline{A}+\overline{B})}$となり，②が正解となります。

I—2—3　解答 ②

伝送時間に関する計算問題です。

バイトは，8ビットをまとめた情報量の単位です。1バイト＝8ビットになります。

伝送時間＝$(5\times10^{9}\times50\%\times8)/(200\times10^{6}\times70\%)\fallingdotseq142.857$

令和3年度 基礎科目

したがって，最も近い②が正解となります。

I—2—4　**解答　②**

アルゴリズム（決定表）に関する問題です。

平成29年度の出題（Ⅰ—2—4）に類似問題があります。

決定表の4列を左から順に動作部に注目して照合して，条件に合った動作を実行する決定表を選びます。

（左から1番目）西暦年号が4で割り切れない年はうるう年でないと判定する。

（左から2番目）西暦年号が4で割り切れる年で，100で割り切れない年はうるう年と判定する。

（左から3番目）西暦年号が4で割り切れる年で，100で割り切れて400で割り切れない年はうるう年ではないと判定する。

（左から4番目）西暦年号が4で割り切れる年で，100で割り切れて400でも割り切れる年はうるう年と判定する。

したがって，条件に合った動作をしている②が正解となります。

I—2—5　**解答　①**

アルゴリズム（中置記法と逆ポーランド表記法）に関する問題です。

中置記法では1＋2のように数字演算子数字の順ですが，逆ポーランド表記法では12＋のように書きます。

逆ポーランド表記法では，まずカッコを1つの数字とみなして数字数字演算子に並べ替え，次にカッコを外して数字数字演算子に並べ替えを行います。また，＋と－の優先順位は同じ，×は＋と－より優先順位が高い，÷は×より優先順位が高いという演算子のルールがあります。

(A＋B÷C)×(D－F) →(A＋B÷C)(D－F)×→**ABC÷＋DF－×**

したがって，①が正解となります。

I—2—6　**解答　③**

オーダー表記に関する正誤問題です。

オーダーレベルでは，一般的に，

$O(1)<O(\log n)<O(n)<O(n\cdot\log n)<O(n^2)<O(n^3)<O(k^n)<O(n!)$

が成り立ちます。

（ア）**正**。左辺の最大項が$5n^3$で，オーダーはn^3と同じなので，式は成り立ちます。

（イ）**正**。左辺のlogの底が2で，$n\cdot\log n$と同じオーダーなので，べき数が1以上のべき乗$n^{1.5}$のオーダーの方が大きく，式は成り立ちます。

（ウ）**正**。左辺のn^3が3^nと比べて，かなり小さいオーダーなので無視することができ，3^nと同じオーダーと考えられます。よって，4^nと同じオーダーとなり，式は成り立ちます。

（エ）**誤**。左辺のべき乗数2^nが，右辺のべき乗数n^{100}と比べてはるかに大きいので，式が成り立ちません。

したがって，③が正解となります。

▌3群▌　解析に関するもの

I—3—1　**解答　④**

ベクトルの偏微分に関する計算問題です。

V_x，V_y，V_zはそれぞれ$y+z$，$x^2+y^2+z^2$，$z+2y$なので，まず，回転rotVの各成分を計算します。

$$\frac{\partial V_z}{\partial y}-\frac{\partial V_y}{\partial z}=2-2z$$

$$\frac{\partial V_x}{\partial z}-\frac{\partial V_z}{\partial x}=1-0=1$$

$$\frac{\partial V_y}{\partial x}-\frac{\partial V_x}{\partial y}=2x-1$$

回転は，x軸方向に$2-2z$，y軸方向に1，z軸方向に$2x-1$となるので，点$(x,y,z)=(2,3,1)$を代入して，**(0,1,3)**となります。

したがって，④が正解となります。

I—3—2　解答　②

積分に関する計算問題です。

$f(x)=ax^3+bx^2+cx+d$なので，

積分$\int_{-1}^{1}f(x)\,dx$

$$=[ax^4/4+bx^3/3+cx^2/2+dx]_{-1}^{1}$$
$$=(a/4+b/3+c/2+d)$$
$$-(a/4-b/3+c/2-d)$$
$$=2b/3+2d$$

また，選択肢①～⑤の数字を$f(x)$に代入すると，

① $2f(0)=2\times(0+0+0+d)=2d$

② 3乗項と1乗項がプラスマイナスで0となるので，

$$f\left(-\sqrt{\frac{1}{3}}\right)+f\left(\sqrt{\frac{1}{3}}\right)$$
$$=\left(-\sqrt{\frac{1}{3}}a/3+b/3-\sqrt{\frac{1}{3}}c+d\right)$$
$$+\left(\sqrt{\frac{1}{3}}a/3+b/3+\sqrt{\frac{1}{3}}c+d\right)$$
$$=2b/3+2d$$

③ $f(-1)+f(1)=(-a+b-c+d)+(a+b+c+d)=2b+2d$

④ $$\frac{f\left(-\sqrt{\frac{3}{5}}\right)}{2}+\frac{8f(0)}{9}+\frac{f\left(\sqrt{\frac{3}{5}}\right)}{2}$$
$$=\left(-3\sqrt{\frac{3}{5}}a/5+3b/5-\sqrt{\frac{3}{5}}c+d\right)/2$$
$$+8\times(0+0+0+d)/9$$
$$+\left(3\sqrt{\frac{3}{5}}a/5+3b/5+\sqrt{\frac{3}{5}}c+d\right)/2$$
$$=3b/5+17d/9$$

⑤ $$\frac{f(-1)}{2}+f(0)+\frac{f(1)}{2}$$
$$=(-a+b-c+d)/2+(0+0+0+d)+(a+b+c+d)/2=b+2d$$

したがって，②が正解となります。

I—3—3　解答　①

有限要素法に関する問題です。

要素内でひずみが一定であるものは，(ア)の3節点三角形要素のみとなります。(イ)と(ウ)は要素内でひずみが線形変化します。

したがって，①が正解となります。

I—3—4　解答　③

線形弾性体の温度膨張に伴う応力増加に関する問題です。

温度が10℃から30℃に，20℃増加することによる線膨張率（ひずみε）は

$\varepsilon=1.0\times10^{-4}\mathrm{K}^{-1}=1.0\times10^{-4}\times20=2.0\times10^{-3}$（＋なので伸びる方向）

これに伴う応力増分は，フックの法則から，

$\sigma=E\varepsilon=2.0\times10^{3}\mathrm{MPa}\times2.0\times10^{-3}=$ **4.0MPa**

伸びる方向なので，応力は圧縮となります。

したがって，③が正解となります。

Ⅰ—3—5　解答 ④

バネエネルギーに関する問題です。

重りのついていない元の位置から平衡位置までの下がりをhとすると，フックの法則から$mg=kh$より，

$$h=\frac{mg}{k}$$

ばねの位置エネルギーEは，$E=\frac{kS^2}{2}$（Sは変位量）なので，平衡位置から振幅aの最下端までの重力の仕事量E_0は，

$$E_0=\frac{k(h+a)^2}{2}=\frac{k}{2}\left(\frac{mg}{k}+a\right)^2$$

$$=\frac{1}{2}k\left(\frac{mg}{k}+a\right)^2$$

したがって，④が正解となります。

Ⅰ—3—6　解答 ⑤

重心座標に関する問題です。

極座標系で積分して求めます。

積分区間は$0<\theta<90°$および$0<r<a$です。

四分円の面積をSとすると，x方向の重心位置x_Gは，

$$x_G=\frac{1}{S}\int_0^a\int_0^{\pi/2}r^2\cos\theta d\theta dr$$

$$=\frac{1}{S}\int_0^a r^2dr\int_0^{\pi/2}\cos\theta d\theta$$

$$=\frac{1}{S}\frac{a^3}{3}\sin\left(\frac{\pi}{2}\right)$$

ここで，$S=\frac{\pi a^2}{4}$なので，

$$x_G=\frac{4}{\pi a^2}\frac{a^3}{3}\sin\left(\frac{\pi}{2}\right)$$

$$=\frac{4}{3}\frac{a}{\pi}\times 1$$

$$=\frac{4a}{3\pi}$$

y座標も同じなので，⑤が正解となります。

▌4群▌ 材料・化学・バイオに関するもの

Ⅰ—4—1　解答 ③

同位体に関する正誤問題です。

（ア）**誤**。化学的性質は同じで，物理的性質が異なります。

（イ）**誤**。電子の数ではなく，中性子の数が異なります。

（ウ）～（オ）**正**。記述のとおりです。

したがって，③が正解となります。

Ⅰ—4—2　解答 ④

酸化還元反応に関する問題です。

①～③および⑤は酸化還元反応です。

④のみ化学反応の前後で酸化数が変化していないので，酸化還元反応ではありません。

したがって，④が正解となります。

Ⅰ—4—3　解答 ②

材料に関する穴埋め問題です。

平成26年度の出題（Ⅰ—4—3）に類似問題がありました。

$\sigma=E\varepsilon$は，フックの法則として有名な力学の公式です。比例定数Eは，ヤング率と呼ばれ，温度によって変化します。温度が高くなると，ヤング率は小さくなります。数値が大きいほど剛性が高いといえます。常温でのヤング率は，マグネシウムで45GPa，タングステンで407GPaとなっています。

「タングステンの方が剛性が高い＝ヤ

ング率の数値が高い」という点から推測し，数値がマグネシウム＜タングステンとなっている選択肢を絞り込むことも有効です。

したがって，（ア）**フック**，（イ）**ヤング率**，（ウ）**45**，（エ）**407**，（オ）**小さく**の語句となり，②が正解となります。

Ⅰ—4—4　解答　①

鉄の製錬に関する穴埋め問題です。

地殻中に存在する元素は，存在比順に酸素，ケイ素，アルミニウム，鉄，カルシウム，ナトリウム，カリウム，マグネシウムとなります。鉄は，鉄鉱石と石灰石とコークス（石炭）を原料として，高炉で加熱することで還元を起こし銑鉄を得ます。

鉄鉱石の還元式は，$2Fe_2O_3+3C \rightarrow 4Fe+3CO_2$となり，鉄鉱石1molから鉄2molができます。鉄鉱石Fe_2O_3は$56\times2+16\times3=160$g/mol，鉄Feは56g/molなので，1000kgの銑鉄を製造するために必要な鉄鉱石は，

$\{1000/(56\times2)\}\times160 \fallingdotseq 1428.57$

となります。

したがって，（ア）**アルミニウム**，（イ）**高炉**，（ウ）**還元**，（エ）**1429**の語句となり，①が正解となります。

Ⅰ—4—5　解答　①

アミノ酸に関する穴埋め問題です。

アミノ酸は，アミノ基とカルボキシ基が四面体の炭素に結合してできています。この炭素をα–炭素原子といいます。そして，アミノ酸の種類によって，異なる側鎖（R基）が結合しています。脂肪族，芳香族は疎水性アミノ酸です。システインやメチオニンのR基には硫黄（S）が含まれており，含硫アミノ酸と呼ばれます。

したがって，（ア）**カルボキシ基**，（イ）**疎水**，（ウ）**硫黄（S）**となり，①が正解となります。

Ⅰ—4—6　解答　②

遺伝子突然変異に関する正誤問題です。

①　**不適切**。中立突然変異とは，自然選択にかかわらず自然に起こる突然変異をいいます。

②　**適切**。フレームシフト突然変異の記述です。

③　**不適切**。1塩基の欠失ではなく，1塩基の置換によって起こります。

④　**不適切**。2本の相同染色体上ではなく，2本の非相同染色体上になります。

⑤　**不適切**。放射線や紫外線，化学物質などの影響による突然変異があります。

したがって，②が正解となります。

▌5群▌　環境・エネルギー・技術に関するもの

Ⅰ—5—1　解答　②

気候変動に対する取り組みに関する正誤問題です。

①，③～⑤　**適切**。記述のとおりです。

②　**不適切**。代替フロンの1つであるハイドロフルオロカーボン（HFC）は，オゾン層を破壊しないものの，強力な温室効果ガスとしての性質を有していることから，段階的な削減を求められています。

したがって，②が正解となります。

Ⅰ—5—2　解答　⑤

環境保全対策技術に関する正誤問題で

す。

平成25年の出題（Ⅰ―5―4）に類似問題がありました。

①～④　**適切**。記述のとおりです。

⑤　**不適切**。活性汚泥法などによる生物処理は，下水処理工程の二次処理に分類されます。

したがって，⑤が正解となります。

Ⅰ―5―3　解答　①

エネルギー情勢に関する穴埋め問題です。

日本の総発電電力量のうち，水力を除く再生可能エネルギーの占める割合は約**9**％です。

10kW以上のシステム費用の平均値は，2012年の約42万円/kWから2020年には約**25**万円/kWまで低下しています。

風力発電で利用する風のエネルギーは，風速の**3**乗に比例します。

したがって，①が正解となります。

Ⅰ―5―4　解答　②

エネルギーに関する穴埋め問題です。

平成27年の出題（Ⅰ―5―4）に類似問題があります。

数値が微妙なうえ，2カ国を組み合わせた形での選択肢となっているために判断に迷う点もありますが，設問から，一次エネルギーの供給量で（ア）＞（イ）＞（ウ）となる国名の組み合わせを選びます。

IEAの2018年の資料によれば，アメリカ7.0トン，カナダ9.3トン，韓国5.8トン，ロシア5.0トン，ドイツ3.9トン，日本3.6トンという数値になっています。

したがって，（ア）**アメリカ及びカナダ**，（イ）**韓国及びロシア**，（ウ）**ドイツ及び日本**の語句となり，②が正解となります。

Ⅰ―5―5　解答　④

科学技術史に関する問題です。

平成30年の出題（Ⅰ―5―5）に類似問題があります。

（ア）フリッツ・ハーバーによるアンモニアの工業的合成の基礎の確立は1908年です。

（イ）オットー・ハーンによる原子核分裂の発見は1938年です。

（ウ）アレクサンダー・グラハム・ベルによる電話の発明は1876年です。

（エ）ハインリッヒ・ルドルフ・ヘルツによる電磁波の存在の実験的な確認は1887年です。

（オ）ジェームズ・ワットによる蒸気機関の改良は1776年です。

したがって，年代の古い順から**オーウーエーアーイ**となり，④が正解となります。

Ⅰ―5―6　解答　④

科学技術基本計画に関する問題です。

科学技術基本計画は，1996年の第1期から5年ごとに策定されています。

（ア）第3期（2006年）の施策です。

（イ）第2期（2001年）の施策です。

（ウ）第1期（1996年）の施策です。

（エ）第5期（2016年）の施策です。

（オ）第4期（2011年）の施策です。

したがって，年代の古い順から**ウーイーアーオーエ**となり，④が正解となります。

Ⅱ適性科目

Ⅱ—1 **解答 ③**

技術士法第4章に関する正誤問題です。

（ア）**O**。記述のとおりです。

（イ）**×**。退職後においても制約を受けます。

（ウ）**×**。顧客の指示が公益に反する場合は除きます。

（エ）**×**。顧客の利益よりも公益を最優先します。

（オ）**×**。技術士補も登録を受けていない技術部門を表示してはなりません。

（カ）**×**。技術士補が主体的に業務を行うことはできません。

（キ）**O**。記述のとおりです。

したがって，不適切なものの数が5となり，③が正解となります。

Ⅱ—2 **解答 ④**

技術者倫理に関する問題です。

単純な意味だけを問うものであれば⑤も正解となりますが，この問題では技術者倫理における1つの考え方としてという前提があることから，④が正解となります。

Ⅱ—3 **解答 ①**

説明責任に関する正誤問題です。

(ア)～(エ) **O**。いずれも記述のとおりです。

したがって，①が正解となります。

Ⅱ—4 **解答 ②**

輸出管理に関する正誤問題です。

① **不適切**。ドローンは輸出管理の対象になっているので，手続きが必要となります。

② **適切**。記述のとおりです。

③ **不適切**。公知とは，不特定多数の者に対して公開されている情報である必要があります。

④ **不適切**。審査時間が必要となるので，直前の海外渡航申請の提出は適切ではありません。

⑤ **不適切**。自作品であっても輸出管理の対象になります。

したがって，②が正解となります。

Ⅱ—5 **解答 ④**

SDGsに関する正誤問題です。

（ア）**O**。記述のとおりです。

（イ）**×**。法的拘束力はなく，処罰の対象になることもありません。

（ウ）**O**。記述のとおりです。

（エ）**×**。SDGsの達成には，バックキャストの考え方が重要とされています。

したがって，④が正解となります。

Ⅱ—6 **解答 ①**

AIの利活用者が留意すべき原則に関する問題です。

(ア)～(コ) はいずれもAIの利活用者が留意すべき原則に該当します。

したがって，該当しないものは**0**となり，①が正解となります。

Ⅱ—7 **解答 ⑤**

営業秘密に関する正誤問題です。

(ア)～(エ) **O**。いずれも記述のとおりです。

したがって，⑤が正解となります。

Ⅱ—8　解答 ③

製造物責任法に関する正誤問題です。

（ア）（イ）（エ）**〇**。記述のとおりです。

（ウ）**×**。再生品であっても「製造又は加工された動産」に該当する以上は製造物であって，製造物責任法の対象となり，製造業者が当該製造物を引き渡した時に存在した欠陥と相当因果関係のある損害については賠償責任を負うことになります。

したがって，③が正解となります。

Ⅱ—9　解答 ①

多様な人材に関する問題です。

（ア）～（コ）は，いずれも多様な人材に該当します。

したがって，不適切なものの数は**0**となり，①が正解となります。

Ⅱ—10　解答 ③

Guide51に関する正誤問題です。

（ア）**誤**。本質的安全設計に欠ける行動です。

（イ）**誤**。本質的安全設計に欠ける行動です。

（ウ）**誤**。輸出国の公用語が必要となります。

（エ）～（カ）**正**。記述のとおりです。

したがって，誤っているものの数は**3**となり，③が正解となります。

Ⅱ—11　解答 ③

再生エネルギーに関する正誤問題です。

（ア）**×**。石炭は再生可能エネルギーには含まれません。

（イ）～（エ）**〇**。記述のとおりです。

（オ）**×**。バイオガスは，再生可能エネルギーに含まれます。

したがって，③が正解となります。

Ⅱ—12　解答 ③

安全と衛生に関する問題です。

（ア）（イ）（エ）（カ）（キ）**適切**。記述のとおりです。

（ウ）**不適切**。29の軽傷の要因ではなく，300の傷害のない事故の要因に着目します。

（オ）**不適切**。安全の4Sとは，整理，整頓，清掃，清潔を指し，しつけが加わる場合は安全の5Sと呼ばれます。

したがって，適切なものの数は**5**となり，③が正解となります。

Ⅱ—13　解答 ③

産業財産権に関する問題です。

知的財産権のうち，特許権，実用新案権，意匠権，商標権の4つを「産業財産権」といい，特許庁が所管しています。回路配置利用権は，知的財産権ではありますが，産業財産権には含まれません。

したがって，③が正解となります。

Ⅱ—14　解答 ⑤

個人情報保護法に関する正誤問題です。

（ア）～（エ）**×**。いずれも当事者本人の同意がない状態での情報開示であり，個人情報の取り扱いとして誤っています。

したがって，⑤が正解となります。

Ⅱ—15　解答 ③

リスクアセスメントに関する正誤問題です。

（ア）～（ウ）**〇**。いずれも正しい記述です。

（エ）**×**。「リスクの発生要因」ではなく，「守るべき決めごと」の理由が明確になります。

（オ）×。“専門家が分析することにより”ではなく，“職場全員が参加することにより”「危険」に対する度合いが明確になります。

したがって，③が正解となります。

令和３年度
技術士第一次試験　解答用紙

基礎科目解答欄

設計・計画に関するもの	
問題番号	解　　答
Ⅰ―1―1	①　②　③　④　⑤
Ⅰ―1―2	①　②　③　④　⑤
Ⅰ―1―3	①　②　③　④　⑤
Ⅰ―1―4	①　②　③　④　⑤
Ⅰ―1―5	①　②　③　④　⑤
Ⅰ―1―6	①　②　③　④　⑤

情報・論理に関するもの	
問題番号	解　　答
Ⅰ―2―1	①　②　③　④　⑤
Ⅰ―2―2	①　②　③　④　⑤
Ⅰ―2―3	①　②　③　④　⑤
Ⅰ―2―4	①　②　③　④　⑤
Ⅰ―2―5	①　②　③　④　⑤
Ⅰ―2―6	①　②　③　④　⑤

解析に関するもの	
問題番号	解　　答
Ⅰ―3―1	①　②　③　④　⑤
Ⅰ―3―2	①　②　③　④　⑤
Ⅰ―3―3	①　②　③　④　⑤
Ⅰ―3―4	①　②　③　④　⑤
Ⅰ―3―5	①　②　③　④　⑤
Ⅰ―3―6	①　②　③　④　⑤

材料・化学・バイオに関するもの	
問題番号	解　　答
Ⅰ―4―1	①　②　③　④　⑤
Ⅰ―4―2	①　②　③　④　⑤
Ⅰ―4―3	①　②　③　④　⑤
Ⅰ―4―4	①　②　③　④　⑤
Ⅰ―4―5	①　②　③　④　⑤
Ⅰ―4―6	①　②　③　④　⑤

環境・エネルギー・技術に関するもの	
問題番号	解　　答
Ⅰ―5―1	①　②　③　④　⑤
Ⅰ―5―2	①　②　③　④　⑤
Ⅰ―5―3	①　②　③　④　⑤
Ⅰ―5―4	①　②　③　④　⑤
Ⅰ―5―5	①　②　③　④　⑤
Ⅰ―5―6	①　②　③　④　⑤

適性科目解答欄

問題番号	解　　答
Ⅱ―1	①　②　③　④　⑤
Ⅱ―2	①　②　③　④　⑤
Ⅱ―3	①　②　③　④　⑤
Ⅱ―4	①　②　③　④　⑤
Ⅱ―5	①　②　③　④　⑤
Ⅱ―6	①　②　③　④　⑤
Ⅱ―7	①　②　③　④　⑤
Ⅱ―8	①　②　③　④　⑤
Ⅱ―9	①　②　③　④　⑤
Ⅱ―10	①　②　③　④　⑤
Ⅱ―11	①　②　③　④　⑤
Ⅱ―12	①　②　③　④　⑤
Ⅱ―13	①　②　③　④　⑤
Ⅱ―14	①　②　③　④　⑤
Ⅱ―15	①　②　③　④　⑤

＊本紙は演習用の解答用紙です。実際の解答用紙とは異なります。

令和3年度
技術士第一次試験　解答一覧

■基礎科目

設計・計画に関するもの		材料・化学・バイオに関するもの	
Ⅰ—1—1	④	Ⅰ—4—1	③
Ⅰ—1—2	②	Ⅰ—4—2	④
Ⅰ—1—3	②	Ⅰ—4—3	②
Ⅰ—1—4	③	Ⅰ—4—4	①
Ⅰ—1—5	⑤	Ⅰ—4—5	①
Ⅰ—1—6	③	Ⅰ—4—6	②

情報・論理に関するもの		環境・エネルギー・技術に関するもの	
Ⅰ—2—1	①	Ⅰ—5—1	②
Ⅰ—2—2	②	Ⅰ—5—2	⑤
Ⅰ—2—3	②	Ⅰ—5—3	①
Ⅰ—2—4	②	Ⅰ—5—4	②
Ⅰ—2—5	①	Ⅰ—5—5	④
Ⅰ—2—6	③	Ⅰ—5—6	④

解析に関するもの	
Ⅰ—3—1	④
Ⅰ—3—2	②
Ⅰ—3—3	①
Ⅰ—3—4	③
Ⅰ—3—5	④
Ⅰ—3—6	⑤

■適性科目

Ⅱ—1	③
Ⅱ—2	④
Ⅱ—3	①
Ⅱ—4	②
Ⅱ—5	④
Ⅱ—6	①
Ⅱ—7	⑤
Ⅱ—8	③
Ⅱ—9	①
Ⅱ—10	③
Ⅱ—11	③
Ⅱ—12	③
Ⅱ—13	③
Ⅱ—14	⑤
Ⅱ—15	③

令和 2 年度

技術士第一次試験

Ⅰ 基礎科目

Ⅰ 次の1群～5群の全ての問題群からそれぞれ3問題，計15問題を選び解答せよ。（解答欄に1つだけマークすること。）

1群 設計・計画に関するもの（全6問題から3問題を選択解答）

Ⅰ—1—1

重要度A

ユニバーサルデザインに関する次の記述について， に入る語句の組合せとして最も適切なものはどれか。

北欧発の考え方である，障害者と健常者が一緒に生活できる社会を目指す ア ，及び，米国発のバリアフリーという考え方の広がりを受けて，ロナルド・メイス（通称ロン・メイス）により1980年代に提唱された考え方が，ユニバーサルデザインである。ユニバーサルデザインは，特別な設計やデザインの変更を行うことなく，可能な限りすべての人が利用できうるよう製品や イ を設計することを意味する。ユニバーサルデザインの7つの原則は，(1) 誰でもが公平に利用できる，(2) 柔軟性がある，(3) シンプルかつ ウ な利用が可能，(4) 必要な情報がすぐにわかる，(5) エ しても危険が起こらない，(6) 小さな力でも利用できる，(7) じゅうぶんな大きさや広さが確保されている，である。

	ア	イ	ウ	エ
①	カスタマイゼーション	環境	直感的	ミス
②	ノーマライゼーション	制度	直感的	長時間利用
③	ノーマライゼーション	環境	直感的	ミス
④	カスタマイゼーション	制度	論理的	長時間利用
⑤	ノーマライゼーション	環境	論理的	長時間利用

Ⅰ－1－2　　重要度B

ある材料に生ずる応力S［MPa］とその材料の強度R［MPa］を確率変数として，$Z=R-S$が0を下回る確率Pr（$Z<0$）が一定値以下となるように設計する。応力Sは平均μ_S，標準偏差σ_Sの正規分布に，強度Rは平均μ_R，標準偏差σ_Rの正規分布に従い，互いに独立な確率変数とみなせるとする。$\mu_S:\sigma_S:\mu_R:\sigma_R$の比として（ア）から（エ）の4ケースを考えるとき，Pr（$Z<0$）を小さい順に並べたものとして最も適切なものはどれか。

	μ_S	σ_S	μ_R	σ_R
（ア）	10	$2\sqrt{2}$	14	1
（イ）	10	1	13	$2\sqrt{2}$
（ウ）	9	1	12	$\sqrt{3}$
（エ）	11	1	12	1

① ウ→イ→エ→ア
② ア→ウ→イ→エ
③ ア→イ→ウ→エ
④ ウ→ア→イ→エ
⑤ ア→ウ→エ→イ

Ⅰ－1－3　　重要度A

次の（ア）から（オ）の記述について，それぞれの正誤の組合せとして，最も適切なものはどれか。

（ア）　荷重を増大させていくと，建物は多くの部材が降伏し，荷重が上がらなくなり大きく変形します。最後は建物が倒壊してしまいます。このときの荷重が弾性荷重です。

（イ）　非常に大きな力で棒を引っ張ると，最後は引きちぎれてしまいます。これを破断と呼んでいます。破断は，引張応力度がその材料固有の固有振動数に達したために生じたものです。

（ウ）　細長い棒の両端を押すと，押している途中で，急に力とは直交する方向に変形してしまうことがあります。この現象を座屈と呼んでいます。

（エ） 太く短い棒の両端を押すと，破断強度までじわじわ縮んで，最後は圧壊します。

（オ） 建物に加わる力を荷重，また荷重を支える要素を部材あるいは構造部材と呼びます。

	ア	イ	ウ	エ	オ
①	正	正	正	誤	誤
②	誤	正	正	正	誤
③	誤	誤	正	正	正
④	正	誤	誤	正	正
⑤	正	正	誤	誤	正

Ⅰ―1―4　重要度A

ある工場で原料A，Bを用いて，製品1，2を生産し販売している。下表に示すように製品1を1［kg］生産するために原料A，Bはそれぞれ3［kg］，1［kg］必要で，製品2を1［kg］生産するためには原料A，Bをそれぞれ2［kg］，3［kg］必要とする。原料A，Bの使用量については，1日当たりの上限があり，それぞれ24［kg］，15［kg］である。

（1）製品1，2の1［kg］当たりの販売利益が，各々2［百万円／kg］，3［百万円／kg］の時，1日当たりの全体の利益z［百万円］が最大となるように製品1並びに製品2の1日当たりの生産量x_1［kg］，x_2［kg］を決定する。なお，$x_1 \geqq 0$，$x_2 \geqq 0$とする。

表　製品の製造における原料使用量，使用条件，及び販売利益

	製品1	製品2	使用上限
原料A［kg］	3	2	24
原料B［kg］	1	3	15
利益［百万円／kg］	2	3	

（2）次に，製品1の販売利益がΔc［百万円／kg］だけ変化する，すなわち（2＋Δc）［百万円／kg］となる場合を想定し，zを最大にする製品1，

2の生産量が，(1) で決定した製品1，2の生産量と同一であるΔc［百万円／kg］の範囲を求める。

1日当たりの生産量x_1［kg］及びx_2［kg］の値と，Δc［百万円／kg］の範囲の組合せとして，最も適切なものはどれか。

① $x_1=0$,　$x_2=5$,　$-1 \leqq \Delta c \leqq 5/2$
② $x_1=6$,　$x_2=3$,　$\Delta c \leqq -1$,　$5/2 \leqq \Delta c$
③ $x_1=6$,　$x_2=3$,　$-1 \leqq \Delta c \leqq 1$
④ $x_1=0$,　$x_2=5$,　$\Delta c \leqq -1$,　$5/2 \leqq \Delta c$
⑤ $x_1=6$,　$x_2=3$,　$-1 \leqq \Delta c \leqq 5/2$

Ⅰ−1−5　重要度A

製図法に関する次の（ア）から（オ）の記述について，それぞれの正誤の組合せとして，最も適切なものはどれか。

（ア）第三角法の場合は，平面図は正面図の上に，右側面図は正面図の右にというように，見る側と同じ側に描かれる。
（イ）第一角法の場合は，平面図は正面図の上に，左側面図は正面図の右にというように，見る側とは反対の側に描かれる。
（ウ）対象物内部の見えない形を図示する場合は，対象物をある箇所で切断したと仮定して，切断面の手前を取り除き，その切り口の形状を，外形線によって図示することとすれば，非常にわかりやすい図となる。このような図が想像図である。
（エ）第三角法と第一角法では，同じ図面でも，違った対象物を表している場合があるが，用いた投影法は明記する必要がない。
（オ）正面図とは，その対象物に対する情報量が最も多い，いわば図面の主体になるものであって，これを主投影図とする。したがって，ごく簡単なものでは，主投影図だけで充分に用が足りる。

	ア	イ	ウ	エ	オ
①	正	正	誤	誤	誤

②	誤	正	正	誤	誤
③	誤	誤	正	正	誤
④	誤	誤	誤	正	正
⑤	正	誤	誤	誤	正

I−1−6　重要度A

下図に示されるように，信頼度が0.7であるn個の要素が並列に接続され，さらに信頼度0.95の1個の要素が直列に接続されたシステムを考える。それぞれの要素は互いに独立であり，nは2以上の整数とする。システムの信頼度が0.94以上となるために必要なnの最小値について，最も適切なものはどれか。

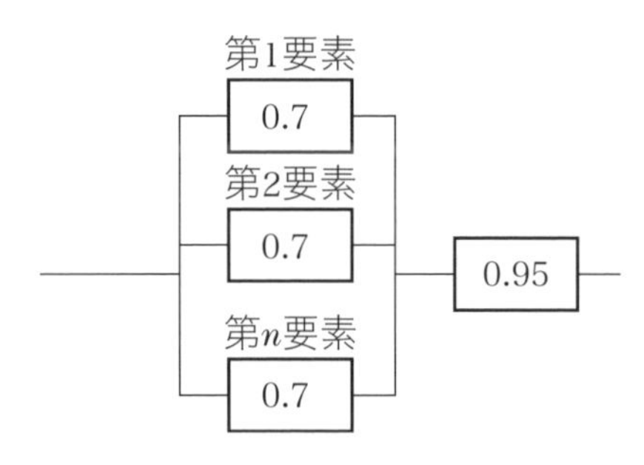

図　システム構成図と各要素の信頼度

① 2
② 3
③ 4
④ 5
⑤ nに依らずシステムの信頼度は0.94未満であり，最小値は存在しない。

【2群】情報・論理に関するもの（全6問題から3問題を選択解答）

I−2−1　重要度A

情報の圧縮に関する次の記述のうち，最も不適切なものはどれか。

① 復号化によって元の情報を完全に復元でき，情報の欠落がない圧縮は可逆圧縮と呼ばれ，テキストデータ等の圧縮に使われることが多い。

② 復号化によって元の情報には完全には戻らず，情報の欠落を伴う圧縮は非可逆圧縮と呼ばれ，音声や映像等の圧縮に使われることが多い。

③ 静止画に対する代表的な圧縮方式としてJPEGがあり，動画に対する代表的な圧縮方式としてMPEGがある。

④ データ圧縮では，情報源に関する知識（記号の生起確率など）が必要であり，情報源の知識が無い場合にはデータ圧縮することはできない。

⑤ 可逆圧縮には限界があり，どのような方式であっても，その限界を超えて圧縮することはできない。

Ⅰ—2—2　重要度A

下表に示す真理値表の演算結果と一致する，論理式$f(x,y,z)$として正しいものはどれか。ただし，変数X,Yに対して，$X+Y$は論理和，XYは論理積，$\overline{X}$は論理否定を表す。

① $f(x,y,z)=xy+z$

② $f(x,y,z)=\overline{x}y+\overline{yz}$

③ $f(x,y,z)=xy+\overline{y}z$

④ $f(x,y,z)=xy+\overline{xy}$

⑤ $f(x,y,z)=xy+\overline{x}z$

表　$f(x,y,z)$の真理値表

x	y	z	$f(x,y,z)$
0	0	0	0
0	0	1	1
0	1	0	0
0	1	1	0
1	0	0	0
1	0	1	1
1	1	0	1
1	1	1	1

Ⅰ—2—3　重要度B

標的型攻撃に対する有効な対策として，最も不適切なものはどれか。

① メール中のオンラインストレージのURLリンクを使用したファイルの受信は，正規のサービスかどうかを確認し，メールゲートウェイで検知す

る。

② 標的型攻撃への対策は，複数の対策を多層的に組合せて防御する。

③ あらかじめ組織内に連絡すべき窓口を設け，利用者が標的型攻撃メールを受信した際の連絡先として周知させる。

④ あらかじめシステムや実行ポリシーで，利用者の環境で実行可能なファイルを制限しておく。

⑤ 擬似的な標的型攻撃メールを利用者に送信し，その対応を調査する訓練を定期的に実施する。

Ⅰ―2―4

重要度A

補数表現に関する次の記述の，[ ]に入る補数の組合せとして，最も適切なものはどれか。

一般に，k桁のn進数Xについて，Xのnの補数はn^k-X，Xのn−1の補数は$(n^k-1)-X$をそれぞれn進数で表現したものとして定義する。よって，3桁の10進数で表現した$(956)_{10}$の（n=）10の補数は，10^3から$(956)_{10}$を引いた$(44)_{10}$である。さらに$(956)_{10}$の（n−1=）9の補数は，10^3-1から$(956)_{10}$を引いた$(43)_{10}$である。

同様に，6桁の2進数$(100110)_2$の2の補数は[ア]，1の補数は[イ]である。

	ア	イ
①	$(000110)_2$	$(000101)_2$
②	$(011010)_2$	$(011001)_2$
③	$(000111)_2$	$(000110)_2$
④	$(011001)_2$	$(011010)_2$
⑤	$(011000)_2$	$(011001)_2$

Ⅰ―2―5

重要度A

次の[ ]に入る数値の組合せとして，最も適切なものはどれか。

次の図は2進数 $(a_n\ a_{n-1}\cdots a_2\ a_1\ a_0)_2$ を10進数sに変換するアルゴリズムの流れ図である。ただし，nは0又は正の整数であり，$a_i \in \{0,1\}$ (i=0,1,...,n) である。

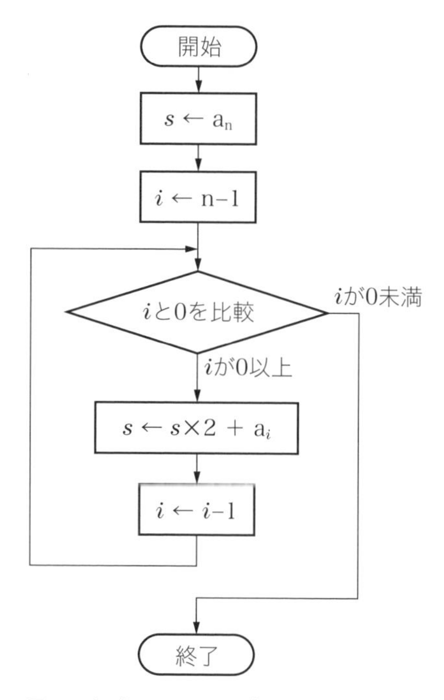

図　sを求めるアルゴリズムの流れ図

このアルゴリズムを用いて2進数 $(1101)_2$ を10進数に変換すると，sには初め1が代入され，その後順に3，6と更新され，最後にsには13が代入されて終了する。このようにsが更新される過程を，

$$1 \rightarrow 3 \rightarrow 6 \rightarrow 13$$

と表すことにする。同様に，2進数 $(11010101)_2$ を10進数に変換すると，sは次のように更新される。

1 → 3 → 6 → 13 → **ア** → **イ** → **ウ** → 213

	ア	イ	ウ
①	25	52	105
②	25	52	106

③	26	52	105
④	26	53	105
⑤	26	53	106

I―2―6　重要度A

次の［　　］に入る数値の組合せとして，最も適切なものはどれか。

アクセス時間が50［ns］のキャッシュメモリとアクセス時間が450［ns］の主記憶からなる計算機システムがある。呼び出されたデータがキャッシュメモリに存在する確率をヒット率という。ヒット率が90%のとき，このシステムの実効アクセス時間として最も近い値は［ア］となり，主記憶だけの場合に比べて平均［イ］倍の速さで呼び出しができる。

	ア	イ
①	45［ns］	2
②	60［ns］	2
③	60［ns］	5
④	90［ns］	2
⑤	90［ns］	5

▌3群▌ 解析に関するもの（全6問題から3問題を選択解答）

I―3―1　重要度A

3次元直交座標系(x,y,z)におけるベクトル$V=(V_x,V_y,V_z)=(x,x^2y+yz^2,z^3)$の点(1,3,2)での発散$\mathrm{div}V=\dfrac{\partial V_x}{\partial x}+\dfrac{\partial V_y}{\partial y}+\dfrac{\partial V_z}{\partial z}$として，最も適切なものはどれか。

① (−12,0,6)　② 18　③ 24　④ (1,15,8)　⑤ (1,5,12)

I—3—2

重要度A

関数$f(x,y)=x^2+2xy+3y^2$の（1,1）における最急勾配の大きさ$\|\mathrm{grad}f\|$として，最も適切なものはどれか。なお，勾配$\mathrm{grad}f$は$\mathrm{grad}f=\left(\frac{\partial f}{\partial x}, \frac{\partial f}{\partial y}\right)$である。

① 6　② (4, 8)　③ 12　④ $4\sqrt{5}$　⑤ $\sqrt{2}$

I—3—3

重要度A

数値解析の誤差に関する次の記述のうち，最も適切なものはどれか。

① 有限要素法において，要素分割を細かくすると，一般に近似誤差は大きくなる。
② 数値計算の誤差は，対象となる物理現象の法則で定まるので，計算アルゴリズムを改良しても誤差は減少しない。
③ 浮動小数点演算において，近接する2数の引き算では，有効桁数が失われる桁落ち誤差を生じることがある。
④ テイラー級数展開に基づき，微分方程式を差分方程式に置き換えるときの近似誤差は，格子幅によらずほぼ一定値となる。
⑤ 非線形現象を線形方程式で近似しても，線形方程式の数値計算法が数学的に厳密であれば，得られる結果には数値誤差はないとみなせる。

I—3—4

重要度B

有限要素法において三角形要素の剛性マトリクスを求める際，面積座標がしばしば用いられる。下図に示す△ABCの内部（辺上も含む）の任意の点Pの面積座標は，

$$\left(\frac{S_A}{S}, \frac{S_B}{S}, \frac{S_C}{S}\right)$$

で表されるものとする。ここで，S，S_A，S_B，S_Cはそれぞれ，△ABC，△PBC，△PCA，△PABの面積である。△ABCの三辺の長さの比が，AB：BC：CA＝3：4：5であるとき，△ABCの内心と外心の面積座標の組合せと

して，最も適切なものはどれか。

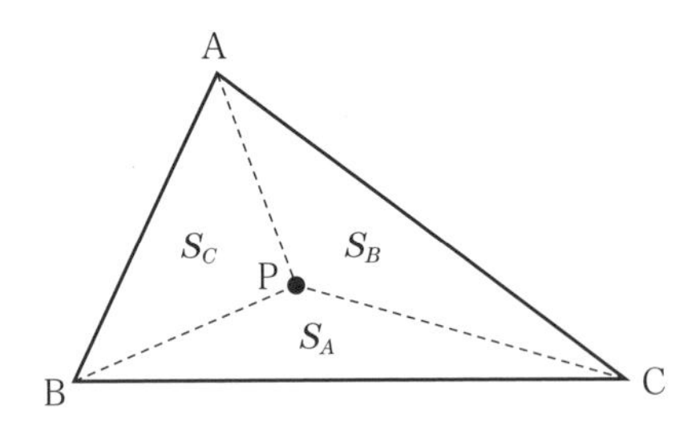

図　△ABCとその内部の点P

	内心の面積座標	外心の面積座標
①	$\left(\frac{1}{4},\frac{1}{5},\frac{1}{3}\right)$	$\left(\frac{1}{2},0,\frac{1}{2}\right)$
②	$\left(\frac{1}{4},\frac{1}{5},\frac{1}{3}\right)$	$\left(\frac{1}{3},\frac{1}{3},\frac{1}{3}\right)$
③	$\left(\frac{1}{3},\frac{1}{3},\frac{1}{3}\right)$	$\left(\frac{1}{2},0,\frac{1}{2}\right)$
④	$\left(\frac{1}{3},\frac{5}{12},\frac{1}{4}\right)$	$\left(\frac{1}{2},0,\frac{1}{2}\right)$
⑤	$\left(\frac{1}{3},\frac{5}{12},\frac{1}{4}\right)$	$\left(\frac{1}{3},\frac{1}{3},\frac{1}{3}\right)$

I−3−5　重要度A

下図に示すように，1つの質点がばねで固定端に結合されているばね質点系A，B，Cがある。図中のばねのばね定数kはすべて同じであり，質点の質量mはすべて同じである。ばね質点系Aは質点が水平に単振動する系，Bは斜め45度に単振動する系，Cは垂直に単振動する系である。ばね質点系A，B，Cの固有振動数をf_A，f_B，f_Cとしたとき，これらの大小関係として，最も適切なものはどれか。ただし，質点に摩擦は作用しないものとし，ばねの質量については考慮しないものとする。

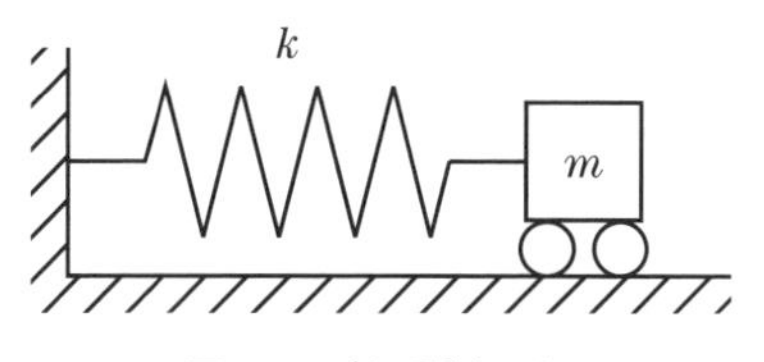

図1　ばね質点系A

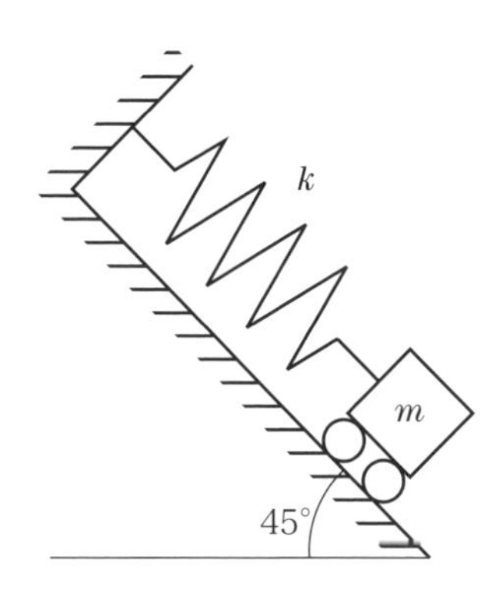

図2　ばね質点系B

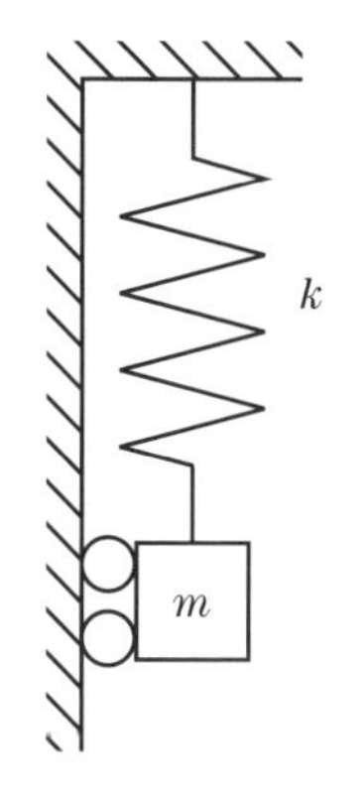

図3　ばね質点系C

① $f_A = f_B = f_C$
② $f_A > f_B > f_C$
③ $f_A < f_B < f_C$
④ $f_A = f_C > f_B$
⑤ $f_A = f_C < f_B$

Ⅰ—3—6　　重要度B

下図に示すように，円管の中を水が左から右へ流れている。点a，点bにおける圧力，流速及び管の断面積をそれぞれp_a，v_a，A_a及びp_b，v_b，A_bとする。流速v_bを表す式として最も適切なものはどれか。ただしρは水の密度で，水は非圧縮の完全流体とし，粘性によるエネルギー損失はないものとする。

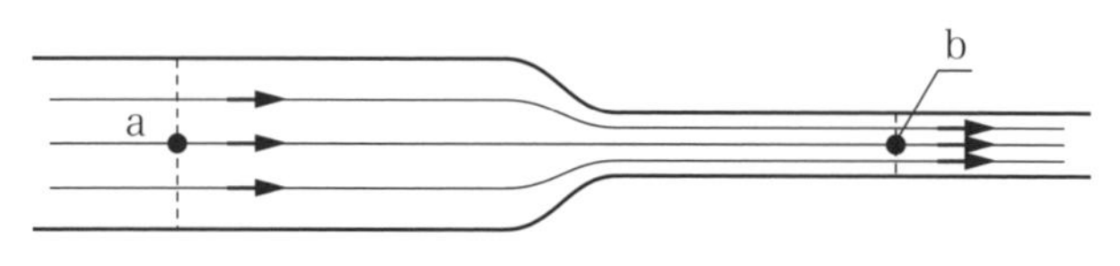

図　円管の中の水の流れ

① $v_b=\frac{A_b}{A_a}\sqrt{\frac{p_b-p_a}{\rho}}$

② $v_b=\frac{A_a}{A_b}\sqrt{\frac{p_a-p_b}{\rho}}$

③ $v_b=\frac{1}{\sqrt{1-\frac{A_b}{A_a}}}\sqrt{\frac{2(p_b-p_a)}{\rho}}$

④ $v_b=\frac{1}{\sqrt{1-\frac{A_b}{A_a}}}\sqrt{\frac{2(p_a-p_b)}{\rho}}$

⑤ $v_b=\frac{1}{\sqrt{1-\left(\frac{A_b}{A_a}\right)^2}}\sqrt{\frac{2(p_a-p_b)}{\rho}}$

▌4群▌　材料・化学・バイオに関するもの（全6問題から3問題を選択解答）

Ⅰ―4―1　　重要度A

次の有機化合物のうち，同じ質量の化合物を完全燃焼させたとき，二酸化炭素の生成量が最大となるものはどれか。ただし，分子式右側の（　）内の数値は，その化合物の分子量である。

① メタン CH_4（16）
② エチレン C_2H_4（28）
③ エタン C_2H_6（30）
④ メタノール CH_4O（32）

⑤　エタノールC_2H_6O（46）

I—4—2　重要度B

下記a～dの反応は，代表的な有機化学反応である付加，脱離，置換，転位の4種類の反応のうちいずれかに分類される。置換反応2つの組合せとして最も適切なものはどれか。

a　$CH_3CH_2CH_2OH + HBr \longrightarrow CH_3CH_2CH_2Br + H_2O$

b　$C_6H_5-CH(OH)-CH_3 \xrightarrow{\text{酸触媒}} C_6H_5-CH=CH_2 + H_2O$

c　$CH_3CH_2CH=CH_2 + HBr \longrightarrow CH_3CH_2CHBrCH_3$

d　$C_6H_5-C(=O)-OH + CH_3OH \xrightarrow{\text{酸触媒}} C_6H_5-C(=O)-OCH_3 + H_2O$

①　(a, b)　②　(a, c)　③　(a, d)　④　(b, c)　⑤　(b, d)

I—4—3　重要度A

鉄，銅，アルミニウムの密度，電気抵抗率，融点について，次の（ア）～（オ）の大小関係の組合せとして，最も適切なものはどれか。ただし，密度及び電気抵抗率は20［℃］での値，融点は1気圧での値で比較するものとする。

（ア）：鉄　＞　銅　＞　アルミニウム
（イ）：鉄　＞　アルミニウム　＞　銅
（ウ）：銅　＞　鉄　＞　アルミニウム
（エ）：銅　＞　アルミニウム　＞　鉄
（オ）：アルミニウム　＞　鉄　＞　銅

	密度	電気抵抗率	融点
①	(ア)	(ウ)	(オ)
②	(ア)	(エ)	(オ)
③	(イ)	(エ)	(ア)
④	(ウ)	(イ)	(ア)
⑤	(ウ)	(イ)	(オ)

I—4—4

重要度A

アルミニウムの結晶構造に関する次の記述の，［　］に入る数値や数式の組合せとして，最も適切なものはどれか。

アルミニウムの結晶は，室温・大気圧下において面心立方構造を持っている。その一つの単位胞は［ア］個の原子を含み，配位数が［イ］である。単位胞となる立方体の一辺の長さをa［cm］，アルミニウム原子の半径をR［cm］とすると，［ウ］の関係が成り立つ。

	ア	イ	ウ
①	2	12	$a=\frac{4R}{\sqrt{3}}$
②	2	8	$a=\frac{4R}{\sqrt{3}}$
③	4	12	$a=\frac{4R}{\sqrt{3}}$
④	4	8	$a=2\sqrt{2}R$
⑤	4	12	$a=2\sqrt{2}R$

I—4—5

重要度A

アルコール酵母菌のグルコース（$C_6H_{12}O_6$）を基質とした好気呼吸とエタノール発酵は次の化学反応式で表される。

好気呼吸　$C_6H_{12}O_6 \ + \ 6O_2 \ + \ 6H_2O \ \rightarrow \ 6CO_2 \ + \ 12H_2O$

エタノール発酵　$C_6H_{12}O_6 \rightarrow 2C_2H_5OH + 2CO_2$

いま，アルコール酵母菌に基質としてグルコースを与えたところ，酸素を2モル吸収した。好気呼吸で消費されたグルコースとエタノール発酵で消費されたグルコースのモル比が1：6であった際の，二酸化炭素発生量として最も適切なものはどれか。

①　3モル　②　4モル　③　6モル　④　8モル　⑤　12モル

I—4—6　重要度B

PCR（ポリメラーゼ連鎖反応）法は，細胞や血液サンプルからDNAを高感度で増幅することができるため，遺伝子診断や微生物検査，動物や植物の系統調査等に用いられている。PCR法は通常，(1) DNAの熱変性，(2) プライマーのアニーリング，(3) 伸長反応の3段階からなっている。PCR法に関する記述のうち，最も適切なものはどれか。

①　DNAの熱変性では，2本鎖DNAの共有結合を切断して1本鎖DNAに解離させるために加熱を行う。
②　アニーリング温度を上げすぎると，1本鎖DNAに対するプライマーの非特異的なアニーリングが起こりやすくなる。
③　伸長反応の時間は増幅したい配列の長さによって変える必要があり，増幅したい配列が長くなるにつれて伸長反応時間は短くする。
④　耐熱性の高いDNAポリメラーゼが，PCR法に適している。
⑤　PCR法により増幅したDNAには，プライマーの塩基配列は含まれない。

5群　環境・エネルギー・技術に関するもの（全6問題から3問題を選択解答）

I—5—1　重要度A

プラスチックごみ及びその資源循環に関する（ア）～（オ）の記述について，それぞれの正誤の組合せとして，最も適切なものはどれか。

(ア)　近年，マイクロプラスチックによる海洋生態系への影響が懸念されており，世界的な課題となっているが，マイクロプラスチックとは一般に5mm以下の微細なプラスチック類のことを指している。

(イ)　海洋プラスチックごみは世界中において発生しているが，特に先進国から発生しているものが多いと言われている。

(ウ)　中国が廃プラスチック等の輸入禁止措置を行う直前の2017年において，日本国内で約900万トンの廃プラスチックが排出されそのうち約250万トンがリサイクルされているが，海外に輸出され海外でリサイクルされたものは250万トンの半数以下であった。

(エ)　2019年6月に政府により策定された「プラスチック資源循環戦略」においては，基本的な対応の方向性を「3R＋Renewable」として，プラスチック利用の削減，再使用，再生利用の他に，紙やバイオマスプラスチックなどの再生可能資源による代替を，その方向性に含めている。

(オ)　陸域で発生したごみが河川等を通じて海域に流出されることから，陸域での不法投棄やポイ捨て撲滅の徹底や清掃活動の推進などもプラスチックごみによる海洋汚染防止において重要な対策となる。

	ア	イ	ウ	エ	オ
①	正	正	誤	正	誤
②	正	誤	誤	正	正
③	正	正	正	誤	誤
④	誤	誤	正	正	正
⑤	誤	正	誤	誤	正

Ⅰ―5―2　重要度A

生物多様性の保全に関する次の記述のうち，最も不適切なものはどれか。

①　生物多様性の保全及び持続可能な利用に悪影響を及ぼすおそれのある遺伝子組換え生物の移送，取扱い，利用の手続等について，国際的な枠組みに関する議定書が採択されている。

②　移入種（外来種）は在来の生物種や生態系に様々な影響を及ぼし，なかには在来種の駆逐を招くような重大な影響を与えるものもある。

③　移入種問題は，生物多様性の保全上，最も重要な課題の1つとされているが，我が国では動物愛護の観点から，移入種の駆除の対策は禁止されている。
④　生物多様性条約は，1992年にリオデジャネイロで開催された国連環境開発会議において署名のため開放され，所定の要件を満たしたことから，翌年，発効した。
⑤　生物多様性条約の目的は，生物の多様性の保全，その構成要素の持続可能な利用及び遺伝資源の利用から生ずる利益の公正かつ衡平な配分を実現することである。

I―5―3

重要度A

日本のエネルギー消費に関する次の記述のうち，最も不適切なものはどれか。

①　日本全体の最終エネルギー消費は2005年度をピークに減少傾向になり，2011年度からは東日本大震災以降の節電意識の高まりなどによってさらに減少が進んだ。
②　産業部門と業務他部門全体のエネルギー消費は，第一次石油ショック以降，経済成長する中でも製造業を中心に省エネルギー化が進んだことから同程度の水準で推移している。
③　1単位の国内総生産（GDP）を算出するために必要な一次エネルギー消費量の推移を見ると，日本は世界平均を大きく下回る水準を維持している。
④　家庭部門のエネルギー消費は，東日本大震災以降も，生活の利便性・快適性を追求する国民のライフスタイルの変化や世帯数の増加等を受け，継続的に増加している。
⑤　運輸部門（旅客部門）のエネルギー消費は2002年度をピークに減少傾向に転じたが，これは自動車の燃費が改善したことに加え，軽自動車やハイブリッド自動車など低燃費な自動車のシェアが高まったことが大きく影響している。

I―5―4

重要度A

エネルギー情勢に関する次の記述の，［　　］に入る数値又は語句の組合せとして，最も適切なものはどれか。

日本の電源別発電電力量（一般電気事業用）のうち，原子力の占める割合は2010年度時点で［ア］%程度であった。しかし，福島第一原子力発電所の事故などの影響で，原子力に代わり天然ガスの利用が増えた。現代の天然ガス火力発電は，ガスタービン技術を取り入れた［イ］サイクルの実用化などにより発電効率が高い。天然ガスは，米国において，非在来型資源のひとつである［ウ］ガスの生産が2005年以降顕著に拡大しており，日本も既に米国から［ウ］ガス由来の液化天然ガス（LNG）の輸入を始めている。

	ア	イ	ウ
①	30	コンバインド	シェール
②	20	コンバインド	シェール
③	20	再熱再生	シェール
④	30	コンバインド	タイトサンド
⑤	30	再熱再生	タイトサンド

I—5—5　重要度B

日本の工業化は明治維新を経て大きく進展していった。この明治維新から第二次世界大戦に至るまでの日本の産業技術の発展に関する次の記述のうち，最も不適切なものはどれか。

① 江戸時代に成熟していた手工業的な産業が，明治維新によって開かれた新市場において，西洋技術を取り入れながら独自の発展を生み出していった。

② 西洋の先進国で標準化段階に達した技術一式が輸入され，低賃金の労働力によって価格競争力の高い製品が生産された。

③ 日本工学会に代表される技術系学協会は，欧米諸国とは異なり大学などの高学歴出身者たちによって組織された。

④ 工場での労働条件を改善しながら国際競争力を強化するために，テイラーの科学的管理法が注目され，その際に統計的品質管理の方法が導入された。

⑤　工業化の進展にともない，技術官僚たちは行政における技術者の地位向上運動を展開した。

Ⅰ―5―6

重要度A

次の（ア）～（オ）の科学史・技術史上の著名な業績を，古い順から並べたものとして，最も適切なものはどれか。

（ア）　マリー及びピエール・キュリーによるラジウム及びポロニウムの発見
（イ）　ジェンナーによる種痘法の開発
（ウ）　ブラッテン，バーディーン，ショックレーによるトランジスタの発明
（エ）　メンデレーエフによる元素の周期律の発表
（オ）　ド・フォレストによる三極真空管の発明

①　イ ― エ ― ア ― オ ― ウ
②　イ ― エ ― オ ― ウ ― ア
③　イ ― オ ― エ ― ア ― ウ
④　エ ― イ ― オ ― ア ― ウ
⑤　エ ― オ ― イ ― ア ― ウ

Ⅱ 適性科目

Ⅱ　次の15問題を解答せよ。（解答欄に1つだけマークすること。）

Ⅱ－1

重要度A

次に掲げる技術士法第四章において，［ア］～［キ］に入る語句の組合せとして，最も適切なものはどれか。

《技術士法第四章　技術士等の義務》

（信用失墜行為の禁止）

第44条　技術士又は技術士補は，技術士若しくは技術士補の信用を傷つけ，又は技術士及び技術士補全体の不名誉となるような行為をしてはならない。

（技術士等の秘密保持［ア］）

第45条　技術士又は技術士補は，正当の理由がなく，その業務に関して知り得た秘密を漏らし，又は盗用してはならない。技術士又は技術士補でなくなった後においても，同様とする。

（技術士等の［イ］確保の［ウ］）

第45条の2　技術士又は技術士補は，その業務を行うに当たっては，公共の安全，環境の保全その他の［イ］を害することのないよう努めなければならない。

（技術士の名称表示の場合の［ア］）

第46条　技術士は，その業務に関して技術士の名称を表示するときは，その登録を受けた［エ］を明示してするものとし，登録を受けていない［エ］を表示してはならない。

（技術士補の業務の［オ］等）

第47条　技術士補は，第2条第1項に規定する業務について技術士を補助する場合を除くほか，技術士補の名称を表示して当該業務を行ってはならない。

2　前条の規定は，技術士補がその補助する技術士の業務に関してする技術士補の名称の表示について［カ］する。

（技術士の キ 向上の ウ ）
第47条の2　技術士は，常に，その業務に関して有する知識及び技能の水準を向上させ，その他その キ の向上を図るよう努めなければならない。

	ア	イ	ウ	エ	オ	カ	キ
①	義務	公益	責務	技術部門	制限	準用	能力
②	責務	安全	義務	専門部門	制約	適用	能力
③	義務	公益	責務	技術部門	制約	適用	資質
④	責務	安全	義務	専門部門	制約	準用	資質
⑤	義務	公益	責務	技術部門	制限	準用	資質

Ⅱ―2　重要度A

さまざまな理工系学協会は，会員や学協会自身の倫理観の向上を目指して，倫理規程，倫理綱領を定め，公開しており，技術者の倫理的意思決定を行う上で参考になる。それらを踏まえた次の記述のうち，最も不適切なものはどれか。

① 技術者は，製品，技術および知的生産物に関して，その品質，信頼性，安全性，および環境保全に対する責任を有する。また，職務遂行においては常に公衆の安全，健康，福祉を最優先させる。
② 技術者は，研究・調査データの記録保存や厳正な取扱いを徹底し，ねつ造，改ざん，盗用などの不正行為をなさず，加担しない。ただし，顧客から要求があった場合は，要求に沿った多少のデータ修正を行ってもよい。
③ 技術者は，人種，性，年齢，地位，所属，思想・宗教などによって個人を差別せず，個人の人権と人格を尊重する。
④ 技術者は，不正行為を防止する公正なる環境の整備・維持も重要な責務であることを自覚し，技術者コミュニティおよび自らの所属組織の職務・研究環境を改善する取り組みに積極的に参加する。
⑤ 技術者は，自己の専門知識と経験を生かして，将来を担う技術者・研究者の指導・育成に努める。

Ⅱ—3

重要度A

科学研究と産業が密接に連携する今日の社会において，科学者は複数の役割を担う状況が生まれている。このような背景のなか，科学者・研究者が外部との利益関係等によって，公的研究に必要な公正かつ適正な判断が損なわれる，または損なわれるのではないかと第三者から見なされかねない事態を利益相反（Conflict of Interest：COI）という。法律で判断できないグレーゾーンに属する問題が多いことから，研究活動において利益相反が問われる場合が少なくない。実際に弊害が生じていなくても，弊害が生じているかのごとく見られることも含まれるため，指摘を受けた場合に的確に説明できるよう，研究者及び所属機関は適切な対応を行う必要がある。以下に示すCOIに関する（ア）～（エ）の記述のうち，正しいものは○，誤っているものは×として，最も適切な組合せはどれか。

（ア）公的資金を用いた研究開発の技術指導を目的にA教授はZ社と有償での兼業を行っている。A教授の所属する大学からの兼業許可では，毎週水曜日が兼業の活動日とされているが，毎週土曜日にZ社で開催される技術会議に出席する必要が生じた。そこでA教授は所属する大学のCOI委員会にこのことを相談した。

（イ）B教授は自らの研究と非常に近い競争関係にある論文の査読を依頼された。しかし，その論文の内容に対して公正かつ正当な評価を行えるかに不安があり，その論文の査読を辞退した。

（ウ）C教授は公的資金によりY社が開発した技術の性能試験及び，その評価に携わった。その後Y社から自社の株購入の勧めがあり，少額の未公開株を購入した。取引はC教授の配偶者名義で行ったため，所属する大学のCOI委員会への相談は省略した。

（エ）D教授は自らの研究成果をもとに，D教授の所属する大学から兼業許可を得て研究成果活用型のベンチャー企業を設立した。公的資金で購入したD教授が管理する研究室の設備を，そのベンチャー企業が無償で使用する必要が生じた。そこでD教授は事前に所属する大学のCOI委員会にこのことを相談した。

	ア	イ	ウ	エ
①	○	○	○	○

②	○	○	○	×
③	○	○	×	○
④	○	×	○	○
⑤	×	○	○	○

Ⅱ－4　重要度A

近年，企業の情報漏洩に関する問題が社会的現象となっている。営業秘密等の漏洩は企業にとって社会的な信用低下や顧客への損害賠償等，甚大な損失を被るリスクがある。例えば，石油精製業等を営む会社のポリカーボネート樹脂プラントの設計図面等を，その従業員を通じて競合企業が不正に取得し，さらに中国企業に不正開示した事案では，その図面の廃棄請求，損害賠償請求等が認められる（知財高裁　平成23.9.27）など，基幹技術など企業情報の漏えい事案が多発している。また，サイバー空間での窃取，拡散など漏えい態様も多様化しており，抑止力向上と処罰範囲の整備が必要となっている。

営業秘密に関する次の（ア）～（エ）の記述について，正しいものは○，誤っているものは×として，最も適切な組合せはどれか。

（ア）顧客名簿や新規事業計画書は，企業の研究・開発や営業活動の過程で生み出されたものなので営業秘密である。

（イ）製造ノウハウやそれとともに製造過程で発生する有害物質の河川への垂れ流しといった情報は，社外に漏洩してはならない営業秘密である。

（ウ）刊行物に記載された情報や特許として公開されたものは，営業秘密に該当しない。

（エ）技術やノウハウ等の情報が「営業秘密」として不正競争防止法で保護されるためには，（1）秘密として管理されていること，（2）有用な営業上又は技術上の情報であること，（3）公然と知られていないこと，の3つの要件のどれか1つに当てはまれば良い。

	ア	イ	ウ	エ
①	○	○	×	×
②	○	×	○	×
③	×	×	○	○

④	×	○	×	○
⑤	○	×	○	○

Ⅱ－5

重要度A

ものづくりに携わる技術者にとって，知的財産を理解することは非常に大事なことである。知的財産の特徴の一つとして，「もの」とは異なり「財産的価値を有する情報」であることが挙げられる。情報は，容易に模倣されるという特質をもっており，しかも利用されることにより消費されるということがないため，多くの者が同時に利用することができる。こうしたことから知的財産権制度は，創作者の権利を保護するため，元来自由利用できる情報を，社会が必要とする限度で自由を制限する制度ということができる。

以下に示す（ア)～(コ）の知的財産権のうち，産業財産権に含まれないものの数はどれか。

（ア）特許権（発明の保護）
（イ）実用新案権（物品の形状等の考案の保護）
（ウ）意匠権（物品のデザインの保護）
（エ）著作権（文芸，学術等の作品の保護）
（オ）回路配置利用権（半導体集積回路の回路配置利用の保護）
（カ）育成者権（植物の新品種の保護）
（キ）営業秘密（ノウハウや顧客リストの盗用など不正競争行為を規制）
（ク）商標権（商品・サービスで使用するマークの保護）
（ケ）商号（商号の保護）
（コ）商品等表示（不正競争防止法）

① 4　② 5　③ 6　④ 7　⑤ 8

Ⅱ－6

重要度A

我が国の「製造物責任法（PL法)」に関する次の記述のうち，最も不適切なものはどれか。

① この法律は，製造物の欠陥により人の生命，身体又は財産に係る被害が生じた場合における製造業者等の損害賠償の責任について定めることにより，被害者の保護を図り，もって国民生活の安定向上と国民経済の健全な発展に寄与することを目的としている。

② この法律において，製造物の欠陥に起因する損害についての賠償責任を製造業者等に対して追及するためには，製造業者等の故意あるいは過失の有無は関係なく，その欠陥と損害の間に相当因果関係が存在することを証明する必要がある。

③ この法律には「開発危険の抗弁」という免責事由に関する条項がある。これにより，当該製造物を引き渡した時点における科学・技術知識の水準で，欠陥があることを認識することが不可能であったことを製造事業者等が証明できれば免責される。

④ この法律に特段の定めがない製造物の欠陥による製造業者等の損害賠償の責任については，民法の規定が適用される。

⑤ この法律は，国際的に統一された共通の規定内容であるので，海外に製品を輸出，現地生産等の際には我が国のPL法の規定に基づけばよい。

Ⅱ—7　　重要度A

製品安全性に関する国際安全規格ガイド【ISO／IEC Guide51（JIS Z 8051）】の重要な指針として「リスクアセスメント」があるが，2014年（JISは2015年）の改訂で，そのプロセス全体におけるリスク低減に焦点が当てられ，詳細化された。その下図中の（ア）～（エ）に入る語句の組合せとして，最も適切なものはどれか。

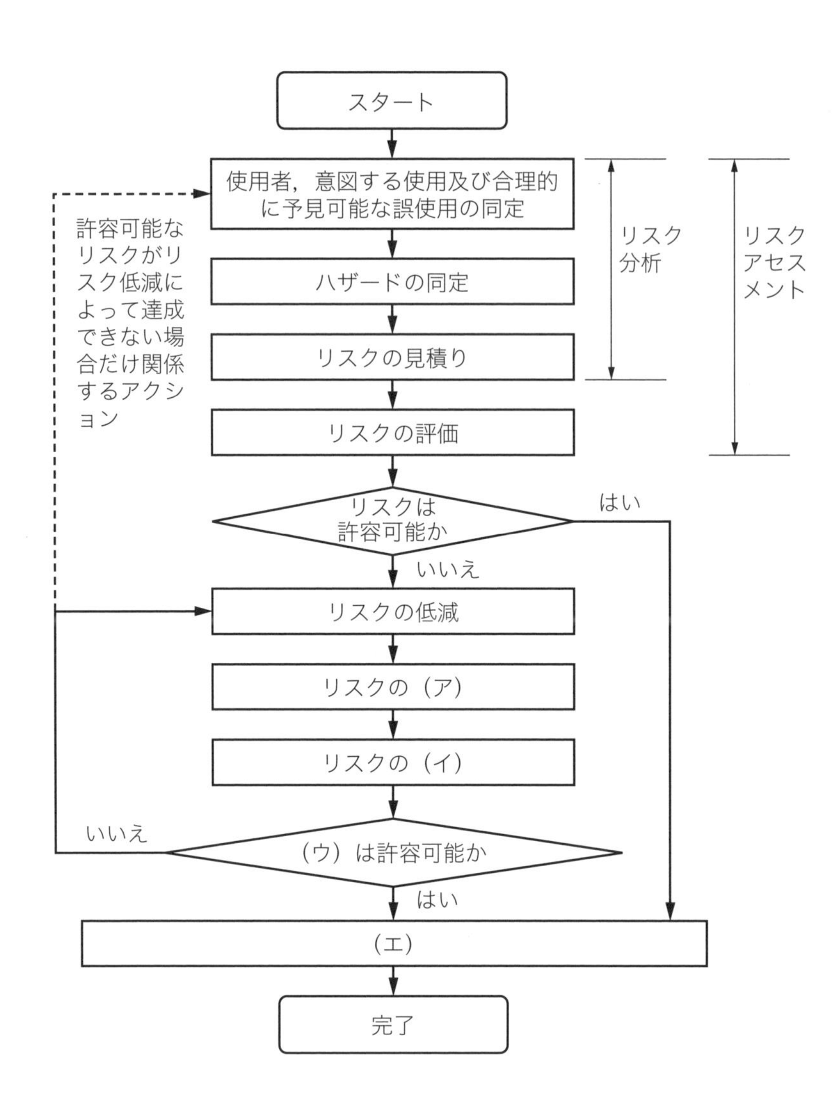

	ア	イ	ウ	エ
①	見積り	評価	発生リスク	妥当性確認及び文書化
②	同定	評価	発生リスク	合理性確認及び記録化
③	見積り	検証	残留リスク	妥当性確認及び記録化
④	見積り	評価	残留リスク	妥当性確認及び文書化
⑤	同定	検証	発生リスク	合理性確認及び文書化

Ⅱ－8

重要度A

労働災害の実に9割以上の原因が，ヒューマンエラーにあると言われている。意図しないミスが大きな事故につながるので，現在では様々な研究と対策が進んでいる。

ヒューマンエラーの原因を知るためには，エラーに至った過程を辿る必要がある。もし仮にここで，ヒューマンエラーはなぜ起こるのかを知ったとしても，すべての状況に当てはまるとは限らない。だからこそ，人はどのような過程においてエラーを起こすのか，それを知る必要がある。

エラーの原因はさまざまあるが，しかし，エラーの原因を知れば知るほど，実はヒューマンエラーは「事故の原因ではなく結果」なのだということを知ることになる。

次の（ア）～（シ）の記述のうち，ヒューマンエラーに該当しないものの数はどれか。

（ア）　無知・未経験・不慣れ
（イ）　危険軽視・慣れ
（ウ）　不注意
（エ）　連絡不足
（オ）　集団欠陥
（カ）　近道・省略行動
（キ）　場面行動本能
（ク）　パニック
（ケ）　錯覚
（コ）　高齢者の心身機能低下
（サ）　疲労
（シ）　単調作業による意識低下

①　0　　②　1　　③　2　　④　3　　⑤　4

Ⅱ－9

重要度A

企業は，災害や事故で被害を受けても，重要業務が中断しないこと，中断しても可能な限り短い期間で再開することが望まれている。事業継続は企業自らにとっても，重要業務中断に伴う顧客の他社への流出，マーケットシェアの低下，企業評価の低下などから企業を守る経営レベルの戦略的課題と位置づけられる。事業継続を追求する計画を「事業継続計画（BCP：Business Continuity Plan)」と呼ぶ。以下に示すBCPに関する（ア)～(エ）の記述のうち，正しいものは○，誤っているものを×として，最も適切な組合せはどれか。

（ア）事業継続の取組みが必要なビジネスリスクには，大きく分けて，突発的に被害が発生するもの（地震，水害，テロなど）と段階的かつ長期間に渡り被害が継続するもの（感染症，水不足，電力不足など）があり，事業継続の対策は，この双方のリスクによって違ってくる。
（イ）我が国の企業は，地震等の自然災害の経験を踏まえ，事業所の耐震化，予想被害からの復旧計画策定などの対策を進めてきており，BCPについても，中小企業を含めてほぼ全ての企業が策定している。
（ウ）災害により何らかの被害が発生したときは，災害前の様に業務を行うことは困難となるため，すぐに着手できる業務から優先順位をつけて継続するよう検討する。
（エ）情報システムは事業を支える重要なインフラとなっている。必要な情報のバックアップを取得し，同じ災害で同時に被災しない場所に保存する。特に重要な業務を支える情報システムについては，バックアップシステムの整備が必要となる。

	ア	イ	ウ	エ
①	×	○	×	○
②	×	×	○	○
③	○	×	×	○
④	○	○	×	×
⑤	×	○	○	×

Ⅱ－10　重要度B

近年，地球温暖化に代表される地球環境問題の抑止の観点から，省エネルギー技術や化石燃料に頼らない，エネルギーの多様化推進に対する関心が高まっている。例えば，各種機械やプラントなどのエネルギー効率の向上を図り，そこから排出される廃熱を回生することによって，化石燃料の化学エネルギー消費量を減らし，温室効果ガスの削減が行われている。とりわけ，環境負荷が小さい再生可能エネルギーの導入が注目されているが，現在のところ，急速な普及に至っていない。さまざまな課題を抱える地球規模でのエネルギー資源の解決には，主として「エネルギーの安定供給（Energy Security）」，「環境への適合（Environment）」，「経済効率性（Economic Efficiency）」の3Eの調和が大切である。

エネルギーに関する次の（ア）～（エ）の記述について，正しいものは○，誤っているものは×として，最も適切な組合せはどれか。

（ア）再生可能エネルギーとは，化石燃料以外のエネルギー源のうち永続的に利用することができるものを利用したエネルギーであり，代表的な再生可能エネルギー源としては太陽光，風力，水力，地熱，バイオマスなどが挙げられる。

（イ）スマートシティやスマートコミュニティにおいて，地域全体のエネルギー需給を最適化する管理システムを，「地域エネルギー管理システム（CEMS：Community Energy Management System）」という。

（ウ）コージェネレーション（Cogeneration）とは，熱と電気（または動力）を同時に供給するシステムをいう。

（エ）ネット・ゼロ・エネルギー・ハウス（ZEH）は，高効率機器を導入すること等を通じて大幅に省エネを実現した上で，再生可能エネルギーにより，年間の消費エネルギー量を正味でゼロとすることを目指す住宅をいう。

	ア	イ	ウ	エ
①	○	○	○	○
②	×	○	○	○
③	○	×	○	○
④	○	○	×	○
⑤	○	○	○	×

Ⅱ−11 重要度A

近年，我が国は急速な高齢化が進み，多くの高齢者が快適な社会生活を送るための対応が求められている。また，東京オリンピック・パラリンピックや大阪万博などの国際的なイベントが開催される予定があり，世界各国から多くの人々が日本を訪れることが予想される。これらの現状や今後の予定を考慮すると年齢，国籍，性別及び障害の有無などにとらわれず，快適に社会生活を送るための環境整備は重要である。その取組の一つとして，高齢者や障害者を対象としたバリアフリー化は活発に進められているが，バリアフリーは特別な対策であるため汎用性が低くなるので過剰な投資となることや，特別な対策を行うことで利用者に対する特別な意識が生まれる可能性があるなどの問題が指摘されている。バリアフリーの発想とは異なり，国籍，年齢，性別及び障害の有無などに関係なく全ての人が分け隔てなく使用できることを設計段階で考慮するユニバーサルデザインという考え方がある。ユニバーサルデザインは，1980年代に建築家でもあるノースカロライナ州立大学のロナルド・メイス教授により提唱され，我が国でも「ユニバーサルデザイン2020行動計画」をはじめ，交通設備をはじめとする社会インフラや，多くの生活用品にその考え方が取り入れられている。

以下の（ア）～（キ）に示す原則のうち，その主旨の異なるものの数はどれか。

（ア）公平な利用（誰にでも公平に利用できること）
（イ）利用における柔軟性（使う上での自由度が高いこと）
（ウ）単純で直感に訴える利用法（簡単に直感的にわかる使用法となっていること）
（エ）認知できる情報（必要な情報がすぐ理解できること）
（オ）エラーに対する寛大さ（うっかりミスや危険につながらないデザインであること）
（カ）少ない身体的努力（無理な姿勢や強い力なしに楽に使用できること）
（キ）接近や利用のためのサイズと空間（接近して使えるような寸法・空間となっている）

① 0　② 1　③ 2　④ 3　⑤ 4

Ⅱ—12　　重要度A

「製品安全に関する事業者の社会的責任」は，ISO26000（社会的責任に関する手引き）2.18にて，以下のとおり，企業を含む組織の社会的責任が定義されている。

組織の決定および活動が社会および環境に及ぼす影響に対して次のような透明かつ倫理的な行動を通じて組織が担う責任として，

—健康および社会の繁栄を含む持続可能な発展に貢献する
—ステークホルダー（利害関係者）の期待に配慮する
—関連法令を遵守し，国際行動規範と整合している
—その組織全体に統合され，その組織の関係の中で実践される

製品安全に関する社会的責任とは，製品の安全・安心を確保するための取組を実施し，さまざまなステークホルダー（利害関係者）の期待に応えることを指す。

以下に示す（ア）～（キ）の取組のうち，不適切なものの数はどれか。

（ア）法令等を遵守した上でさらにリスクの低減を図ること
（イ）消費者の期待を踏まえて製品安全基準を設定すること
（ウ）製造物責任を負わないことに終始するのみならず製品事故の防止に努めること
（エ）消費者を含むステークホルダー（利害関係者）とのコミュニケーションを強化して信頼関係を構築すること
（オ）将来的な社会の安全性や社会的弱者にも配慮すること
（カ）有事の際に迅速かつ適切に行動することにより被害拡大防止を図ること
（キ）消費者の苦情や紛争解決のために，適切かつ容易な手段を提供すること

①　0　　②　1　　③　2　　④　3　　⑤　4

Ⅱ―13　重要度A

労働者が情報通信技術を利用して行うテレワーク（事業場外勤務）は，業務を行う場所に応じて，労働者の自宅で業務を行う在宅勤務，労働者の属するメインのオフィス以外に設けられたオフィスを利用するサテライトオフィス勤務，ノートパソコンや携帯電話等を活用して臨機応変に選択した場所で業務を行うモバイル勤務に分類がされる。

いずれも，労働者が所属する事業場での勤務に比べて，働く時間や場所を柔軟に活用することが可能であり，通勤時間の短縮及びこれに伴う精神的・身体的負担の軽減等のメリットが有る。使用者にとっても，業務効率化による生産性の向上，育児・介護等を理由とした労働者の離職の防止や，遠隔地の優秀な人材の確保，オフィスコストの削減等のメリットが有る。

しかし，労働者にとっては，「仕事と仕事以外の切り分けが難しい」や「長時間労働になり易い」などが言われている。使用者にとっては，「情報セキュリティの確保」や「労務管理の方法」など，検討すべき問題・課題も多い。

テレワークを行う場合，労働基準法の適用に関する留意点について（ア）～（エ）の記述のうち，正しいものは○，誤っているものは×として，最も適切な組合せはどれか。

（ア）労働者がテレワークを行うことを予定している場合，使用者は，テレワークを行うことが可能な勤務場所を明示することが望ましい。
（イ）労働時間は自己管理となるため，使用者は，テレワークを行う労働者の労働時間について，把握する責務はない。
（ウ）テレワーク中，労働者が労働から離れるいわゆる中抜け時間については，自由利用が保証されている場合，休憩時間や時間単位の有給休暇として扱うことが可能である。
（エ）通勤や出張時の移動時間中のテレワークでは，使用者の明示又は黙示の指揮命令下で行われるものは労働時間に該当する。

	ア	イ	ウ	エ
①	○	○	○	○
②	○	○	○	×
③	○	○	×	○
④	○	×	○	○

⑤	×	○	○	○

Ⅱ—14　重要度A

先端技術の一つであるバイオテクノロジーにおいて，遺伝子組換え技術の生物や食品への応用研究開発及びその実用化が進んでいる。

以下の遺伝子組換え技術に関する（ア）～（エ）の記述のうち，正しいものは○，誤っているものは×として，最も適切な組合せはどれか。

（ア）遺伝子組換え技術は，その利用により生物に新たな形質を付与することができるため，人類が抱える様々な課題を解決する有効な手段として期待されている。しかし，作出された遺伝子組換え生物等の形質次第では，野生動植物の急激な減少などを引き起こし，生物の多様性に影響を与える可能性が危惧されている。

（イ）遺伝子組換え生物等の使用については，生物の多様性へ悪影響が及ぶことを防ぐため，国際的な枠組みが定められている。日本においても，「遺伝子組換え生物等の使用等の規制による生物の多様性の確保に関する法律」により，遺伝子組換え生物等を用いる際の規制措置を講じている。

（ウ）安全性審査を受けていない遺伝子組換え食品等の製造・輸入・販売は，法令に基づいて禁止されている。

（エ）遺伝子組換え食品等の安全性審査では，組換えDNA技術の応用による新たな有害成分が存在していないかなど，その安全性について，食品安全委員会の意見を聴き，総合的に審査される。

	ア	イ	ウ	エ
①	○	○	○	○
②	○	○	○	×
③	○	○	×	○
④	○	×	○	○
⑤	×	○	○	○

Ⅱ—15　重要度A

内部告発は，社会や組織にとって有用なものである。すなわち，内部告発により，組織の不祥事が社会に明らかとなって是正されることによって，社会が不利益を受けることを防ぐことができる。また，このような不祥事が社会に明らかになる前に，組織内部における通報を通じて組織が情報を把握すれば，問題が大きくなる前に組織内で不祥事を是正し，組織自らが自発的に不祥事を行ったことを社会に明らかにすることができ，これにより組織の信用を守ることにも繋がる。

このように，内部告発が社会や組織にとってメリットとなるものなので，不祥事を発見した場合には，積極的に内部告発をすることが望まれる。ただし，告発の方法等については，慎重に検討する必要がある。

以下に示す（ア)～(カ）の内部告発をするにあたって，適切なものの数はどれか。

(ア) 自分の抗議が正当であることを自ら確信できるように，あらゆる努力を払う。
(イ)「倫理ホットライン」などの組織内手段を活用する。
(ウ) 同僚の専門職が支持するように働きかける。
(エ) 自分の直属の上司に，異議を知らしめることが適当な場合はそうすべきである。
(オ) 目前にある問題をどう解決するかについて，積極的に且つ具体的に提言すべきである。
(カ) 上司が共感せず冷淡な場合は，他の理解者を探す。

①　6　　②　5　　③　4　　④　3　　⑤　2

令和２年度　解答・解説

Ⅰ 基礎科目

▌1群▌ 設計・計画に関するもの

Ⅰ—1—1　解答 ③

ユニバーサルデザインに関する穴埋め問題です。

平成26年度の出題（Ⅰ—1—1）に類似問題があります。

米国ノースカロライナ州立大学のロナルド・メイスによって提唱されたユニバーサルデザインは，「可能な限りの最大限の人が利用可能であるように製品や環境をデザインすること」を基本コンセプトとして，(1) 公平な利用，(2) 利用における柔軟性，(3) 単純で直感的な利用，(4) 認知できる情報，(5) 失敗に対する寛大さ，(6) 少ない身体的な努力，(7) 接近や利用のためのサイズと空間を7原則としています。ユニバーサルデザインはノーマライゼーションを具体的に推進する考え方といえます。

したがって，（ア）**ノーマライゼーション**，（イ）**環境**，（ウ）**直感的**，（エ）**ミス**の語句となり，③が正解となります。

Ⅰ—1—2　解答 ④

材料の強度に関する問題です。

難題ですが，問題文で与えられているμとσを反映させて，縦軸に確率密度，横軸に応力・強度の各確率変数で簡易図を描くと以下のような長方形になります。実線が応力S，点線が強度Rです。

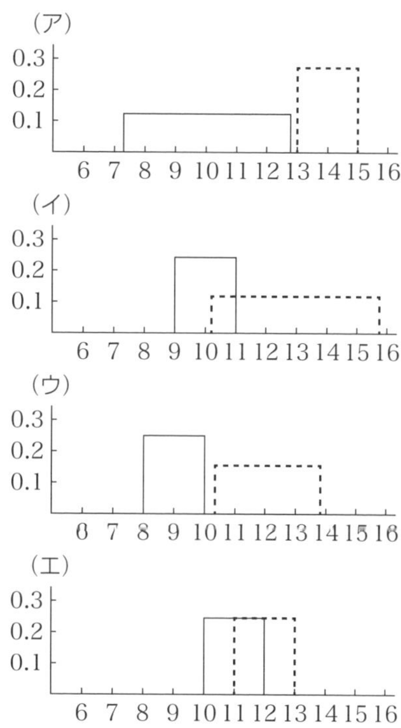

重なりが大きいものほど，破壊される可能性が高いものとなるため，Prの大きさは（エ）→（イ）→（ア）or（ウ）→（ウ）or（ア）の順になります。重なりがない（ウ）と（ア）に関しては，より四角形が接近しているものほど，破壊される可能性が高いので，Prの大きさは（ア）→（ウ）の順になります。

したがって，Pr（$Z<0$）を小さい順に並べると**ウ→ア→イ→エ**となり，④が正解となります。

Ⅰ—1—3　解答 ③

材料の変形に関する正誤問題です。

（ア）**誤**。弾性荷重は，外力によって変形した物体が，その外力が除かれると元の形に戻れる範囲の荷重です。

（イ）**誤**。破断と固有振動数は直接関係がありません。

（ウ）～（オ）**正**。記述のとおりです。

したがって，③が正解となります。

Ⅰ－1－4　解答 ⑤

コストに関する計算問題です。

平成24年度の出題（Ⅰ－1－5）に類似問題があります。

（1）製品1，2の1日当たりの生産量（[kg]）をそれぞれx_1，x_2とすると，原料Aの使用上限$=3x_1+2x_2 \leqq 24$…①，原料Bの使用上限$=x_1+3x_2 \leqq 15$…②より，下記グラフの交点（各原料の最大使用上限）は$(x_1, x_2)=(6, 3)$となります。利益$=2x_1+3x_2$の式が成り立つので，$x_1=6$，$x_2=3$を代入すると，最大利益$=2\times6+3\times3=21$百万円となります。

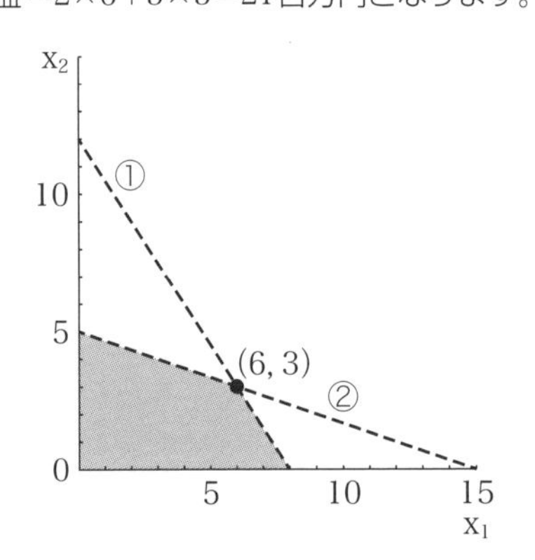

（2）変化する利益は，$(2+\Delta c)x_1+3x_2$…③で表されます。ここから，$x_1=6$，$x_2=3$を維持するためのΔcを求めます。式①の傾きと重なるときには利益$=4.5x_1+3x_2$，$4.5=2+\Delta c$，$\Delta c=2.5=5/2$，式②の傾きと重なるときには，利益$=1x_1+3x_2$，$1=2+\Delta c$，$\Delta c=-1$となります。

したがって，⑤が正解となります。

Ⅰ－1－5　解答 ⑤

製図法に関する正誤問題です。

（ア）**正**。記述のとおりです。

（イ）**誤**。第一角法では，平面図は正面図の下に描きます。

（ウ）**誤**。設問の記述は断面図に関する説明です。

（エ）**誤**。図面のルールとして，用いた投影法がわかるようにマークを明記します。

（オ）**正**。記述のとおりです。

したがって，⑤が正解となります。

Ⅰ－1－6　解答 ③

信頼度に関する計算問題です。

並列部の信頼度は，$1-\{(1-\text{信頼度})$の積$\}$で表されます。

ここから，設問の並列部$=1-\{(1-0.7)^n\}$となります。

全体の信頼度は，$[1-\{(1-0.7)^n\}]\times0.95$となるので，この値が0.94以上となるための不等式を満たすnを求めます。

$[1-\{(1-0.7)^n\}]\times0.95 \geqq 0.94$

よって，$n \geqq$ **4**で不等式が成り立ちます。

したがって，③が正解となります。

【2群】情報・論理に関するもの

Ⅰ－2－1　解答 ④

情報の圧縮に関する正誤問題です。

①～③，⑤　**適切**。記述のとおりです。

④　**不適切**。基本的にデータ圧縮によって内容が損なわれたり情報量が減ったりすることはないので，情報源に関す

令和2年度 基礎科目

る知識は必要ではありません。

したがって，④が正解となります。

I—2—2　解答 ③

真理値表に関する問題です。

平成28年度の出題（I—2—2）に類似問題があります。

設問にある論理式をそれぞれ計算すると以下のようになります。

①	②	③	④	⑤
0	1	0	1	0
1	1	1	1	1
0	1	0	1	0
1	1	0	1	1
0	1	0	1	0
1	1	1	1	0
1	1	1	1	1
1	0	1	1	1

したがって，③が正解となります。

I—2—3　解答 ①

情報ネットワークに関する正誤問題です。

①　**不適切**。メールゲートウェイや各クライアントにインストールされたウイルス対策製品でも，標的型攻撃メールを検知することは難しいとされています。

②～⑤　**適切**。記述のとおりです。

したがって，①が正解となります。

I—2—4　解答 ②

補数表現に関する穴埋め問題です。

平成30年度の出題（I—2—3）に類似問題があります。

定義式に当てはめて，n進数に戻します。定義式は，k桁のn進数Xについて，

Xのnの補数：n^k-X……❶

Xのn−1の補数：$(n^k-1)-X$……❷

（ア）6桁の2進数$(100110)_2$の（n=）2の補数は，

$k=6$，$n=2$，$X=(100110)_2$を式❶に代入すると，

$n^k-X=2^6-(100110)_2$……❶′

ここで，2^6を2進数で表すと$(1000000)_2$となります。

よって，❶′は，

$(1000000)_2-(100110)_2=$ $\mathbf{(011010)_2}$

（イ）6桁の2進数$(100110)_2$の（n−1=）1の補数は，

$k=6$，$n=2$，$X=(100110)_2$を式❷に代入すると，

$(n^k-1)-X=(2^6-1)-(100110)_2$……❷′

ここで，2^6を2進数で表すと$(1000000)_2$となります。

よって，❷′は，

$\{(1000000)_2-1\}-(100110)_2=$ $\mathbf{(011001)_2}$

したがって，②が正解となります。

I—2—5　解答 ⑤

アルゴリズムに関する問題です。

設問の流れ図に従ってアルゴリズムを進めるとi，a_i，sはそれぞれ以下のようになります。

〔0回目〕7，1，1

〔1回目〕6，1，3

〔2回目〕5，0，6

〔3回目〕4，1，13

〔4回目〕3，0，26

〔5回目〕2，1，53

〔6回目〕1，0，106

〔7回目〕0，1，213

したがって，（ア）**26**，（イ）**53**，（ウ）**106**となり，⑤が正解となります。

I—2—6　解答 ⑤

情報量に関する計算問題です。

平成28年度の出題（I—2—4）に類似問題があります。

実効アクセス時間は，「キャッシュのアクセス時間×キャッシュのヒット率＋主記憶のアクセス時間×(1－キャッシュのヒット率)」で求められます。

設問で与えられた値を代入すると，

$50\times 0.9+450\times(1-0.9)=45+45=$ **90**となります。

主記憶のアクセス時間は450［ns］なので，**5**倍の速さとなります。

したがって，⑤が正解となります。

【3群】解析に関するもの

I—3—1　解答 ②

偏微分に関する計算問題です。

令和元年度の出題（I—3—1）に類似問題があります。

ベクトル$\boldsymbol{V}$の要素は，$V_x=x$，$V_y=x^2y+yz^2$，$V_z=z^3$で表されます。

ここで，点（1, 3, 2）が与えられているので，

$$\frac{\partial V_x}{\partial x}=1$$

$$\frac{\partial V_y}{\partial y}=x^2+z^2=5$$

$$\frac{\partial V_z}{\partial z}=3z^2=12$$

よって，1＋5＋12＝**18**となります。

したがって，②が正解となります。

I—3—2　解答 ④

偏微分に関する計算問題です。

平成27年度の出題（I—3—2）に類似問題があります。

関数 $f(x, y)=x^2+2xy+3y^2$ で，点（1, 1）におけるとあるので，

$$\frac{\partial f}{\partial x}=2x+2y=4$$

$$\frac{\partial f}{\partial y}=2x+6y=8$$

よって，$\mathrm{grad}f=(4, 8)$

最急勾配の大きさは，

$$\|\mathrm{grad}f\|=\sqrt{\left(\frac{\partial f}{\partial x}\right)^2+\left(\frac{\partial f}{\partial y}\right)^2}$$
$$=\sqrt{4^2+8^2}=\sqrt{80}=\mathbf{4\sqrt{5}}$$

したがって，④が正解となります。

I—3—3　解答 ③

数値解析の誤差に関する正誤問題です。

平成27年度の出題（I—3—3）に類似問題があります。

① **不適切**。要素分割を細かくすると，近似誤差が小さくなります。

② **不適切**。格子幅，要素分割を細かくするなどのアルゴリズムを改良すれば，近似誤差を減少させることができます。

③ **適切**。記述のとおり，桁落ち誤差は近接する2数の引き算で生じます。

④ **不適切**。格子幅の大小に伴って，近似誤差も変化します。

⑤ **不適切**。近似には数値誤差を伴います。

したがって，③が正解となります。

I—3—4　解答 ④

三角形の内心と外心の面積座標に関す

る問題です。

平成25年度の出題（Ⅰ―3―3）に類似問題があります。

△ABCの三辺の長さの比が3：4：5と与えられているので，B点を直角とする直角三角形であることがわかります。

内心P_Iは内接円の中心に当たり，三角形の各角の二等分線の交点で，各辺までの距離は内心円の半径r_Iに等しいという性質があります。また，外心P_Oは外接円の中心に当たり，三角形の各辺の垂直二等分線の交点で，$P_OA = P_OB = P_OC$で外心円の半径r_Oに等しいという性質があります。

図で表すと以下のようになります。

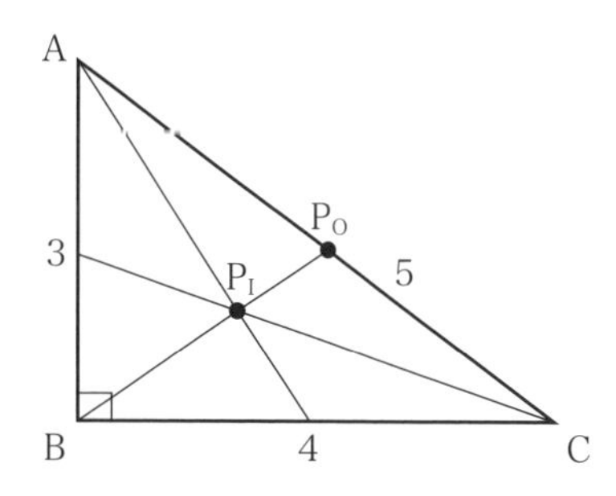

〔内心の面積座標〕

$\triangle ABC = S = 4 \times 3 \div 2 = 6$

内接円の半径r_Iは，$\dfrac{3r_I + 4r_I + 5r_I}{2} = 6$より$r_I = 1$

$\triangle PBC = S_A = 4 \times 1 \div 2 = 2$

$\triangle PCA = S_B = 5 \times 1 \div 2 = \dfrac{5}{2}$

$\triangle PAB = S_C = 3 \times 1 \div 2 = \dfrac{3}{2}$

よって，$\left(\dfrac{S_A}{S}, \dfrac{S_B}{S}, \dfrac{S_C}{S}\right) = \left(\dfrac{2}{6}, \dfrac{\frac{5}{2}}{6}, \dfrac{\frac{3}{2}}{6}\right) = \left(\boldsymbol{\dfrac{1}{3}, \dfrac{5}{12}, \dfrac{1}{4}}\right)$

〔外心の面積座標〕

$\triangle ABC = S = 4 \times 3 \div 2 = 6$

外心P_OがAC上の中点に位置することから，$\triangle PCA = S_B = 0$で，$\triangle PBC = \triangle PAB$と等しくなることから，$S_A = S_C = \dfrac{\triangle ABC}{2} = \dfrac{S}{2} = 3$

よって，$\left(\dfrac{S_A}{S}, \dfrac{S_B}{S}, \dfrac{S_C}{S}\right) = \left(\dfrac{3}{6}, \dfrac{0}{6}, \dfrac{3}{6}\right)$

$= \left(\boldsymbol{\dfrac{1}{2}, 0, \dfrac{1}{2}}\right)$

したがって，④が正解となります。

Ⅰ―3―5　解答　①

ばねの固有振動数に関する問題です。

ばねの固有振動数f_0は次式で表されます。

$$f_0 = \frac{1}{2\pi} \times \sqrt{\frac{k}{m}}$$

ここから，固有振動数はkとmの値のみで決まることがわかります。

よって，設問にある水平，斜め45度，垂直のいずれの状態においても固有振動数は同じです。

したがって，$\boldsymbol{f_A = f_B = f_C}$となり，①が正解となります。

Ⅰ―3―6　解答　⑤

管内の流速に関する計算問題です。

非圧縮の完全流体では流体の密度は変化しないので，点aと点bの流れは，

$A_a v_a = A_b v_b$

$v_a = v_b \left(\dfrac{A_b}{A_a}\right) \cdots (1)$

で表されます。

ここからベルヌーイの定理を用います。点aと点bの高さは同じなので，位置エネルギーは無視して，

$$\frac{1}{2}v_a{}^2+\frac{p_a}{\rho}=\frac{1}{2}v_b{}^2+\frac{p_b}{\rho}\cdots(2)$$

式（1）と式（2）を整理すると，

$$v_b{}^2-\left\{v_b\left(\frac{A_b}{A_a}\right)\right\}^2=2\left(\frac{p_a-p_b}{\rho}\right)$$

$$\left\{1-\left(\frac{A_b}{A_a}\right)^2\right\}v_b{}^2=2\left(\frac{p_a-p_b}{\rho}\right)$$

$$\boldsymbol{v_b=\frac{1}{\sqrt{1-\left(\frac{A_b}{A_a}\right)^2}}\sqrt{\frac{2(p_a-p_b)}{\rho}}}$$

したがって，⑤が正解となります。

▌4群▌ 材料・化学・バイオに関するもの

Ⅰ—4—1　解答 ②

化学反応に関する計算問題です。

平成27年度の出題（Ⅰ—4—1）に類似問題があります。

燃焼の反応式を書いて，発生する二酸化炭素のモル数を比較します。二酸化炭素の生成量（モル）は，化合物のモル数×反応式の二酸化炭素の係数となります。ここでは，設問に同じ質量の化合物とあるので，それぞれ1gと仮定します。

① $CH_4+2O_2\rightarrow 2H_2O+CO_2$
よって，(1／16)×1＝1／16

② $C_2H_4+3O_2\rightarrow 2H_2O+2CO_2$
よって，(1／28)×2＝1／14

③ $C_2H_6+\frac{7}{2}O_2\rightarrow 3H_2O+2CO_2$
よって，(1／30)×2＝1／15

④ $CH_4O+\frac{3}{2}O_2\rightarrow 2H_2O+CO_2$
よって，(1／32)×1＝1／32

⑤ $C_2H_6O+3O_2\rightarrow 3H_2O+2CO_2$
よって，(1／46)×2＝1／23

したがって，1／14が二酸化炭素の生成量の最大となり，②が正解となります。

Ⅰ—4—2　解答 ③

有機化学反応に関する問題です。

置換反応とは，有機化学において物質中の原子が他の原子に置き換わる反応です。

反応aでは，−OHが−Brと置き換わっています。反応dでは，−OHが$-OCH_3$と置き換わっています。

したがって，**(a, d)** が適切な組合せとなり，③が正解となります。

Ⅰ—4—3　解答 ④

材料に関する問題です。

平成28年度の出題（Ⅰ—4—3）に類似問題があります。

密度（g/cm^3）は，

銅（8.92）＞鉄（7.87）＞アルミニウム（2.70）

の順となります。電気抵抗率（Ωm）は，

鉄（10.00×10^{-8}）＞アルミニウム（2.62×10^{-8}）＞銅（1.69×10^{-8}）

の順となります。融点（℃）は，

鉄（1535）＞銅（1083.4）＞アルミニウム（660.4）

の順になります。

したがって，**(ウ)，(イ)，(ア)** の組合せとなり，④が正解となります。

Ⅰ—4—4　解答 ⑤

アルミニウムの結晶構造に関する問題です。

面心立方構造は，図1に示したように，立方体の8つの頂点と6つの面を中

心に原子が配列される構造です。

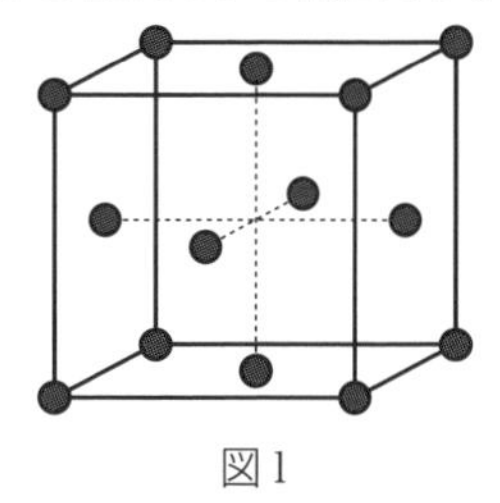

図1

単位胞に含まれる原子の数は，

$\frac{1}{2}\times 6+\frac{1}{8}\times 8=3+1=\mathbf{4}$

配位数は1つの原子を取り囲む他の原子の数のことで，図2に示したように，2つの単位胞をつなげて中心にくる原子を数えます。

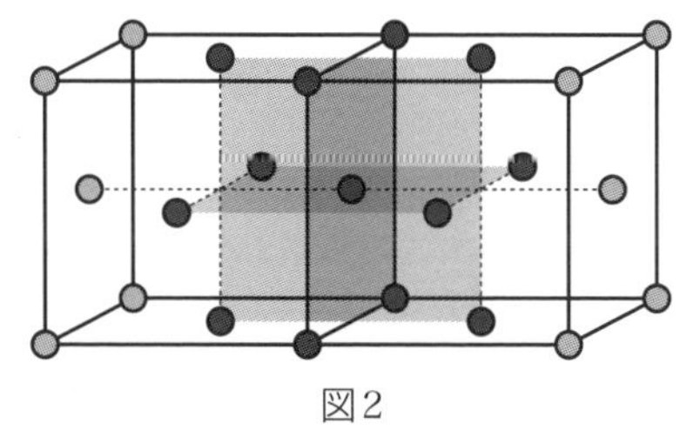

図2

図2から配位数が**12**であることがわかります。

立方体の一辺の長さaとアルミニウム原子の半径の関係は，図3のようになります。

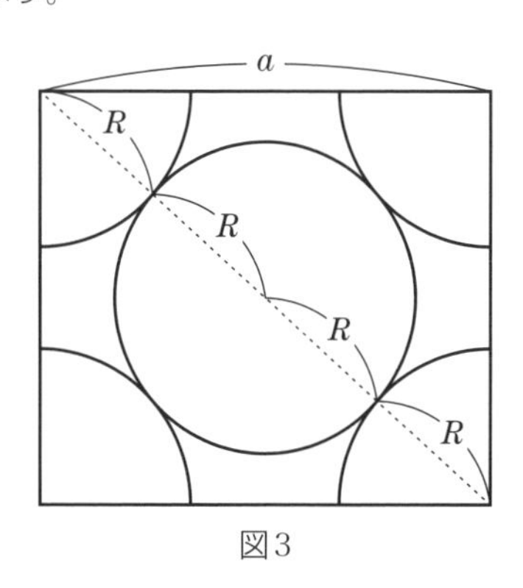

図3

三平方の定理から，

$(4R)^2=a^2+a^2$

$(4R)^2=2a^2$

$4R=\sqrt{2}a$

aで整理すると，

$\boldsymbol{a=2\sqrt{2}R}$

したがって，⑤が正解となります。

I—4—5　解答　③

化学反応に関する計算問題です。

平成25年度の出題（I—4—6）に類似問題があります。

設問にある好気呼吸における反応式から，グルコースと酸素の比が1：6であることがわかります。ここから，酸素2モルを吸収したとなっているので，グルコースは2×1/6=1/3モル消費されます。このとき，好気呼吸の反応式で酸素と二酸化炭素の係数がともに6なので，酸素と同量の2モルの二酸化炭素が発生することがわかります。

一方，設問にあるエタノール発酵における反応式から，グルコースと二酸化炭素の比が1：2であることがわかります。1/3モル×6=2モルのグルコースを消費するときの二酸化炭素の発生量は2×2=4モルとなります。

よって，好気呼吸2モル+エタノール発酵4モルを合わせて，二酸化炭素の発生量は**6**モルとなります。

したがって，③が正解となります。

I—4—6　解答　④

PCR法に関する正誤問題です。

①　**不適切**。2本鎖の共有結合ではなく，水素結合を切断します。

②　**不適切**。温度が低いほどアニーリングが起こりやすく，増幅されやすくな

りますが，非特異的なアニーリングが起こりやすくなります。

③　**不適切**。増幅したい配列が長くなるにつれて伸長反応時間は長くします。

④　**適切**。記述のとおりです。

⑤　**不適切**。増幅したDNAには，両端にプライマーの塩基配列が含まれます。

したがって，④が正解となります。

5群　環境・エネルギー・技術に関するもの

I—5—1　解答 ②

プラスチックごみに関する正誤問題です。

（ア）**正**。記述のとおりです。

（イ）**誤**。2010年の推計では，中国，インドネシア，フィリピン，ベトナム，スリランカの順で発生量が多くなっています。

（ウ）**誤**。プラスチック循環利用協会の資料によれば，2017年に国内で発生した廃プラスチックの総排出量903万トンのうち，マテリアルリサイクルが211万トン，ケミカルリサイクルが40万トン。マテリアルリサイクルのうち，国内でのリサイクルが82万トン，海外に輸出され海外でリサイクルされたものが129万トンとなっており，250万トンの半数以下というのが誤りです。

（エ）**正**。記述のとおりです。

（オ）**正**。記述のとおりです。

したがって，②が正解となります。

I—5—2　解答 ③

生物多様性の保全に関する正誤問題です。

平成28年の出題（I—5—2）に類似問題があります。

①　**適切**。カルタヘナ議定書と呼ばれます。

②　**適切**。移入種（外来種）によって，在来の自然環境や野生生物に重大な影響を及ぼすケースが多く発生しています。

③　**不適切**。特定外来生物による生態系等に係る被害の防止に関する法律（通称，外来生物法）などにより，必要に応じて国や自治体が野外などの外来生物の防除を行うことが定められています。

④　**適切**。正式名称「生物の多様性に関する条約」は，日本も1993年に締結しました。

⑤　**適切**。条約の目的として明記されています。

したがって，③が正解となります。

I—5—3　解答 ④

エネルギー消費に関する正誤問題です。『エネルギー白書2020』からの出題となっています。

①～③，⑤　**適切**。記述のとおりです。

④　**不適切**。「東日本大震災以降は国民の節電など省エネルギー意識の高まりにより，個人消費や世帯数の増加に反して低下を続け（後略）」とあります。

したがって，④が正解となります。

I—5—4　解答 ①

エネルギーに関する穴埋め問題です。

平成24年の出題（I—5—3）に類似問題があります。

（ア）**30**。2010年度の電源別発電電力量（電気事業連合会資料）では，原子力の占める割合は28.6％となっています。

（イ）**コンバインド**。ガスタービンとその排気熱を利用した蒸気タービンを組み合わせた発電方式のコンバインドサイクル発電がその効率の高さで注目されています。

（ウ）**シェール**。従来のガス田ではない場所（シェール層）から生産されることから非在来型資源と呼ばれ，新たなエネルギー源として生産が拡大しています。

したがって，①が正解となります。

I—5—5　解答　④または③

日本の産業技術の発展に関する正誤問題です。

①，②，⑤　**適切**。記述のとおりです。

③　**不適切**。高学歴出身という記述がやや曖昧なため，必ずしも適切とは言えません。

④　**不適切**。テイラーの科学的管理法は，労働管理に関する方法論であり，統計的品質管理ではありません

したがって，④または③が正解となります。

I—5—6　解答　①

科学技術史に関する問題です。

平成28年の出題（Ⅰ—5—6）に類似問題があります。

（ア）マリーおよびピエール・キュリーによるラジウムおよびポロニウムの発見は1898年です。

（イ）ジェンナーによる種痘法の開発は1796年です。

（ウ）ブラッテン，バーディーン，ショックレーによるトランジスタの発明は1948年です。

（エ）メンデレーエフによる元素の周期律の発表は1869年です。

（オ）ド・フォレストによる三極真空管の発明は1906年です。

したがって，年代の古い順から**イーエーアーオーウ**となり，①が正解となります。

Ⅱ適性科目

Ⅱ―1　解答　⑤

技術士法第4章に関する穴埋め問題です。

選択肢にある語句それぞれは同義のものがありますが，条文にある正確な語句を選択します。

したがって，（ア）**義務**，（イ）**公益**，（ウ）**責務**，（エ）**技術部門**，（オ）**制限**，（カ）**準用**，（キ）**資質**の語句となり，⑤が正解となります。

Ⅱ―2　解答　②

技術者の倫理的意思決定に関する正誤問題です。

①，③～⑤　**適切**。記述のとおりです。

②　**不適切**。たとえ顧客からの要求があった場合でも，データの修正をすることは許されません。

したがって，②が正解となります。

Ⅱ―3　解答　③

利益相反に関する正誤問題です。

（ア）〇。活動日以外の相談は正しい判断です。

（イ）〇。査読の辞退は正しい判断です。

（ウ）×。『厚生労働科学研究における利益相反（Conflict of Interest：COI）の管理に関する指針』において，「研究者と生計を一にする配偶者及び一親等の者（両親及び子ども）についても，（中略）検討の対象としなければならない」としています。

（エ）〇。無償使用の相談は正しい判断です。

したがって，③が正解となります。

Ⅱ―4　解答　②

営業秘密に関する正誤問題です。

（ア）〇。記述のとおりです。

（イ）×。有害物質の河川への垂れ流しは，営業秘密の3要件である「秘密管理性」「有用性」「非公知性」に該当しません。

（ウ）〇。記述のとおりです。

（エ）×。営業秘密は3つの要件をすべて満たす必要があります。

したがって，②が正解となります。

Ⅱ―5　解答　③

産業財産権制度に関する問題です。

知的財産権のうち，特許権，実用新案権，意匠権，商標権の4つを産業財産権といいます。

したがって，産業財産権に含まれないものの数は**6**となり，③が正解となります。

Ⅱ―6　解答　⑤

製造物責任法に関する正誤問題です。

①～④　**適切**。記述のとおりです。

⑤　**不適切**。製造物責任法は日本国内の法律であり，国際的に統一された共通の規定内容ではありません。

したがって，⑤が正解となります。

Ⅱ―7　解答　④

リスクアセスメントに関する穴埋め問題です。

製品安全性に関する国際安全規格ガイド【ISO/IEC Guide51（JIS Z 8051）】に設問のチャートがあります。

したがって，（ア）**見積り**，（イ）**評価**，（ウ）**残留リスク**，（エ）**妥当性確認及び文書化**の語句となり，④が正解となります。

Ⅱ―8　解答　①

ヒューマンエラーに関する問題です。

ヒューマンエラーが起こる原因として，「無知・未経験・不慣れ」「危険軽視・慣れ」「不注意」「連絡不足」「集団欠陥」「近道・省略行動」「場面行動本能」「パニック」「錯覚」「高齢者の心身機能低下」「疲労」「単調作業による意識低下」の12分類があります。

したがって，該当しないものの数は**0**となり，①が正解となります。

Ⅱ―9　解答　③

BCPに関する正誤問題です。

（ア）○。記述のとおりです。

（イ）×。内閣府の2019年度調査では大企業が68.4%，中小企業で34.4%の策定率にとどまっています。

（ウ）×。すぐに着手できる業務ではなく，事業を継続するうえで重要な業務を優先に検討します。

（エ）○。記述のとおりです。

したがって，③が正解となります。

Ⅱ―10　解答　①

エネルギーに関する正誤問題です。

（ア）～（エ）○。いずれも正しい記述です。

したがって，①が正解となります。

Ⅱ―11　解答　①

ユニバーサルデザインに関する問題です。

（ア）～（キ）の記述は，いずれもロナルド・メイスによる「ユニバーサルデザインの7原則」に該当します。

したがって，主旨の異なるものの数は**0**となり，①が正解となります。

Ⅱ―12　解答　①

製品安全に関する事業者の社会的責任に関する問題です。

（ア）～（キ）の記述は，いずれも経済産業省による『製品安全に関する事業者ハンドブック』の「製品安全に関する事業者の社会的責任」の記載事項です。

したがって，不適切なものの数は**0**となり，①が正解となります。

Ⅱ―13　解答　④

テレワークに関する労働基準法の留意点に関する正誤問題です。

厚生労働省による『テレワークにおける適切な労務管理のためのガイドライン』に留意点が記載されています。

（ア），（ウ），（エ）○。いずれも留意点としてガイドラインに記載されています。

（イ）×。ガイドラインでは「労働者の健康確保の観点から，勤務状況を把握し，適正な労働時間管理を行う責務を有します」と記載されています。

したがって，④が正解となります。

Ⅱ―14　解答　①

遺伝子組換えに関する正誤問題です。

①～④　○。いずれも記述のとおりです。

したがって，①が正解となります。

Ⅱ―15 **解答 ①**

内部告発に関する正誤問題です。

設問は，『科学技術者の倫理－その考え方と事例（第3版）』（Charles E. Harris Jr.ほか著，日本技術士会翻訳，丸善，2008）の内部告発に関する記述からとなっています。

（ア）～（カ）　**O**。いずれも記述のとおりです。

したがって，適切なものの数は**6**となり，①が正解となります。

令和２年度
技術士第一次試験　解答用紙

基礎科目解答欄

設計・計画に関するもの

問題番号	解答				
Ⅰ—1—1	①	②	③	④	⑤
Ⅰ—1—2	①	②	③	④	⑤
Ⅰ—1—3	①	②	③	④	⑤
Ⅰ—1—4	①	②	③	④	⑤
Ⅰ—1—5	①	②	③	④	⑤
Ⅰ—1—6	①	②	③	④	⑤

情報・論理に関するもの

問題番号	解答				
Ⅰ—2—1	①	②	③	④	⑤
Ⅰ—2—2	①	②	③	④	⑤
Ⅰ—2—3	①	②	③	④	⑤
Ⅰ—2—4	①	②	③	④	⑤
Ⅰ—2—5	①	②	③	④	⑤
Ⅰ—2—6	①	②	③	④	⑤

解析に関するもの

問題番号	解答				
Ⅰ—3—1	①	②	③	④	⑤
Ⅰ—3—2	①	②	③	④	⑤
Ⅰ—3—3	①	②	③	④	⑤
Ⅰ—3—4	①	②	③	④	⑤
Ⅰ—3—5	①	②	③	④	⑤
Ⅰ—3—6	①	②	③	④	⑤

材料・化学・バイオに関するもの

問題番号	解答				
Ⅰ—4—1	①	②	③	④	⑤
Ⅰ—4—2	①	②	③	④	⑤
Ⅰ—4—3	①	②	③	④	⑤
Ⅰ—4—4	①	②	③	④	⑤
Ⅰ—4—5	①	②	③	④	⑤
Ⅰ—4—6	①	②	③	④	⑤

環境・エネルギー・技術に関するもの

問題番号	解答				
Ⅰ—5—1	①	②	③	④	⑤
Ⅰ—5—2	①	②	③	④	⑤
Ⅰ—5—3	①	②	③	④	⑤
Ⅰ—5—4	①	②	③	④	⑤
Ⅰ—5—5	①	②	③	④	⑤
Ⅰ—5—6	①	②	③	④	⑤

適性科目解答欄

問題番号	解答				
Ⅱ—1	①	②	③	④	⑤
Ⅱ—2	①	②	③	④	⑤
Ⅱ—3	①	②	③	④	⑤
Ⅱ—4	①	②	③	④	⑤
Ⅱ—5	①	②	③	④	⑤
Ⅱ—6	①	②	③	④	⑤
Ⅱ—7	①	②	③	④	⑤
Ⅱ—8	①	②	③	④	⑤
Ⅱ—9	①	②	③	④	⑤
Ⅱ—10	①	②	③	④	⑤
Ⅱ—11	①	②	③	④	⑤
Ⅱ—12	①	②	③	④	⑤
Ⅱ—13	①	②	③	④	⑤
Ⅱ—14	①	②	③	④	⑤
Ⅱ—15	①	②	③	④	⑤

＊本紙は演習用の解答用紙です。実際の解答用紙とは異なります。

令和２年度
技術士第一次試験　解答一覧

■基礎科目

設計・計画に関するもの		材料・化学・バイオに関するもの	
Ⅰ―1―1	③	Ⅰ―4―1	②
Ⅰ―1―2	④	Ⅰ―4―2	③
Ⅰ―1―3	③	Ⅰ―4―3	④
Ⅰ―1―4	⑤	Ⅰ―4―4	⑤
Ⅰ―1―5	⑤	Ⅰ―4―5	③
Ⅰ―1―6	③	Ⅰ―4―6	④

情報・論理に関するもの		環境・エネルギー・技術に関するもの	
Ⅰ―2―1	④	Ⅰ―5―1	②
Ⅰ―2―2	③	Ⅰ―5―2	③
Ⅰ―2―3	①	Ⅰ―5―3	④
Ⅰ―2―4	②	Ⅰ―5―4	①
Ⅰ―2―5	⑤	Ⅰ―5―5	※④または③
Ⅰ―2―6	⑤	Ⅰ―5―6	①

解析に関するもの	
Ⅰ―3―1	②
Ⅰ―3―2	④
Ⅰ―3―3	③
Ⅰ―3―4	④
Ⅰ―3―5	①
Ⅰ―3―6	⑤

※Ⅰ―5―5については，「設問の一部に誤解を招く記述があったことから，当初の正答に加え，選択肢③を正答とした受験者についても得点を与える」とされています。

■適性科目

Ⅱ―1	⑤
Ⅱ―2	②
Ⅱ―3	③
Ⅱ―4	②
Ⅱ―5	③
Ⅱ―6	⑤
Ⅱ―7	④
Ⅱ―8	①
Ⅱ―9	③
Ⅱ―10	①
Ⅱ―11	①
Ⅱ―12	①
Ⅱ―13	④
Ⅱ―14	①
Ⅱ―15	①

令和元年度

技術士第一次試験

アクセスキー i
（小文字のアイ）

I 基礎科目

I 次の１群～５群の全ての問題群からそれぞれ３問題，計15問題を選び解答せよ。（解答欄に１つだけマークすること。）

▌1群▌ 設計・計画に関するもの（全６問題から３問題を選択解答）

I—1—1

重要度B

最適化問題に関する次の（ア）から（エ）の記述について，それぞれの正誤の組合せとして，最も適切なものはどれか。

（ア） 線形計画問題とは，目的関数が実数の決定変数の線形式として表現できる数理計画問題であり，制約条件が線形式であるか否かは問わない。

（イ） 決定変数が２変数の線形計画問題の解法として，図解法を適用することができる。この方法は２つの決定変数からなる直交する座標軸上に，制約条件により示される（実行）可能領域，及び目的関数の等高線を描き，最適解を図解的に求める方法である。

（ウ） 制約条件付きの非線形計画問題のうち凸計画問題については，任意の局所的最適解が大域的最適解になるといった性質を持つ。

（エ） 決定変数が離散的な整数値である最適化問題を整数計画問題という。整数計画問題では最適解を求めることが難しい問題も多く，問題の規模が大きい場合は遺伝的アルゴリズムなどのヒューリスティックな方法により近似解を求めることがある。

	ア	イ	ウ	エ
①	正	正	誤	誤
②	正	誤	正	誤
③	誤	正	誤	正
④	誤	誤	正	正
⑤	誤	正	正	正

Ⅰ−1−2

重要度A

ある問屋が取り扱っている製品Aの在庫管理の問題を考える。製品Aの1年間の総需要はd［単位］と分かっており，需要は時間的に一定，すなわち，製品Aの在庫量は一定量ずつ減少していく。この問屋は在庫量がゼロになった時点で発注し，1回当たりの発注量q［単位］（ただし$q \leqq d$）が時間遅れなく即座に納入されると仮定する。このとき，年間の発注回数はd/q［回］，平均在庫量は$q/2$［単位］となる。1回当たりの発注費用は発注量q［単位］には無関係でk［円］，製品Aの平均在庫量1単位当たりの年間在庫維持費用（倉庫費用，保険料，保守費用，税金，利息など）をh［円/単位］とする。

年間総費用$C(q)$［円］は1回当たりの発注量q［単位］の関数で，年間総発注費用と年間在庫維持費用の和で表すものとする。このとき年間総費用$C(q)$［円］を最小とする発注量を求める。なお，製品Aの購入費は需要d［単位］には比例するが，1回当たりの発注量q［単位］とは関係がないので，ここでは無視する。

$k=20{,}000$［円］，$d=1{,}350$［単位］，$h=15{,}000$［円/単位］とするとき，年間総費用を最小とする1回当たりの発注量q［単位］として最も適切なものはどれか。

① 50単位　② 60単位　③ 70単位
④ 80単位　⑤ 90単位

Ⅰ−1−3

重要度A

設計者が製作図を作成する際の基本事項に関する次の（ア）～（オ）の記述について，それぞれの正誤の組合せとして，最も適切なものはどれか。

（ア） 工業製品の高度化，精密化に伴い，製品の各部品にも高い精度や互換性が要求されてきた。そのため最近は，形状の幾何学的な公差の指示が不要となってきている。

（イ） 寸法記入は製作工程上に便利であるようにするとともに，作業現場で計算しなくても寸法が求められるようにする。

（ウ） 限界ゲージとは，できあがった品物が図面に指示された公差内にあるかどうかを検査するゲージのことをいう。

(エ)　図面は投影法において第二角法あるいは第三角法で描かれる。
(オ)　図面の細目事項は，表題欄，部品欄，あるいは図面明細表に記入される。

	ア	イ	ウ	エ	オ
①	誤	誤	誤	正	正
②	誤	正	正	正	誤
③	正	誤	正	誤	正
④	正	正	誤	正	誤
⑤	誤	正	正	誤	正

I—1—4　重要度A

材料の強度に関する次の記述の，[　　]に入る語句の組合せとして，最も適切なものはどれか。

下図に示すように，真直ぐな細い針金を水平面に垂直に固定し，上端に圧縮荷重が加えられた場合を考える。荷重がきわめて[ア]ならば針金は真直ぐな形のまま純圧縮を受けるが，荷重がある限界値を[イ]と真直ぐな変形様式は不安定となり，[ウ]形式の変形を生じ，横にたわみはじめる。この種の現象は[エ]と呼ばれる。

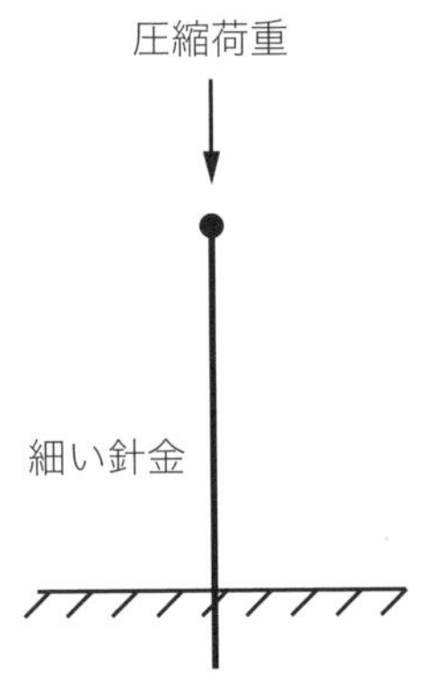

図　上端に圧縮荷重を加えた場合の水平面に垂直に固定した細い針金

	ア	イ	ウ	エ
①	小	下回る	ねじれ	座屈
②	大	下回る	ねじれ	共振
③	小	越す	ねじれ	共振
④	大	越す	曲げ	共振
⑤	小	越す	曲げ	座屈

I―1―5

重要度A

ある銀行に1台のATMがあり，このATMを利用するために到着する利用者の数は1時間当たり平均40人のポアソン分布に従う。また，このATMでの1人当たりの処理に要する時間は平均40秒の指数分布に従う。このとき，利用者がATMに並んでから処理が終了するまで系内に滞在する時間の平均値として最も近い値はどれか。

トラフィック密度（利用率）＝到着率÷サービス率
平均系内列長＝トラフィック密度÷（1－トラフィック密度）
平均系内滞在時間＝平均系内列長÷到着率

①　68秒　②　72秒　③　85秒　④　90秒　⑤　100秒

I―1―6

重要度C

次の（ア）～（ウ）の説明が対応する語句の組合せとして，最も適切なものはどれか。

（ア）　ある一変数関数$f(x)$がx=0の近傍において何回でも微分可能であり，適当な条件の下で以下の式

$$f(x)=\sum_{k=0}^{\infty}\frac{f^{(k)}(0)}{k!}x^k$$

が与えられる。

（イ）　ネイピア数（自然対数の底）をe，円周率をπ，虚数単位（－1の平方根）をiとする。このとき

$$e^{i\pi}+1=0$$

の関係が与えられる。

(ウ)　関数 $f(x)$ と $g(x)$ が，c を端点とする開区間において微分可能で $\lim_{x\to c}f(x)=\lim_{x\to c}g(x)=0$　あるいは $\lim_{x\to c}f(x)=\lim_{x\to c}g(x)=\infty$ のいずれかが満たされるとする。このとき，$f(x)$，$g(x)$ の1階微分を $f'(x)$，$g'(x)$ として，$g'(x)\neq 0$ の場合に，$\lim_{x\to c}\frac{f'(x)}{g'(x)}=L$ が存在すれば，$\lim_{x\to c}\frac{f(x)}{g(x)}=L$ である。

	ア	イ	ウ
①	ロピタルの定理	オイラーの等式	フーリエ級数
②	マクローリン展開	フーリエ級数	オイラーの等式
③	マクローリン展開	オイラーの等式	ロピタルの定理
④	フーリエ級数	ロピタルの定理	マクローリン展開
⑤	フーリエ級数	マクローリン展開	ロピタルの定理

2群　情報・論理に関するもの（全6問題から3問題を選択解答）

I―2―1　　重要度A

基数変換に関する次の記述の，[　　]に入る表記の組合せとして，最も適切なものはどれか。

私たちの日常生活では主に10進数で数を表現するが，コンピュータで数を表現する場合，「0」と「1」の数字で表す2進数や，「0」から「9」までの数字と「A」から「F」までの英字を使って表す16進数などが用いられる。10進数，2進数，16進数は相互に変換できる。例えば10進数の15.75は，2進数では $(1111.11)_2$，16進数では $(F.C)_{16}$ である。同様に10進数の11.5を2進数で表すと[ア]，16進数で表すと[イ]である。

	ア	イ
①	$(1011.1)_2$	$(B.8)_{16}$
②	$(1011.0)_2$	$(C.8)_{16}$
③	$(1011.1)_2$	$(B.5)_{16}$
④	$(1011.0)_2$	$(B.8)_{16}$
⑤	$(1011.1)_2$	$(C.5)_{16}$

Ⅰ―2―2　　重要度A

二分探索木とは，各頂点に1つのキーが置かれた二分木であり，任意の頂点vについて次の条件を満たす。

(1) vの左部分木の頂点に置かれた全てのキーが，vのキーより小さい。

(2) vの右部分木の頂点に置かれた全てのキーが，vのキーより大きい。

以下では空の二分探索木に，8，12，5，3，10，7，6の順に相異なるキーを登録する場合を考える。最初のキー8は二分探索木の根に登録する。次のキー12は根の8より大きいので右部分木の頂点に登録する。次のキー5は根の8より小さいので左部分木の頂点に登録する。続くキー3は根の8より小さいので左部分木の頂点5に分岐して大小を比較する。比較するとキー3は5よりも小さいので，頂点5の左部分木の頂点に登録する。以降同様に全てのキーを登録すると下図に示す二分探索木を得る。

キーの集合が同じであっても，登録するキーの順番によって二分探索木が変わることもある。下図と同じ二分探索木を与えるキーの順番として，最も適切なものはどれか。

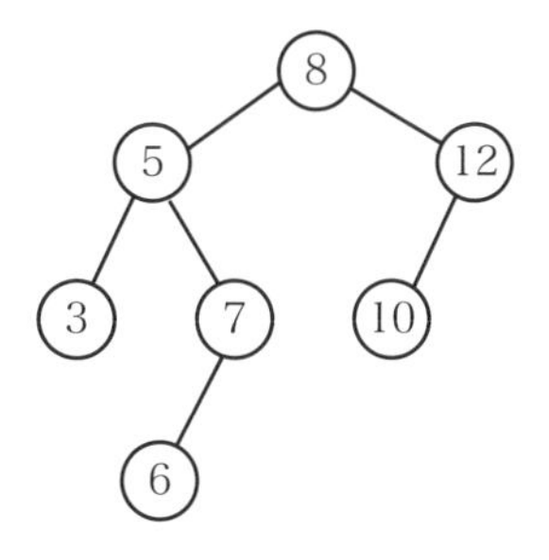

図　二分探索木

① 8, 5, 7, 12, 3, 10, 6
② 8, 5, 7, 10, 3, 12, 6
③ 8, 5, 6, 12, 3, 10, 7
④ 8, 5, 3, 10, 7, 12, 6
⑤ 8, 5, 3, 12, 6, 10, 7

Ⅰ−2−3　　重要度B

表1は，文書A～文書F中に含まれる単語とその単語の発生回数を示す。ここでは問題を簡単にするため，各文書には単語1，単語2，単語3の3種類の単語のみが出現するものとする。各文書の特性を，出現する単語の発生回数を要素とするベクトルで表現する。文書Aの特性を表すベクトルは$\vec{A}=(7,3,2)$となる。また，ベクトル$\vec{A}$のノルムは，$\|\vec{A}\|_2=\sqrt{7^2+3^2+2^2}=\sqrt{62}$と計算できる。

2つの文書Xと文書Y間の距離を（式1）により算出すると定義する。2つの文書の類似度が高ければ，距離の値は0に近づく。文書Aに最も類似する文書はどれか。

表1　文書と単語の発生回数

	文書A	文書B	文書C	文書D	文書E	文書F
単語1	7	2	70	21	1	7
単語2	3	3	3	9	2	30
単語3	2	0	2	6	3	20

$$\text{文書Xと文書Yの距離}=1-\frac{\vec{X}\cdot\vec{Y}}{\|\vec{X}\|_2\|\vec{Y}\|_2} \qquad \text{（式1）}$$

（式1）において，$\vec{X}=(x_1,x_2,x_3)$，$\vec{Y}=(y_1,y_2,y_3)$であれば，

$$\vec{X}\cdot\vec{Y}=x_1\cdot y_1+x_2\cdot y_2+x_3\cdot y_3,\|\vec{X}\|_2=\sqrt{{x_1}^2+{x_2}^2+{x_3}^2},\|\vec{Y}\|_2=\sqrt{{y_1}^2+{y_2}^2+{y_3}^2}$$

① 文書B　② 文書C　③ 文書D　④ 文書E　⑤ 文書F

Ⅰ―2―4

重要度A

次の表現形式で表現することができる数値として，最も不適切なものはどれか。

数値　　：：＝整数｜小数｜整数 小数
小数　　：：＝小数点　数字列
整数　　：：＝数字列｜符号 数字列
数字列　：：＝数字｜数字列 数字
符号　　：：＝＋｜－
小数点　：：＝.
数字　　：：＝0｜1｜2｜3｜4｜5｜6｜7｜8｜9
ただし，上記表現形式において，：：＝は定義を表し，｜はORを示す。

①　－19.1　　②　.52　　③　－.37　　④　4.35　　⑤　－125

Ⅰ―2―5

重要度A

次の記述の，[　　]に入る値の組合せとして，最も適切なものはどれか。

同じ長さの2つのビット列に対して，対応する位置のビットが異なっている箇所の数をそれらのハミング距離と呼ぶ。ビット列「0101011」と「0110000」のハミング距離は，表1のように考えると4であり，ビット列「1110001」と「0001110」のハミング距離は[ア]である。4ビットの情報ビット列「X1　X2　X3　X4」に対して，「X5　X6　X7」をX5＝X2＋X3＋X4 mod 2，X6＝X1＋X3＋X4 mod 2，X7＝X1＋X2＋X4 mod 2（mod 2は整数を2で割った余りを表す）と置き，これらを付加したビット列「X1 X2 X3 X4 X5 X6 X7」を考えると，任意の2つのビット列のハミング距離が3以上であることが知られている。このビット列「X1 X2 X3 X4 X5 X6 X7」を送信し通信を行ったときに，通信過程で高々1ビットしか通信の誤りが起こらないという仮定の下で，受信ビット列が「0100110」であったとき，表2のように考えると「1100110」が送信ビット列であることがわかる。同じ仮定の下で，受信ビット列が「1001010」であったとき，送信ビット列は[イ]であることがわかる。

表1　ハミング距離の計算

1つめのビット列	0	1	0	1	0	1	1
2つめのビット列	0	1	1	0	0	0	0
異なるビット位置と個数計算			1	2		3	4

表2　受信ビット列が「0100110」の場合

受信ビット列の正誤	送信ビット列								X1,X2,X3,X4に対応する付加ビット列		
	X1	X2	X3	X4	X5	X6	X7	⇒	X2＋X3＋X4 mod2	X1＋X3＋X4 mod2	X1＋X2＋X4 mod2
全て正しい	0	1	0	0	1	1	0		1	0	1
X1のみ誤り	1	1	0	0	同上			一致	1	1	0
X2のみ誤り	0	0	0	0	同上				0	0	0
X3のみ誤り	0	1	1	0	同上				0	1	1
X4のみ誤り	0	1	0	1	同上				0	1	0
X5のみ誤り	0	1	0	0	0	1	0		1	0	1
X6のみ誤り	同上				1	0	0		同上		
X7のみ誤り	同上				1	1	1		同上		

	ア	イ
①	5	「1001010」
②	5	「0001010」
③	5	「1101010」
④	7	「1001010」
⑤	7	「1011010」

I―2―6　重要度A

スタックとは，次に取り出されるデータ要素が最も新しく記憶されたものであるようなデータ構造で，後入れ先出しとも呼ばれている。スタックに対する基本操作を次のように定義する。

・「PUSH n」スタックに整数データnを挿入する。

・「POP」スタックから整数データを取り出す。

空のスタックに対し，次の操作を行った。

PUSH 1，PUSH 2，PUSH 3，PUSH 4，POP，POP，PUSH 5，POP，POP

このとき，最後に取り出される整数データとして，最も適切なものはどれか。

① 1　② 2　③ 3　④ 4　⑤ 5

3群　解析に関するもの（全6問題から3問題を選択解答）

I―3―1　重要度A

3次元直交座標系（x,y,z）におけるベクトル

$$V=(V_x,V_y,V_z)=(\sin(x+y+z),\cos(x+y+z),z)$$

の$(x,y,z)=(2\pi,0,0)$における発散$\mathrm{div}V=\frac{\partial V_x}{\partial x}+\frac{\partial V_y}{\partial y}+\frac{\partial V_z}{\partial z}$の値として，最も適切なものはどれか。

① −2　② −1　③ 0　④ 1　⑤ 2

I―3―2　重要度A

座標（x,y）と変数r,sの間には，次の関係があるとする。

$x=g\ (r,s)$

$y=h\ (r,s)$

このとき，関数$z=f\ (x,y)$のx,yによる偏微分とr,sによる偏微分は，次式によって関連付けられる。

$$\begin{bmatrix}\frac{\partial z}{\partial r}\\ \frac{\partial z}{\partial s}\end{bmatrix}=[J]\begin{bmatrix}\frac{\partial z}{\partial x}\\ \frac{\partial z}{\partial y}\end{bmatrix}$$

ここに［J］はヤコビ行列と呼ばれる2行2列の行列である。［J］の行列式として，最も適切なものはどれか。

① $\frac{\partial x}{\partial r}\frac{\partial x}{\partial s}+\frac{\partial y}{\partial r}\frac{\partial y}{\partial s}$

② $\frac{\partial x}{\partial r}\frac{\partial x}{\partial s}-\frac{\partial y}{\partial r}\frac{\partial y}{\partial s}$

③ $\frac{\partial y}{\partial r}\frac{\partial y}{\partial s}-\frac{\partial x}{\partial r}\frac{\partial x}{\partial s}$

④ $\frac{\partial x}{\partial r}\frac{\partial y}{\partial s}+\frac{\partial y}{\partial r}\frac{\partial x}{\partial s}$

⑤ $\frac{\partial x}{\partial r}\frac{\partial y}{\partial s}-\frac{\partial y}{\partial r}\frac{\partial x}{\partial s}$

I―3―3

重要度A

物体が粘性のある流体中を低速で落下運動するとき，物体はその速度に比例する抵抗力を受けるとする。そのとき，物体の速度をv，物体の質量をm，重力加速度をg，抵抗力の比例定数をk，時間をtとすると，次の方程式が得られる。

$$m\frac{dv}{dt}=mg-kv$$

ただしm，g，kは正の定数である。物体の初速度がどんな値でも，十分時間が経つと一定の速度に近づく。この速度として最も適切なものはどれか。

① $\frac{mg}{k}$　② $\frac{2mg}{k}$　③ $\frac{\sqrt{mg}}{k}$　④ $\sqrt{\frac{mg}{k}}$　⑤ $\sqrt{\frac{2mg}{k}}$

I―3―4

重要度A

ヤング率E，ポアソン比νの等方性線形弾性体がある。直交座標系において，この弾性体に働く垂直応力の3成分を$\sigma_{xx},\sigma_{yy},\sigma_{zz}$とし，それによって生じる垂直ひずみの3成分を$\varepsilon_{xx},\varepsilon_{yy},\varepsilon_{zz}$とする。いかなる組合せの垂直応力が働いてもこの弾性体の体積が変化しないとすると，この弾性体のポアソン比νとして，最も適切な値はどれか。

ただし，ひずみは微小であり，体積変化を表す体積ひずみεは，3成分の垂直ひずみの和（$\varepsilon_{xx}+\varepsilon_{yy}+\varepsilon_{zz}$）として与えられるものとする。また，例えば垂直応力σ_{xx}によって生じる垂直ひずみは，$\varepsilon_{xx}=\sigma_{xx}/E$，$\varepsilon_{yy}=\varepsilon_{zz}=-\nu\sigma_{xx}/E$で与えられるものとする。

① 1/6　② 1/4　③ 1/3　④ 1/2　⑤ 1

I—3—5　重要度A

下図に示すように，左端を固定された長さl，断面積Aの棒が右端に荷重Pを受けている。この棒のヤング率をEとしたとき，棒全体に蓄えられるひずみエネルギーはどのように表示されるか。次のうち，最も適切なものはどれか。

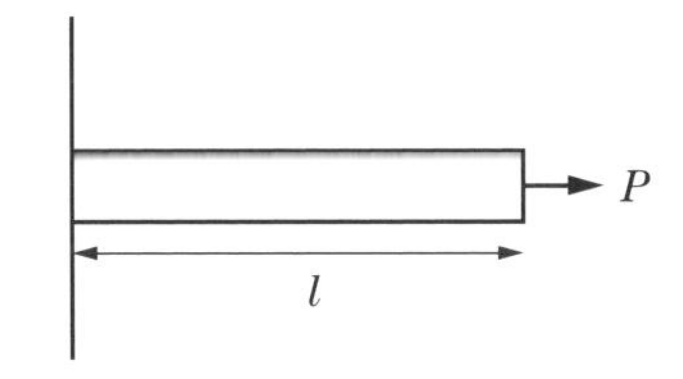

図　荷重を受けている棒

① Pl　② $\dfrac{Pl}{E}$　③ $\dfrac{Pl^2}{\mathrm{A}}$　④ $\dfrac{P^2l}{2EA}$　⑤ $\dfrac{P^2}{2EA^2}$

I—3—6　重要度B

下図に示すように長さl，質量Mの一様な細長い棒の一端を支点とする剛体振り子がある。重力加速度をg，振り子の角度をθ，支点周りの剛体の慣性モーメントをIとする。剛体振り子が微小振動するときの運動方程式は

$$I\frac{d^2\theta}{dt^2}=-Mg\frac{l}{2}\theta$$

となる。これより角振動数は

$$\omega=\sqrt{\frac{Mgl}{2I}}$$

となる。この剛体振り子の周期として，最も適切なものはどれか。

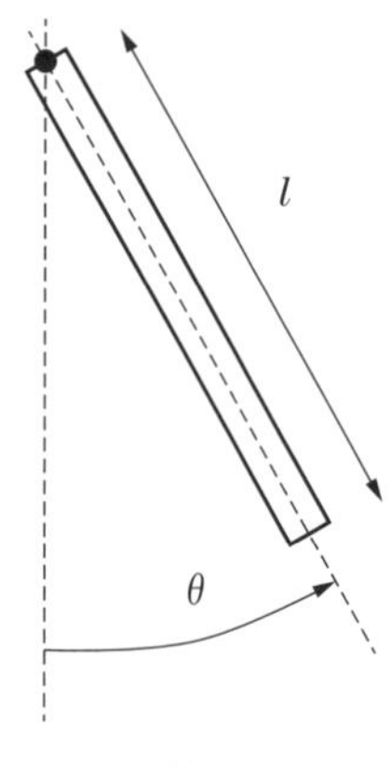

図　剛体振り子

① $2\pi\sqrt{\dfrac{l}{g}}$　② $2\pi\sqrt{\dfrac{3l}{2g}}$　③ $2\pi\sqrt{\dfrac{2l}{3g}}$

④ $2\pi\sqrt{\dfrac{2g}{3l}}$　⑤ $2\pi\sqrt{\dfrac{3g}{2l}}$

4群　材料・化学・バイオに関するもの（全6問題から3問題を選択解答）

I―4―1　重要度A

ハロゲンに関する次の（ア）～（エ）の記述について，正しいものの組合せとして，最も適切なものはどれか。

（ア）ハロゲン化水素の水溶液の酸としての強さは，強いものからHF，HCl，HBr，HIの順である。

（イ）ハロゲン原子の電気陰性度は，大きいものからF，Cl，Br，Iの順である。

（ウ）ハロゲン化水素の沸点は，高いものからHF，HCl，HBr，HIの順である。

（エ）ハロゲン分子の酸化力は，強いものからF_2，Cl_2，Br_2，I_2の順である。

① ア，イ　② ア，ウ　③ イ，ウ　④ イ，エ　⑤ ウ，エ

I―4―2　重要度A

同位体に関する次の（ア）～（オ）の記述について，それぞれの正誤の組合せとして，最も適切なものはどれか。

（ア）陽子の数は等しいが，電子の数は異なる。
（イ）質量数が異なるので，化学的性質も異なる。
（ウ）原子核中に含まれる中性子の数が異なる。
（エ）放射線を出す同位体は，医療，遺跡の年代測定などに利用されている。
（オ）放射線を出す同位体は，放射線を出して別の原子に変わるものがある。

	ア	イ	ウ	エ	オ
①	正	正	誤	誤	誤
②	正	正	正	正	誤
③	誤	誤	正	誤	誤
④	誤	正	誤	正	正
⑤	誤	誤	正	正	正

I―4―3　重要度A

質量分率がアルミニウム95.5［%］，銅4.50［%］の合金組成を物質量分率で示す場合，アルミニウムの物質量分率［%］及び銅の物質量分率［%］の組合せとして，最も適切なものはどれか。ただし，アルミニウム及び銅の原子量は，27.0及び63.5である。

	アルミニウム	銅
①	95.0	4.96
②	96.0	3.96
③	97.0	2.96
④	98.0	1.96
⑤	99.0	0.96

I—4—4

重要度A

物質に関する次の記述のうち，最も適切なものはどれか。

① 炭酸ナトリウムはハーバー・ボッシュ法により製造され，ガラスの原料として使われている。
② 黄リンは淡黄色の固体で毒性が少ないが，空気中では自然発火するので水中に保管する。
③ 酸化チタン（Ⅳ）の中には光触媒としてのはたらきを顕著に示すものがあり，抗菌剤や防汚剤として使われている。
④ グラファイトは炭素の同素体の1つで，きわめて硬い結晶であり，電気伝導性は悪い。
⑤ 鉛は鉛蓄電池の正極，酸化鉛（Ⅱ）はガラスの原料として使われている。

I—4—5

重要度A

DNAの変性に関する次の記述の，［　　］に入る語句の組合せとして，最も適切なものはどれか。

DNA二重らせんの2本の鎖は，相補的塩基対間の［ア］によって形成されているが，熱や強アルカリで処理をすると，変性して一本鎖になる。しかし，それぞれの鎖の基本構造を形成している［イ］間の［ウ］は壊れない。DNA分子の半分が変性する温度を融解温度といい，グアニンと［エ］の含量が多いほど高くなる。熱変性したDNAをゆっくり冷却すると，再び二重らせん構造に戻る。

	ア	イ	ウ	エ
①	ジスルフィド結合	グルコース	水素結合	ウラシル
②	ジスルフィド結合	ヌクレオチド	ホスホジエステル結合	シトシン
③	水素結合	グルコース	ジスルフィド結合	ウラシル
④	水素結合	ヌクレオチド	ホスホジエステル結合	シトシン
⑤	ホスホジエステル結合	ヌクレオチド	ジスルフィド結合	シトシン

Ⅰ—4—6

重要度A

タンパク質に関する次の記述の，［　　］に入る語句の組合せとして，最も適切なものはどれか。

タンパク質を構成するアミノ酸は［ア］種類あり，アミノ酸の性質は，［イ］の構造や物理化学的性質によって決まる。タンパク質に含まれるそれぞれのアミノ酸は，隣接するアミノ酸と［ウ］をしている。タンパク質には，等電点と呼ばれる正味の電荷が0となるpHがあるが，タンパク質が等電点よりも高いpHの水溶液中に存在すると，タンパク質は［エ］に帯電する。

	ア	イ	ウ	エ
①	15	側鎖	ペプチド結合	正
②	15	アミノ基	エステル結合	負
③	20	側鎖	ペプチド結合	負
④	20	側鎖	エステル結合	正
⑤	20	アミノ基	ペプチド結合	正

5群　環境・エネルギー・技術に関するもの（全6問題から3問題を選択解答）

Ⅰ—5—1

重要度B

大気汚染に関する次の記述の，［　　］に入る語句の組合せとして，最も適切なものはどれか。

我が国では，1960年代から1980年代にかけて工場から大量の［ア］等が排出され，工業地帯など工場が集中する地域を中心として著しい大気汚染が発生しました。その対策として，大気汚染防止法の制定（1968年），大気環境基準の設定（1969年より順次），大気汚染物質の排出規制，全国的な大気汚染モニタリングの実施等の結果，［ア］と一酸化炭素による汚染は大幅に改善されました。

1970年代後半からは大都市地域を中心とした都市・生活型の大気汚染が問題となりました。その発生源は，工場・事業場のほか年々増加していた自動車であり，特にディーゼル車から排出される［イ］や［ウ］の対策が重要な課題となり，より一層の対策の実施や国民の理解と協力が求められました。

現在においても，［イ］や炭化水素が反応を起こして発生する［エ］の環境基準達成率は低いレベルとなっており，対策が求められています。

	ア	イ	ウ	エ
①	硫黄酸化物	光化学オキシダント	浮遊粒子状物質	二酸化炭素
②	窒素酸化物	光化学オキシダント	二酸化炭素	浮遊粒子状物質
③	硫黄酸化物	窒素酸化物	浮遊粒子状物質	光化学オキシダント
④	窒素酸化物	硫黄酸化物	二酸化炭素	光化学オキシダント
⑤	硫黄酸化物	窒素酸化物	浮遊粒子状物質	二酸化炭素

I－5－2　重要度A

環境保全，環境管理に関する次の記述のうち，最も不適切なものはどれか。

① 我が国が提案し実施している二国間オフセット・クレジット制度とは，途上国への優れた低炭素技術等の普及や対策実施を通じ，実現した温室効果ガスの排出削減・吸収への我が国の貢献を定量的に評価し，我が国の削減目標の達成に活用する制度である。

② 地球温暖化防止に向けた対策は大きく緩和策と適応策に分けられるが，適応策は地球温暖化の原因となる温室効果ガスの排出を削減して地球温暖化の進行を食い止め，大気中の温室効果ガス濃度を安定させる対策のことをいう。

③ カーボンフットプリントとは，食品や日用品等について，原料調達から製造・流通・販売・使用・廃棄の全過程を通じて排出される温室効果ガス量を二酸化炭素に換算し，「見える化」したものである。

④ 製品に関するライフサイクルアセスメントとは，資源の採取から製造・使用・廃棄・輸送など全ての段階を通して環境影響を定量的，客観的に評価する手法をいう。

⑤ 環境基本法に基づく環境基準とは，大気の汚染，水質の汚濁，土壌の汚染及び騒音に係る環境上の条件について，それぞれ，人の健康を保護し，及び生活環境を保全する上で維持されることが望ましい基準をいう。

I—5—3

重要度A

2015年7月に経済産業省が決定した「長期エネルギー需給見通し」に関する次の記述のうち，最も不適切なものはどれか。

① 2030年度の電源構成に関して，総発電電力量に占める原子力発電の比率は20—22％程度である。

② 2030年度の電源構成に関して，総発電電力量に占める再生可能エネルギーの比率は22—24％程度である。

③ 2030年度の電源構成に関して，総発電電力量に占める石油火力発電の比率は25—27％程度である。

④ 徹底的な省エネルギーを進めることにより，大幅なエネルギー効率の改善を見込む。これにより，2013年度に比べて2030年度の最終エネルギー消費量の低下を見込む。

⑤ エネルギーの安定供給に関連して，2030年度のエネルギー自給率は，東日本大震災前を上回る水準（25％程度）を目指す。ただし，再生可能エネルギー及び原子力発電を，それぞれ国産エネルギー及び準国産エネルギーとして，エネルギー自給率に含める。

I—5—4

重要度B

総合エネルギー統計によれば，2017年度の我が国における一次エネルギー国内供給は20,095PJであり，その内訳は，石炭5,044PJ，石油7,831PJ，天然ガス・都市ガス4,696PJ，原子力279PJ，水力710PJ，再生可能エネルギー（水力を除く）938PJ，未活用エネルギー596PJである。ただし，石油の非エネルギー利用分の約1,600PJを含む。2017年度の我が国のエネルギー起源二酸化炭素（CO_2）排出量に最も近い値はどれか。ただし，エネルギー起源二酸化炭素（CO_2）排出量は，燃料の燃焼で発生・排出されるCO_2であり，非エネルギー利用由来分を含めない。炭素排出係数は，石炭24t—C/TJ，石油19t—C/TJ，天然ガス・都市ガス14t—C/TJとする。t—Cは炭素換算トン（Cの原子量12），t—CO_2はCO_2換算トン（CO_2の分子量44）である。P（ペタ）は10の15乗，T（テラ）は10の12乗，M（メガ）は10の6乗の接頭辞である。

① 100Mt—CO_2

② 300Mt—CO_2
③ 500Mt—CO_2
④ 1,100Mt—CO_2
⑤ 1,600Mt—CO_2

I—5—5 重要度B

科学と技術の関わりは多様であり，科学的な発見の刺激により技術的な応用がもたらされることもあれば，革新的な技術が科学的な発見を可能にすることもある。こうした関係についての次の記述のうち，最も不適切なものはどれか。

① 原子核分裂が発見されたのちに原子力発電の利用が始まった。
② ウイルスが発見されたのちに種痘が始まった。
③ 望遠鏡が発明されたのちに土星の環が確認された。
④ 量子力学が誕生したのちにトランジスターが発明された。
⑤ 電磁波の存在が確認されたのちにレーダーが開発された。

I—5—6 重要度A

特許法と知的財産基本法に関する次の記述のうち，最も不適切なものはどれか。

① 特許法において，発明とは，自然法則を利用した技術的思想の創作のうち高度のものをいう。
② 特許法は，発明の保護と利用を図ることで，発明を奨励し，産業の発達に寄与することを目的とする法律である。
③ 知的財産基本法において，知的財産には，商標，商号その他事業活動に用いられる商品又は役務を表示するものも含まれる。
④ 知的財産基本法は，知的財産の創造，保護及び活用に関し，基本理念及びその実現を図るために基本となる事項を定めたものである。
⑤ 知的財産基本法によれば，国は，知的財産の創造，保護及び活用に関する施策を策定し，実施する責務を有しない。

Ⅱ 適性科目

Ⅱ　次の15問題を解答せよ。（解答欄に1つだけマークすること。）

Ⅱ—1

重要度A

技術士法第4章に関する次の記述の，［　］に入る語句の組合せとして，最も適切なものはどれか。

（信用失墜行為の禁止）
第44条　技術士又は技術士補は，技術士若しくは技術士補の信用を傷つけ，又は技術士及び技術士補全体の不名誉となるような行為をしてはならない。
（技術士等の秘密保持［ア］）
第45条　技術士又は技術士補は，正当の理由がなく，その業務に関して知り得た秘密を漏らし，又は盗用してはならない。技術士又は技術士補でなくなった後においても，同様とする。
（技術士等の［イ］確保の［ウ］）
第45条の2　技術士又は技術士補は，その業務を行うに当たっては，公共の安全，環境の保全その他の［イ］を害することのないよう努めなければならない。
（技術士の名称表示の場合の［ア］）
第46条　技術士は，その業務に関して技術士の名称を表示するときは，その登録を受けた［エ］を明示してするものとし，登録を受けていない［エ］を表示してはならない。
（技術士補の業務の［オ］等）
第47条　技術士補は，第2条第1項に規定する業務について技術士を補助する場合を除くほか，技術士補の名称を表示して当該業務を行ってはならない。
2　前条の規定は，技術士補がその補助する技術士の業務に関してする技術士補の名称の表示について［カ］する。
（技術士の［キ］向上の［ウ］）

第47条の2　技術士は，常に，その業務に関して有する知識及び技能の水準を向上させ，その他その［キ］の向上を図るよう努めなければならない。

	ア	イ	ウ	エ	オ	カ	キ
①	義務	公益	責務	技術部門	制限	準用	能力
②	責務	安全	義務	専門部門	制約	適用	能力
③	義務	公益	責務	技術部門	制約	適用	資質
④	責務	安全	義務	専門部門	制約	準用	資質
⑤	義務	公益	責務	技術部門	制限	準用	資質

Ⅱ—2　　重要度A

平成26年3月，文部科学省科学技術・学術審議会の技術士分科会は，「技術士に求められる資質能力」について提示した。次の文章を読み，下記の問いに答えよ。

> 技術の高度化，統合化等に伴い，技術者に求められる資質能力はますます高度化，多様化している。
>
> これらの者が業務を履行するために，技術ごとの専門的な業務の性格・内容，業務上の立場は様々であるものの，（遅くとも）35歳程度の技術者が，技術士資格の取得を通じて，実務経験に基づく専門的学識及び高等の専門的応用能力を有し，かつ，豊かな創造性を持って複合的な問題を明確にして解決できる技術者（技術士）として活躍することが期待される。
>
> このたび，技術士に求められる資質能力（コンピテンシー）について，国際エンジニアリング連合（IEA）の「専門職としての知識・能力」（プロフェッショナル・コンピテンシー，PC）を踏まえながら，以下の通り，キーワードを挙げて示す。これらは，別の表現で言えば，技術士であれば最低限備えるべき資質能力である。
>
> 技術士はこれらの資質能力をもとに，今後，業務履行上必要な知見を深め，技術を修得し資質向上を図るように，十分な継続研さん（CPD）を行うことが求められる。

次の（ア）～（キ）のうち，「技術士に求められる資質能力」で挙げられているキーワードに含まれるものの数はどれか。

（ア）専門的学識
（イ）問題解決
（ウ）マネジメント
（エ）評価
（オ）コミュニケーション
（カ）リーダーシップ
（キ）技術者倫理

① 3　② 4　③ 5　④ 6　⑤ 7

Ⅱ―3　重要度A

製造物責任（PL）法の目的は，その第1条に記載されており，「製造物の欠陥により人の生命，身体又は財産に係る被害が生じた場合における製造業者等の損害賠償の責任について定めることにより，被害者の保護を図り，もって国民生活の安定向上と国民経済の健全な発展に寄与する」とされている。次の(ア)～(ク) のうち，「PL法上の損害賠償責任」に該当しないものの数はどれか。

（ア）自動車輸入業者が輸入販売した高級スポーツカーにおいて，その製造工程で造り込まれたブレーキの欠陥により，運転者及び歩行者が怪我をした場合。
（イ）建設会社が造成した宅地において，その不適切な基礎工事により，建設された建物が損壊した場合。
（ウ）住宅メーカーが建築販売した住宅において，それに備え付けられていた電動シャッターの製造時の欠陥により，住民が怪我をした場合。
（エ）食品会社経営の大規模養鶏場から出荷された鶏卵において，それがサルモネラ菌におかされ，食中毒が発生した場合。
（オ）マンションの管理組合が発注したエレベータの保守点検において，その保守業者の作業ミスにより，住民が死亡した場合。
（カ）ロボット製造会社が製造販売した作業用ロボットにおいて，それに組み込まれたソフトウェアの欠陥により暴走し，工場作業者が怪我をした場合。

（キ）電力会社の電力系統において，その変動（周波数等）により，需要家である工場の設備が故障した場合。

（ク）大学ベンチャー企業が国内のある湾内で養殖し，出荷販売した鯛において，その養殖場で汚染した菌により食中毒が発生した場合。

① 8　② 7　③ 6　④ 5　⑤ 4

Ⅱ—4　重要度A

個人情報保護法は，高度情報通信社会の進展に伴い個人情報の利用が著しく拡大していることに鑑み，個人情報の適正な取扱に関し，基本理念及び政府による基本方針の作成その他の個人情報の保護に関する施策の基本となる事項を定め，国及び地方公共団体の責務等を明らかにするとともに，個人情報を取扱う事業者の遵守すべき義務等を定めることにより，個人情報の適正かつ効果的な活用が新たな産業の創出並びに活力ある経済社会及び豊かな国民生活の実現に資するものであることその他の個人情報の有用性に配慮しつつ，個人の権利利益を保護することを目的としている。

法では，個人情報の定義の明確化として，①指紋データや顔認識データのような，個人の身体の一部の特徴を電子計算機の用に供するために変換した文字，番号，記号その他の符号，②旅券番号や運転免許証番号のような，個人に割り当てられた文字，番号，記号その他の符号が「個人識別符号」として，「個人情報」に位置付けられる。

次に示す（ア）～（キ）のうち，個人識別符号に含まれないものの数はどれか。

（ア）DNAを構成する塩基の配列

（イ）顔の骨格及び皮膚の色並びに目，鼻，口その他の顔の部位の位置及び形状によって定まる容貌

（ウ）虹彩の表面の起伏により形成される線状の模様

（エ）発声の際の声帯の振動，声門の開閉並びに声道の形状及びその変化

（オ）歩行の際の姿勢及び両腕の動作，歩幅その他の歩行の態様

（カ）手のひら又は手の甲若しくは指の皮下の静脈の分岐及び端点によって定まるその静脈の形状

（キ）指紋又は掌紋

① 0　② 1　③ 2　④ 3　⑤ 4

Ⅱ―5　重要度A

産業財産権制度は，新しい技術，新しいデザイン，ネーミングなどについて独占権を与え，模倣防止のために保護し，研究開発へのインセンティブを付与したり，取引上の信用を維持することによって，産業の発展を図ることを目的にしている。これらの権利は，特許庁に出願し，登録することによって，一定期間，独占的に実施（使用）することができる。

従来型の経営資源である人・物・金を活用して利益を確保する手法に加え，産業財産権を最大限に活用して利益を確保する手法について熟知することは，今や経営者及び技術者にとって必須の事項といえる。

産業財産権の取得は，利益を確保するための手段であって目的ではなく，取得後どのように活用して利益を確保するかを，研究開発時や出願時などのあらゆる節目で十分に考えておくことが重要である。

次の知的財産権のうち，「産業財産権」に含まれないものはどれか。

① 特許権
② 実用新案権
③ 意匠権
④ 商標権
⑤ 育成者権

Ⅱ―6　重要度B

次の（ア）～（オ）の語句の説明について，最も適切な組合せはどれか。

（ア）システム安全
　A）システム安全は，システムにおけるハードウェアのみに関する問題である。
　B）システム安全は，環境要因，物的要因及び人的要因の総合的対策によって達成される。

（イ）機能安全

A）機能安全とは，安全のために，主として付加的に導入された電子機器を含んだ装置が，正しく働くことによって実現される安全である。

B）機能安全とは，機械の目的のための制御システムの部分で実現する安全機能である。

（ウ）機械の安全確保

A）機械の安全確保は，機械の製造等を行う者によって十分に行われることが原則である。

B）機械の製造等を行う者による保護方策で除去又は低減できなかった残留リスクへの対応は，全て使用者に委ねられている。

（エ）安全工学

A）安全工学とは，製品が使用者に対する危害と，生産において作業者が受ける危害の両方に対して，人間の安全を確保したり，評価する技術である。

B）安全工学とは，原子力や航空分野に代表される大規模な事故や災害を問題視し，ヒューマンエラーを主とした分野である

（オ）レジリエンス工学

A）レジリエンス工学は，事故の未然防止・再発防止のみに着目している。

B）レジリエンス工学は，事故の未然防止・再発防止だけでなく，回復力を高めること等にも着目している。

	ア	イ	ウ	エ	オ
①	B	A	A	A	B
②	B	B	B	B	A
③	A	A	A	B	A
④	A	B	A	A	B
⑤	B	A	A	B	A

Ⅱ—7 重要度A

我が国で2017年以降，多数顕在化した品質不正問題（検査データの書き換え，不適切な検査等）に対する記述として，正しいものは○，誤っているもの

は×として，最も適切な組合せはどれか。

（ア）企業不祥事や品質不正問題の原因は，それぞれの会社の業態や風土が関係するので，他の企業には，参考にならない。
（イ）発覚した品質不正問題は，単発的に起きたものである。
（ウ）組織の風土には，トップのリーダーシップが強く関係する。
（エ）企業は，すでに企業倫理に関するさまざまな取組を行っている。そのため，今回のような品質不正問題は，個々の組織構成員の問題である。
（オ）近年顕在化した品質不正問題は，1つの部門内に閉じたものだけでなく，部門ごとの責任の不明瞭さや他部門への忖度といった事例も複数見受けられた。

	ア	イ	ウ	エ	オ
①	×	○	○	×	○
②	×	×	×	×	×
③	×	○	○	○	○
④	○	○	○	○	○
⑤	×	×	○	×	○

Ⅱ—8　重要度A

平成24年12月2日，中央自動車道笹子トンネル天井板落下事故が発生した。このような事故を二度と起こさないよう，国土交通省では，平成25年を「社会資本メンテナンス元年」と位置付け，取組を進めている。平成26年5月には，国土交通省が管理・所管する道路・鉄道・河川・ダム・港湾等のあらゆるインフラの維持管理・更新等を着実に推進するための中長期的な取組を明らかにする計画として，「国土交通省インフラ長寿命化計画（行動計画）」を策定した。この計画の具体的な取組の方向性に関する次の記述のうち，最も不適切なものはどれか。

①　全点検対象施設において点検・診断を実施し，その結果に基づき，必要な対策を適切な時期に，着実かつ効率的・効果的に実施するとともに，これらの取組を通じて得られた施設の状態や情報を記録し，次の点検・診断

に活用するという「メンテナンスサイクル」を構築する。

② 将来にわたって持続可能なメンテナンスを実施するために，点検の頻度や内容等は全国一律とする。

③ 点検・診断，修繕・更新等のメンテナンスサイクルの取組を通じて，順次，最新の劣化・損傷の状況や，過去に蓄積されていない構造諸元等の情報収集を図る。

④ メンテナンスサイクルの重要な構成要素である点検・診断については，点検等を支援するロボット等による機械化，非破壊・微破壊での検査技術，ICTを活用した変状計測等新技術による高度化，効率化に重点的に取組む。

⑤ 点検・診断等の業務を実施する際に必要となる能力や技術を，国が施設分野・業務分野ごとに明確化するとともに，関連する民間資格について評価し，当該資格を必要な能力や技術を有するものとして認定する仕組みを構築する。

Ⅱ—9　重要度A

企業や組織は，保有する営業情報や技術情報を用いて，他社との差別化を図り，競争力を向上させている。これら情報の中には秘密とすることでその価値を発揮するものも存在し，企業活動が複雑化する中，秘密情報の漏洩経路も多様化しており，情報漏洩を未然に防ぐための対策が企業に求められている。情報漏洩対策に関する次の（ア）～（カ）の記述について，不適切なものの数はどれか。

（ア）社内規定等において，秘密情報の分類ごとに，アクセス権の設定に関するルールを明確にした上で，当該ルールに基づき，適切にアクセス権の範囲を設定する。

（イ）秘密情報を取扱う作業については，複数人での作業を避け，可能な限り単独作業で実施する。

（ウ）社内の規定に基づいて，秘密情報が記録された媒体等（書類，書類を綴じたファイル，USBメモリ，電子メール等）に，自社の秘密情報であることが分かるように表示する。

（エ）従業員同士で互いの業務態度が目に入ったり，背後から上司等の目につきやすくするような座席配置としたり，秘密情報が記録された資料が保管された書棚等が従業員等からの死角とならないようにレイアウトを工夫する。

（オ）電子データを暗号化したり，登録されたIDでログインしたPCからしか閲覧できないような設定にしておくことで，外部に秘密情報が記録された電子データを無断でメールで送信しても，閲覧ができないようにする。

（カ）自社内の秘密情報をペーパーレスにして，アクセス権を有しない者が秘密情報に接する機会を少なくする。

①　0　　②　1　　③　2　　④　3　　⑤　4

Ⅱ—10　　重要度A

専門職としての技術者は，一般公衆が得ることのできない情報に接することができる。また技術者は，一般公衆が理解できない高度で複雑な内容の情報を理解でき，それに基づいて一般公衆よりもより多くのことを予見できる。このような特権的な立場に立っているがゆえに，技術者は適正に情報を発信したり，情報を管理したりする重い責任があると言える。次の（ア）～（カ）の記述のうち，技術者の情報発信や情報管理のあり方として不適切なものの数はどれか。

（ア）技術者Aは，飲み会の席で，現在たずさわっているプロジェクトの技術的な内容を，技術業とは無関係の仕事をしている友人に話した。

（イ）技術者Bは納入する機器の仕様に変更があったことを知っていたが，専門知識のない顧客に説明しても理解できないと考えたため，そのことは話題にせずに機器の説明を行った。

（ウ）顧客は「詳しい話は聞くのが面倒だから説明はしなくていいよ」と言ったが，技術者Cは納入する製品のリスクや，それによってもたらされるかもしれない不利益などの情報を丁寧に説明した。

（エ）重要な専有情報の漏洩は，所属企業に直接的ないし間接的な不利益をもたらし，社員や株主などの関係者にもその影響が及ぶことが考えられるため，技術者Dは不要になった専有情報が保存されている記憶媒体を速やかに自宅のゴミ箱に捨てた。

（オ）研究の際に使用するデータに含まれる個人情報が漏洩した場合には，データ提供者のプライバシーが侵害されると考えた技術者Eは，そのデータファイルに厳重にパスワードをかけ，記憶媒体に保存して，利用するとき以外は施錠可能な場所に保管した。

（カ）顧客から現在使用中の製品について問い合わせを受けた技術者Fは，それに答えるための十分なデータを手元に持ち合わせていなかったが，顧客を待たせないよう，記憶に基づいて問い合わせに答えた。

① 2　② 3　③ 4　④ 5　⑤ 6

Ⅱ—11

重要度B

事業者は事業場の安全衛生水準の向上を図っていくため，個々の事業場において危険性又は有害性等の調査を実施し，その結果に基づいて労働者の危険又は健康障害を防止するための措置を講ずる必要がある。危険性又は有害性等の調査及びその結果に基づく措置に関する指針について，次の（ア）～（エ）の記述のうち，正しいものは○，誤っているものは×として，最も適切な組合せはどれか。

（ア）事業者は，以下の時期に調査及びその結果に基づく措置を行うよう規定されている。

(1) 建設物を設置し，移転し，変更し，又は解体するとき
(2) 設備，原材料を新規に採用し，又は変更するとき
(3) 作業方法又は作業手順を新規に採用し，又は変更するとき
(4) その他，事業場におけるリスクに変化が生じ，又は生ずるおそれのあるとき

（イ）過去に労働災害が発生した作業，危険な事象が発生した作業等，労働者の就業に係る危険性又は有害性による負傷又は疾病の発生が合理的に予見可能であるものは全て調査対象であり，平坦な通路における歩行等，明らかに軽微な負傷又は疾病しかもたらさないと予想されたものについても調査等の対象から除外してはならない。

（ウ）事業者は，各事業場における機械設備，作業等に応じてあらかじめ定

めた危険性又は有害性の分類に則して，各作業における危険性又は有害性を特定するに当たり，労働者の疲労等の危険性又は有害性への付加的影響を考慮する。

（エ）リスク評価の考え方として，「ALARPの原則」がある。ALARPは，合理的に実行可能なリスク低減措置を講じてリスクを低減することで，リスク低減措置を講じることによって得られる効果に比較して，リスク低減費用が著しく大きく，著しく合理性を欠く場合は，それ以上の低減対策を講じなくてもよいという考え方である。

	ア	イ	ウ	エ
①	○	×	×	○
②	○	×	○	○
③	○	○	×	×
④	○	○	○	×
⑤	×	×	○	○

Ⅱ―12　　重要度A

男女雇用機会均等法及び育児・介護休業法やハラスメントに関する次の（ア）～（オ）の記述について，正しいものは○，誤っているものは×として，最も適切な組合せはどれか。

（ア）職場におけるセクシュアルハラスメントは，異性に対するものだけではなく，同性に対するものも該当する。

（イ）職場のセクシュアルハラスメント対策は，事業主の努力目標である。

（ウ）現在の法律では，産休の対象は，パート，雇用期間の定めのない正規職員に限られている。

（エ）男女雇用機会均等法及び育児・介護休業法により，事業主は，事業主や妊娠等した労働者やその他の労働者の個々の実情に応じた措置を講じることはできない。

（オ）産前休業も産後休業も，必ず取得しなければならない休業である。

	ア	イ	ウ	エ	オ
①	○	×	×	×	×
②	×	○	×	×	○
③	○	×	○	○	○
④	×	×	○	×	×
⑤	○	○	×	○	○

Ⅱ―13　重要度A

企業に策定が求められているBusiness Continuity Plan（BCP）に関する次の（ア）～（エ）の記述のうち，誤っているものの数はどれか。

（ア）BCPとは，企業が緊急事態に遭遇した場合において，事業資産の損害を最小限にとどめつつ，中核となる事業の継続あるいは早期復旧を可能とするために，平常時に行うべき活動や緊急時における事業継続のための方法，手段などを取り決めておく計画である。

（イ）BCPの対象は，自然災害のみである。

（ウ）わが国では，東日本大震災や相次ぐ自然災害を受け，現在では，大企業，中堅企業ともに，そのほぼ100％がBCPを策定している。

（エ）BCPの策定・運用により，緊急時の対応力は鍛えられるが，平常時にはメリットがない。

① 0　② 1　③ 2　④ 3　⑤ 4

Ⅱ―14　重要度A

組織の社会的責任（SR：Social Responsibility）の国際規格として，2010年11月，ISO26000「Guidance on social responsibility」が発行された。また，それに続き，2012年，ISO規格の国内版（JIS）として，JIS Z 26000：2012（社会的責任に関する手引き）が制定された。そこには，「社会的責任の原則」として7項目が示されている。その7つの原則に関する次の記述のうち，最も不適切なものはどれか。

① 組織は，自らが社会，経済及び環境に与える影響について説明責任を負うべきである。
② 組織は，社会及び環境に影響を与える自らの決定及び活動に関して，透明であるべきである。
③ 組織は，倫理的に行動すべきである。
④ 組織は，法の支配の尊重という原則に従うと同時に，自国政府の意向も尊重すべきである。
⑤ 組織は，人権を尊重し，その重要性及び普遍性の両方を認識すべきである。

Ⅱ―15

重要度A

SDGs（Sustainable Development Goals：持続可能な開発目標）とは，国連持続可能な開発サミットで採択された「誰一人取り残さない」持続可能で多様性と包摂性のある社会の実現のための目標である。次の（ア）～（キ）の記述のうち，SDGsの説明として正しいものの数はどれか。

（ア）SDGsは，開発途上国のための目標である。
（イ）SDGsの特徴は，普遍性，包摂性，参画型，統合性，透明性である。
（ウ）SDGsは，2030年を年限としている。
（エ）SDGsは，17の国際目標が決められている。
（オ）日本におけるSDGsの取組は，大企業や業界団体に限られている。
（カ）SDGsでは，気候変動対策等，環境問題に特化して取組が行われている。
（キ）SDGsでは，モニタリング指標を定め，定期的にフォローアップし，評価・公表することを求めている。

① 0　② 1　③ 2　④ 3　⑤ 4

令和元年度　解答・解説

I 基礎科目

▌1群▌ 設計・計画に関するもの

I—1—1　解答 ⑤

最適化問題に関する正誤問題です。

（ア）**誤**。線形計画問題とは，与えられた線形な等式および不等式制約のもとで，目的関数を最大化あるいは最小化する問題です。

（イ）**正**。記述のとおりです。

（ウ）**正**。記述のとおりです。

（エ）**正**。記述のとおりです。

したがって，⑤が正解となります。

I—1—2　解答 ②

コストに関する計算問題です。

年間総費用C（q）＝発注費用（k）×発注回数（d/q）＋年間在庫維持費用（h）×平均在庫量（q/2）＝20,000×1,350/q＋15,000×q/2となります。

他の方法もありますが，単純にqの値を選択肢の数字に当てはめて計算すると，それぞれの総費用は，50単位＝915,000，60単位＝900,000，70単位≒910,714，80単位＝937,500，90単位＝975,000となります。

したがって，年間総費用を最小とする1回当たりの発注量は**60単位**となり，②が正解となります。

I—1—3　解答 ⑤

設計理論に関する正誤問題です。

平成29年度の出題（Ⅰ—1—5）および平成26年度の出題（Ⅰ—1—6）に類似問題があります。

（ア）**誤**。JIS製図「公差表示方式の基本原則」において，「図面には，部品の機能を完全に検査するために必要な寸法公差及び幾何公差が指示されていなければならない」としています。

（イ）**正**。JIS機械製図に明記されています。

（ウ）**正**。JIS製図に限界プレーンゲージとして明記されています。

（エ）**誤**。JIS機械製図では，「投影図は，第三角法による。ただし，紙面の都合などで，投影図を第三角法による正しい配置に描けない場合，又は図の一部を第三角法による位置に描くと，かえって図形が理解しにくくなる場合には，第一角法または相互の関係を示す矢示法を用いてもよい」としています。

（オ）**正**。記述のとおりです。

したがって，⑤が正解となります。

I—1—4　解答 ⑤

材料の強度に関する穴埋め問題です。

設問にあるような状態の細い針金の上端に圧縮荷重を加えると，荷重が小さいうちは純圧縮を受けますが，荷重が限界値を越えるとつり合いが不安定となり，棒が横方向に曲げ形式の変形を生じてたわみはじめます。この現象を座屈といいます。

したがって，（ア）**小**，（イ）**越す**，（ウ）**曲げ**，（エ）**座屈**の語句となり，⑤が正解となります。

I—1—5　**解答　②**

待ち行列に関する計算問題です。

平成29年度の出題（Ⅰ—1—1）および平成27年度の出題（Ⅰ—1—2）に類似問題があります。設問で与えられている式に数値を代入して計算します。

到着率＝40人／時間

サービス率＝90人／時間（サービス率は3,600÷40で計算できます）

トラフィック密度(利用率)

$$=(40人／時間)\div(90人／時間)$$

$$=\frac{4}{9}$$

$$平均系内列長=\frac{4}{9}\div\left(1-\frac{4}{9}\right)=\frac{4}{5}$$

$$=0.8$$

平均系内滞在時間＝0.8÷(40人／時間)

＝0.02時間＝**72秒**

したがって，②が正解となります。

I—1—6　**解答　③**

人名の付いた定理や等式に関する問題です。

選択肢に挙げられている4つの定理や等式は以下のとおりです。

- ロピタルの定理

関数f, gが閉区間［a, b］で連続，開区間（a, b）で微分可能，また$g'(x)$は（a, b）で0にならないとします。

$f(a)=g(a)=0$であって$\lim_{x\to a}\frac{f'(x)}{g'(x)}$が存在するならば，

$$\lim_{x\to a}\frac{f(x)}{g(x)}=\lim_{x\to a}\frac{f'(x)}{g'(x)}$$

すなわち，$\frac{f(a)}{g(a)}$が$\frac{0}{0}$の形のとき，この式の左辺の極限値の計算は分母，分子を別々に微分した右辺の極限値を計算すればよい。これをロピタルの定理といいます。

- オイラーの等式

$e^{i\pi}+1=0$　をオイラーの等式といいます。

eはネイピア数，iは虚数単位，πは円周率を表します。

- フーリエ級数

関数に対して定義されるフーリエ係数を用いて，

$$f(x)=\frac{a_0}{2}+\sum_{n=1}^{\infty}(a_n\cos nx+b_n\sin nx)$$

の形に表される三角級数のことをフーリエ級数といいます（a_n，b_nはフーリエ係数）。

- マクローリン展開

テイラー展開におけるaに0を代入したもので，

$$f(x)=f(0)+\frac{f'(0)}{1!}x+\frac{f''(0)}{2!}x^2+\frac{f'''(0)}{3!}x^3+\cdots\cdots+\frac{f^{(n)}(0)}{n!}x^n+\cdots\cdots=\sum_{k=0}^{\infty}\frac{f^{(k)}(0)}{k!}x^k$$

となるものをマクローリン展開といいます。

したがって，（ア）**マクローリン展開**，（イ）**オイラーの等式**，（ウ）**ロピタルの定理**の組合せとなり，③が正解となります。

【2群】情報・論理に関するもの

I—2—1　**解答　①**

基数変換に関する計算および穴埋め問

題です。

小数点付きの10進数を2進数に変換するときには，整数部分と小数部分に分けて，それぞれ計算します。

整数部分11を2進数に変換すると，

$11 \div 2 = 5 \cdots$余り**1**

$5 \div 2 = 2 \cdots$余り**1**

$2 \div 2 = 1 \cdots$余り**0**

$1 \div 2 = 0 \cdots$余り**1**

より，余りを下から上に配置して，1011になります。

小数部分0.5を2進数に変換すると，

$0.5 \times 2 = 1.0$

より，1になります。

よって，10進数11.5は2進数$(1011.1)_2$で表されます。

10進数11は16進数ではB，10進数0.5は16進数では8となります。

よって，10進数11.5は16進数$(B.8)_{16}$で表されます。

したがって，(ア) **$(1011.1)_2$**，(イ) **$(B.8)_{16}$**となり，①が正解となります。

I—2—2　解答 ①

二分探索木に関する問題です。

選択肢を条件に沿って配列してみると，以下のようになります。

①

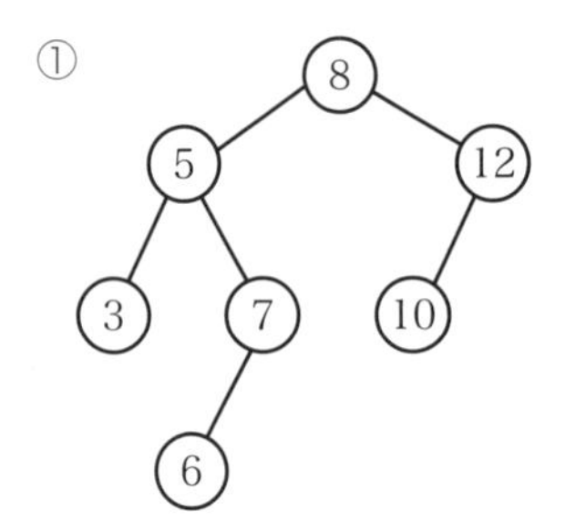

②

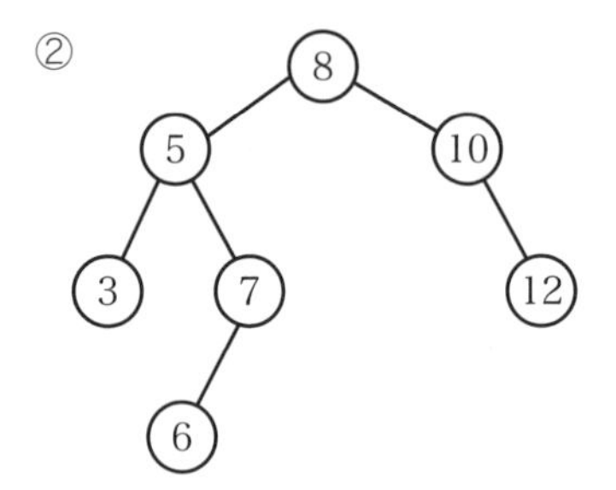

③

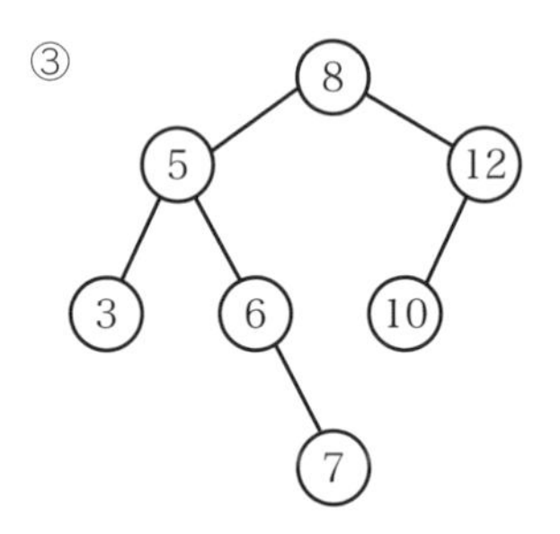

④

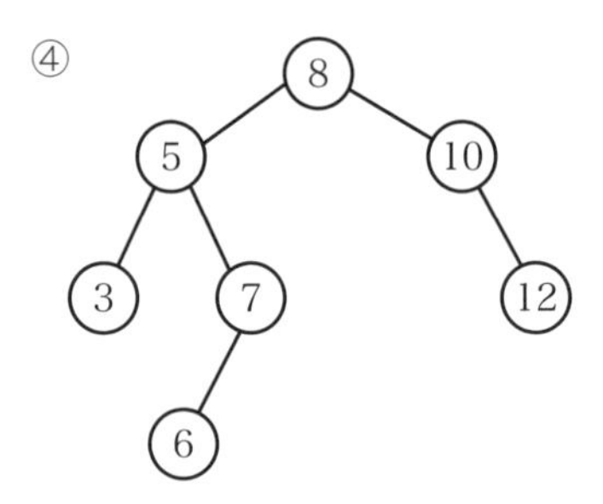

⑤

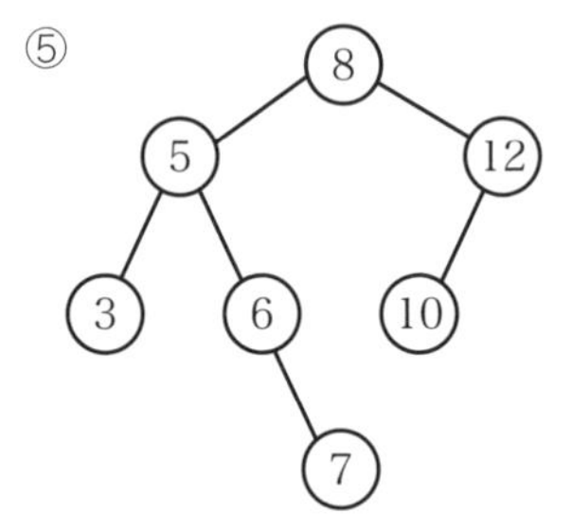

したがって，①が正解となります。

I—2—3 解答 ③

距離空間に関する計算問題です。

計算によって求めることもできますが，設問にある表1に示された各文書と単語の発生回数のベクトルの向きを見ると，文書Aと文章Dのベクトルの向きが同じ（成分比が同じ）なので，距離空間は0となります。

したがって，文書Aに最も類似する文書は**文書D**となり，③が正解となります。

I—2—4 解答 ③

数値列の表現に関する問題です。

平成21年度の出題（Ⅰ—2—1）に類似問題があります。

① **適切**。−19.1は，数値（整数 小数）→整数（符号 数字列）→小数（小数点 数字列）で表現できます。

② **適切**。.52は，数値（小数）→小数（小数点 数字列）で表現できます。

③ **不適切**。−.37は，数値（小数）→小数（小数点 数字列）以降，小数点の前に符号を加えるルールがないので表現できません。

④ **適切**。4.35は，数値（整数 小数）→整数（数字列）→小数（小数点 数字列）で表現できます。

⑤ **適切**。−125は，数値（整数）→整数（符号 数字列）で表現できます。

したがって，③が正解となります。

I—2—5 解答 ⑤

ハミング距離に関する穴埋め問題です。

ビット列「1110001」と「0001110」を表1に沿って比較すると，異なるビット位置が7であることがわかります。

上記から選択肢が④と⑤に絞られるので，この2つについて表2に沿って考えると，

④ 送信するビット「1001010」→付加するビット「100」

⑤ 送信するビット「1011010」→付加するビット「010」（一致）

したがって，(ア) **7**，(イ) **「1011010」**の数値となり，⑤が正解となります。

I—2—6 解答 ②

アルゴリズムに関する問題です。

平成26年度の出題（Ⅰ—2—4）に類似問題があります。

操作を順に追って解答します。【 】内は操作で取り出されるデータを表します。

PUSH 1【1】→PUSH 2【12】→PUSH 3【123】→PUSH 4【1234】→POP【123】→POP【12】→PUSH5【125】→POP【12】→POP【1】となります。

したがって，最後の操作で【12】→【1】となっているので，**2**が取り出される整数データとなり，②が正解となります。

▌3群▌ 解析に関するもの

I—3—1 解答 ⑤

偏微分に関する計算問題です。

平成23年度の出題（Ⅰ—3—5）に類似問題がありました。

$V_x=\sin(x+y+z)$，$V_y=\cos(x+y+z)$，

$V_z=z$なので，

$$\mathrm{div}\mathbf{V}=\frac{\partial V_x}{\partial x}+\frac{\partial V_y}{\partial y}+\frac{\partial V_z}{\partial z}$$

$$=\frac{\partial \sin(x+y+z)}{\partial x}+\frac{\partial \cos(x+y+z)}{\partial y}$$

$+\dfrac{\partial z}{\partial z}=\cos(x+y+z)-\sin(x+y+z)+1$

となります。

ここで，点（$2\pi,0,0$）が与えられているので，$\mathrm{div}\mathbf{V}=\cos(2\pi)-\sin(2\pi)+1=1-0+1=$**2**となります。

したがって，⑤が正解となります。

Ⅰ—3—2　解答 ⑤

ヤコビ行列に関する問題です。

平成24年度の出題（Ⅰ—3—3）に類似問題があります。

関数$z=f(x,y)=f\{x(r,s),y(r,s)\}$を偏微分すると，

$$\frac{\partial z}{\partial r}=\frac{\partial z}{\partial x}\frac{\partial x}{\partial r}+\frac{\partial z}{\partial y}\frac{\partial y}{\partial r}$$

$$\frac{\partial z}{\partial s}=\frac{\partial z}{\partial x}\frac{\partial x}{\partial s}+\frac{\partial z}{\partial y}\frac{\partial y}{\partial s}$$

となります。

これを行列で表現すると，

$$\begin{bmatrix}\dfrac{\partial z}{\partial r}\\\dfrac{\partial z}{\partial s}\end{bmatrix}=\begin{bmatrix}\dfrac{\partial x}{\partial r}&\dfrac{\partial y}{\partial r}\\\dfrac{\partial x}{\partial s}&\dfrac{\partial y}{\partial s}\end{bmatrix}\begin{bmatrix}\dfrac{\partial z}{\partial x}\\\dfrac{\partial z}{\partial y}\end{bmatrix}$$ となります。

よって，ヤコビ行列 $[J]=\begin{bmatrix}\dfrac{\partial x}{\partial r}&\dfrac{\partial y}{\partial r}\\\dfrac{\partial x}{\partial s}&\dfrac{\partial y}{\partial s}\end{bmatrix}$

$[J]$の行列式$=\dfrac{\partial x}{\partial r}\dfrac{\partial y}{\partial s}-\dfrac{\partial y}{\partial r}\dfrac{\partial x}{\partial s}$

となります。

したがって，⑤が正解となります。

Ⅰ—3—3　解答 ①

等速運動に関する問題です。

「物体の初速度がどんな値でも，十分時間が経つと一定の速度に近づく」としているので，等速運動$\left(\dfrac{dv}{dt}=0\right)$を表しています。

よって，設問で与えられた式は，$0=mg-kv$となります。

ここから，$\boldsymbol{v=\dfrac{mg}{k}}$となります。

したがって，①が正解となります。

Ⅰ—3—4　解答 ④

ポアソン比に関する問題です。

平成20年度の出題（Ⅰ—3—3）に類似問題がありました。

三次元でのフックの法則を考えます。

ひずみをε，応力をσ，ヤング率をE，ポアソン比をνとすると，各方向のひずみは，

x軸方向が $\varepsilon_x=\{\sigma_x-\nu(\sigma_y+\sigma_z)\}/E$

y軸方向が $\varepsilon_y=\{\sigma_y-\nu(\sigma_z+\sigma_x)\}/E$

z軸方向が $\varepsilon_z=\{\sigma_z-\nu(\sigma_x+\sigma_y)\}/E$

となります。

ここで，“体積が変化しない”とあるので，各方向のひずみは0,3方向のひずみの合計も0となります。

よって，$\varepsilon_x+\varepsilon_y+\varepsilon_z=\{\sigma_x+\sigma_y+\sigma_z-\nu(2\sigma_x+2\sigma_y+2\sigma_z)\}/E=0$

となります。

これを計算すると，$1-2\nu=0$，$\nu=\boldsymbol{\dfrac{1}{2}}$

となります。

したがって，④が正解となります。

Ⅰ—3—5　解答 ④

ひずみエネルギーに関する問題です。

平成25年度の出題（Ⅰ—3—5）に類似問題があります。

荷重Pが作用したときの伸びをλとすると，棒全体に蓄えられるひずみエネル

ギーUは，Pによってλ分だけ仕事をした分になりますから，

$$U=\frac{P\lambda}{2}$$

で表されます。

よって，フックの法則から$\lambda=\frac{Pl}{EA}$（長さl，断面積A，ヤング率E）を代入すると，

$$U=\frac{P^2l}{2EA}$$

となります。

したがって，④が正解となります。

I－3－6　解答 ③

剛体振り子の周期に関する問題です。

単振動の周期をTとすると，$T=\frac{2\pi}{\omega}$で表されます。

角振動数ωは設問で与えられているので，

$$T=\frac{2\pi}{\sqrt{\frac{Mgl}{2I}}}\cdots\cdots①$$

となります。

ここで，剛体の支点周りの慣性モーメントIは，端点からの距離をxとすれば，x^2を0からlまで積分したものに線密度M/lを掛ければよいので，

$$I=\int_0^l x^2\frac{M}{l}\mathrm{d}x=\frac{1}{3}Ml^2\cdots\cdots②$$

となります。

①に②を代入すると，

$$T=2\pi\sqrt{\frac{2l}{3g}}$$

となります。

したがって，③が正解となります。

【4群】材料・化学・バイオに関するもの

I－4－1　解答 ④

ハロゲンとハロゲン化水素に関する正誤問題です。

平成21年度の出題（I－4－1）に類似問題がありました。

（ア）**誤**。酸としての強さは，HI，HBr，HCl，HFの順です。

（イ）**正**。記述のとおりです。

（ウ）**誤**。沸点は高いものからHF，HI，HBr，HClの順です。

（エ）**正**。記述のとおりです。

したがって，④が正解となります。

I－4－2　解答 ⑤

同位体に関する正誤問題です。

（ア）**誤**。陽子と電子の数は同じです。

（イ）**誤**。質量数が異なっても，電子の数は同じなので化学的性質はほぼ同じです。

（ウ）**正**。記述のとおりです。

（エ）**正**。記述のとおりです。

（オ）**正**。記述のとおりです。

したがって，⑤が正解となります。

I－4－3　解答 ④

物質量分率に関する計算問題です。

平成27年度の出題（I－4－3）に類似問題があります。

質量分率（wt%）で示された合金組成を物質量分率（at%）で示すには，質量分率を原子量で除して求めます。質量分率，原子量ともに設問で与えられているので，アルミニウムは95.5 wt%／27.0≒3.537at%，銅は4.50wt%／63.5≒0.0709at%となります。

全体を100として比で表すと，3.537：

0.0709＝**98.0：1.96**となります。

したがって，④が正解となります。

Ⅰ―4―4　解答　③

物質に関する正誤問題です。

①　**不適切**。ハーバー・ボッシュ法は鉄を主体とした触媒上で水素と窒素を反応させ，アンモニアを生産する方法です。

②　**不適切**。黄リンは猛毒です。

③　**適切**。記述のとおりです。

④　**不適切**。グラファイト（黒鉛）はやわらかく，電気伝導性があります。

⑤　**不適切**。鉛は鉛蓄電池の負極として使われています。

したがって，③が正解となります。

Ⅰ―4―5　解答　④

DNAに関する穴埋め問題です。

平成28年度の出題（Ⅰ―4―6）に類似問題があります。

DNAは，糖，塩基（アデニン，チミン，グアニン，シトシン），リン酸から構成され，塩基の部分の水素結合によって二重らせん構造を形成しています。熱や強アルカリの処理によって二重らせんがほどけて一本鎖に変性しても，それぞれの鎖の基本構造を形成しているヌクレオチド間のホスホジエステル結合は強い共有結合のために壊れません。アデニンとチミンの対が2本の水素結合であるのに対して，グアニンとシトシンの対は3つの水素結合を形成しているため，グアニンとシトシンの含有が多いほど安定し，融解温度が高くなります。一本鎖に変性したDNAはゆっくりと冷却することで二重らせん構造に戻ります。

したがって，（ア）**水素結合**，（イ）**ヌクレオチド**，（ウ）**ホスホジエステル結合**，（エ）**シトシン**の語句となり，④が正解となります。

Ⅰ―4―6　解答　③

タンパク質に関する穴埋め問題です。

タンパク質を作るアミノ酸は20種類あります。アミノ酸は，アミノ基（$-NH_2$）とカルボキシ基（$-COOH$）の2つの基に加えて，R基（側鎖）があり，この部分が各アミノ酸の親水性，疎水性といった物理化学的性質に関わっています。アミノ酸はペプチド結合によってつながっています。タンパク質は等電点よりも低いpHの水溶液中に存在すると正に，高いpHの水溶液中に存在すると負に帯電します。

したがって，（ア）**20**，（イ）**側鎖**，（ウ）**ペプチド結合**，（エ）**負**の語句となり，③が正解となります。

▌5群▌　環境・エネルギー・技術に関するもの

Ⅰ―5―1　解答　③

環境に関する穴埋め問題です。

日本では，高度経済成長の時代に工場からの煙などに含まれる硫黄酸化物（SOx）による大気汚染が進行しました。ディーゼル自動車から排出される大気汚染物質は，窒素酸化物（NOx）と浮遊粒子状物質（SPM）です。窒素酸化物や炭化水素（HC）が，太陽からの紫外線を受けて光化学反応を起こし，オゾン，パーオキシアセチルナイトレートが生成され，これらの酸化力の強い物質を総称して光化学オキシダントといい，環境基準が設けられています。

したがって，（ア）**硫黄酸化物**，（イ）

窒素酸化物，（ウ）**浮遊粒子状物質**，（エ）**光化学オキシダント**となり，③が正解となります。

I—5—2　解答 ②

環境用語に関する正誤問題です。

平成25年度の出題（I—5—3）に類似問題があります。

① **適切**。記述のとおりです。

② **不適切**。設問は緩和策の説明となっています。適応策は，すでに起こりつつある，あるいは起こりうる地球温暖化による影響に対して，自然や人間関係のあり方を調整することです。

③ **適切**。記述のとおりです。

④ **適切**。記述のとおりです。

⑤ **適切**。環境基本法第十六条の条文です。

したがって，②が正解となります。

I—5—3　解答 ③

エネルギーに関する正誤問題です。

平成28年度の出題（I—5—4）に類似問題があります。

① **適切**。記述のとおりです。

② **適切**。記述のとおりです。

③ **不適切**。「長期エネルギー需給見通し」では，2030年度の電源構成に関して，総発電電力量に占める石油火力発電の比率を3%程度としています。

④ **適切**。記述のとおりです。

⑤ **適切**。記述のとおりです。

したがって，③が正解となります。

I—5—4　解答 ④

CO_2排出量に関する計算問題です。

それぞれの炭素排出係数が与えられています。CをCO_2に換算するために，44÷12とします。また，単位を揃えるために$10^{12}÷10^{15}$とします。

$(5{,}044\times24+(7{,}831-1{,}600)\times19+4{,}696\times14)\times(44\div12)\times(10^{12}\div10^{15})$

$\fallingdotseq$ **1,119**

したがって，最も近い値の④が正解となります。

I—5—5　解答 ②

科学技術史に関する正誤問題です。

① **適切**。原子核分裂の発見（1938年），原子力発電の利用（1951年）。

② **不適切**。ウイルスの発見（1898年頃），種痘の接種（1796年）。

③ **適切**。望遠鏡の発明（1608年），土星の環の確認（1610年）。

④ **適切**。量子力学の誕生（1925年），トランジスターの発明（1947年）。

⑤ **適切**。電磁波の存在確認（1888年），レーダーの開発（1904年）。

したがって，②が正解となります。

I—5—6　解答 ⑤

特許法と知的財産基本法に関する正誤問題です。

① **適切**。記述のとおりです。

② **適切**。記述のとおりです。

③ **適切**。記述のとおりです。

④ **適切**。記述のとおりです。

⑤ **不適切**。知的財産基本法では，「知的財産の創造，保護及び活用に関する推進計画の作成について定めるとともに，知的財産戦略本部を設置することにより，知的財産の創造，保護及び活用に関する施策を集中的かつ計画的に推進することを目的とする」としています。

したがって，⑤が正解となります。

Ⅱ 適性科目

Ⅱ—1　解答 ⑤

技術士法第4章に関する穴埋め問題です。

選択肢にある語句それぞれは同義のものがありますが，条文にある正確な語句を選択します。

したがって，（ア）**義務**，（イ）**公益**，（ウ）**責務**，（エ）**技術部門**，（オ）**制限**，（カ）**準用**，（キ）**資質**の語句となり，⑤が正解となります。

Ⅱ—2　解答 ⑤

平成26年3月に文部科学省の技術士分科会から提示された「技術士に求められる資質能力」に関する問題です。

選択肢（ア）～(キ）は，いずれも技術士に求められる資質能力のキーワードとして挙げられています。

したがって，キーワードに含まれる数は**7**となり，⑤が正解となります。

Ⅱ—3　解答 ④

製造物責任（PL）法に関する問題です。

同法では，①有体物であること，②動産であること，③製造または加工された動産であることを製造物の要件として定義しています。この要件に当てはまるものは（ア）と（ウ）になります。ソフトウェアそのものは無体物として同法の適用対象となりませんが，（カ）のように，ソフトウェアを組み込んだ製造物でソフトウェアの欠陥による事故が発生した場合は，当該製造物自体の欠陥とされることがあります。

したがって，該当しないものの数は**5**となり，④が正解となります。

Ⅱ—4　解答 ①

個人情報保護法に関する問題です。

平成29年5月から全面施行された改正個人情報保護法において，身体的な特徴を示す情報として個人識別符号に該当するものを定めて，個人情報に含まれることを明確化しています。選択肢（ア）～(キ）はいずれも個人識別符号に含まれています。

したがって，含まれないものの数は**0**となり，①が正解となります。

Ⅱ—5　解答 ⑤

産業財産権制度に関する問題です。

知的財産権のうち，**特許権**，**実用新案権**，**意匠権**，**商標権**の4つを産業財産権といいます。

したがって，⑤が正解となります。

Ⅱ—6　解答 ①

安全工学用語に関する問題です。

（ア）**B**。ハードウェアのみに関する問題ではありません。

（イ）**A**。装置として正しく働くことによって実現される安全です。

（ウ）**A**。製造等を行う者によって十分に行われることが原則です。

（エ）**A**。大規模な事故や災害のみが対象ではありません。

（オ）**B**。回復力を高めることにも着目しています。

したがって，①が正解となります。

Ⅱ—7　解答 ⑤

品質不正問題に関する正誤問題です。

（ア）×。問題の原因は，他の企業でも参考になります。

（イ）×。単発的に起きたものとは断定できません。

（ウ）○。記述のとおりです。

（エ）×。個々の組織構成員だけの問題ではありません。

（オ）○。記述のとおりです。

したがって，⑤が正解となります。

Ⅱ―8　解答 ②

「国土交通省インフラ長寿命化計画（行動計画）」に関する正誤問題です。

① **適切**。記述のとおりです。

② **不適切**。全国一律ではなく，地域の実情を考慮した点検の頻度や内容等の基準の設定をするとしています。

③ **適切**。記述のとおりです。

④ **適切**。記述のとおりです。

⑤ **適切**。記述のとおりです。

したがって，②が正解となります。

Ⅱ―9　解答 ②

情報漏洩対策に関する正誤問題です。

（ア）**適切**。接近の制御として有効です。

（イ）**不適切**。秘密情報を取扱う作業については，可能な限り複数人で作業を行う体制を整えます。単独作業を実施する場合には，各部門の責任者等が事前に単独作業の必要性，事後には作業内容を確認するようにします。

（ウ）**適切**。秘密情報に対する認識向上として有効です。

（エ）**適切**。視認性の確保として有効です。

（オ）**適切**。接近の制御として有効です。

（カ）**適切**。接近の制御として有効です。

したがって，不適切なものの数は**1**となり，②が正解となります。

Ⅱ―10　解答 ③

技術者の情報発信および情報管理のあり方に関する正誤問題です。

（ア）**不適切**。秘密の保持の面からふさわしくない行動です。

（イ）**不適切**。真実性の確保の面からふさわしくない行動です。

（ウ）**適切**。公衆の利益の優先の面からふさわしい行動です。

（エ）**不適切**。秘密の保持の面からふさわしくない行動です。

（オ）**適切**。秘密の保持の面からふさわしい行動です。

（カ）**不適切**。真実性の確保の面からふさわしくない行動です。

したがって，不適切なものの数は**4**となり，③が正解となります。

Ⅱ―11　解答 ②

「危険性又は有害性等の調査等に関する指針」に関する正誤問題です。

（ア）○。記述のとおりです。

（イ）×。「平坦な通路における歩行等，明らかに軽微な負傷又は疾病しかもたらさないと予想されるものについては，調査等の対象から除外して差し支えない」とされています。

（ウ）○。記述のとおりです。

（エ）○。記述のとおりです。

したがって，②が正解となります。

Ⅱ―12　解答 ①

男女雇用機会均等法，育児・介護休業

法，ハラスメントに関する正誤問題です。

（ア）〇。記述のとおりです。

（イ）×。努力目標ではなく，義務です。

（ウ）×。非正規職員も産休を取ることができます。

（エ）×。個々の実情に応じた措置を講じることができます。

（オ）×。必ず取得しなければならない休業ではありません。

したがって，①が正解となります。

Ⅱ—13 解答 ④

BCP（Business Continuity Plan）に関する正誤問題です。

（ア）**正**。記述のとおりです。

（イ）**誤**。自然災害だけでなく，事故や不祥事も含まれます。

（ウ）**誤**。平成30年3月の内閣府の調査によれば，BCPを策定済みと回答した企業は，大企業で64%，中堅企業で31.8%となっています。

（エ）**誤**。BCPの策定・運用により，平常時の業務改善や生産性向上にもつながります。

したがって，誤っているものの数は**3**となり，④が正解となります。

Ⅱ—14 解答 ④

JIS Z 26000：2012の「社会的責任の原則」に関する正誤問題です。

① **適切**。記述のとおりです。

② **適切**。記述のとおりです。

③ **適切**。記述のとおりです。

④ **不適切**。自国政府の意向ではなく，国際行動規範も尊重すべきであるとしています。

⑤ **適切**。記述のとおりです。

したがって，④が正解となります。

Ⅱ—15 解答 ⑤

SDGsに関する正誤問題です。

（ア）**誤**。開発途上国のみならず，すべての国の達成目標です。

（イ）**正**。記述のとおりです。

（ウ）**正**。記述のとおりです。

（エ）**正**。記述のとおりです。

（オ）**誤**。大企業や業界団体に限られません。

（カ）**誤**。環境問題だけでなく，人権問題や世界平和に関する取組が行われています。

（キ）**正**。記述のとおりです。

したがって，正しいものの数は**4**となり，⑤が正解となります。

令和元年度
技術士第一次試験　解答用紙

基礎科目解答欄

設計・計画に関するもの					
問題番号	解	答			
Ⅰ—1—1	①	②	③	④	⑤
Ⅰ—1—2	①	②	③	④	⑤
Ⅰ—1—3	①	②	③	④	⑤
Ⅰ—1—4	①	②	③	④	⑤
Ⅰ—1—5	①	②	③	④	⑤
Ⅰ—1—6	①	②	③	④	⑤

情報・論理に関するもの					
問題番号	解	答			
Ⅰ—2—1	①	②	③	④	⑤
Ⅰ—2—2	①	②	③	④	⑤
Ⅰ—2—3	①	②	③	④	⑤
Ⅰ—2—4	①	②	③	④	⑤
Ⅰ—2—5	①	②	③	④	⑤
Ⅰ—2—6	①	②	③	④	⑤

解析に関するもの					
問題番号	解	答			
Ⅰ—3—1	①	②	③	④	⑤
Ⅰ—3—2	①	②	③	④	⑤
Ⅰ—3—3	①	②	③	④	⑤
Ⅰ—3—4	①	②	③	④	⑤
Ⅰ—3—5	①	②	③	④	⑤
Ⅰ—3—6	①	②	③	④	⑤

材料・化学・バイオに関するもの					
問題番号	解	答			
Ⅰ—4—1	①	②	③	④	⑤
Ⅰ—4—2	①	②	③	④	⑤
Ⅰ—4—3	①	②	③	④	⑤
Ⅰ—4—4	①	②	③	④	⑤
Ⅰ—4—5	①	②	③	④	⑤
Ⅰ—4—6	①	②	③	④	⑤

環境・エネルギー・技術に関するもの					
問題番号	解	答			
Ⅰ—5—1	①	②	③	④	⑤
Ⅰ—5—2	①	②	③	④	⑤
Ⅰ—5—3	①	②	③	④	⑤
Ⅰ—5—4	①	②	③	④	⑤
Ⅰ—5—5	①	②	③	④	⑤
Ⅰ—5—6	①	②	③	④	⑤

適性科目解答欄

問題番号	解	答			
Ⅱ—1	①	②	③	④	⑤
Ⅱ—2	①	②	③	④	⑤
Ⅱ—3	①	②	③	④	⑤
Ⅱ—4	①	②	③	④	⑤
Ⅱ—5	①	②	③	④	⑤
Ⅱ—6	①	②	③	④	⑤
Ⅱ—7	①	②	③	④	⑤
Ⅱ—8	①	②	③	④	⑤
Ⅱ—9	①	②	③	④	⑤
Ⅱ—10	①	②	③	④	⑤
Ⅱ—11	①	②	③	④	⑤
Ⅱ—12	①	②	③	④	⑤
Ⅱ—13	①	②	③	④	⑤
Ⅱ—14	①	②	③	④	⑤
Ⅱ—15	①	②	③	④	⑤

＊本紙は演習用の解答用紙です。実際の解答用紙とは異なります。

令和元年度
技術士第一次試験　解答一覧

■基礎科目

設計・計画に関するもの		材料・化学・バイオに関するもの	
Ⅰ―1―1	⑤	Ⅰ―4―1	④
Ⅰ―1―2	②	Ⅰ―4―2	⑤
Ⅰ―1―3	⑤	Ⅰ―4―3	④
Ⅰ―1―4	⑤	Ⅰ―4―4	③
Ⅰ―1―5	②	Ⅰ―4―5	④
Ⅰ―1―6	③	Ⅰ―4―6	③
情報・論理に関するもの		**環境・エネルギー・技術に関するもの**	
Ⅰ―2―1	①	Ⅰ―5―1	③
Ⅰ―2―2	①	Ⅰ―5―2	②
Ⅰ―2―3	③	Ⅰ―5―3	③
Ⅰ―2―4	③	Ⅰ―5―4	④
Ⅰ―2―5	⑤	Ⅰ―5―5	②
Ⅰ―2―6	②	Ⅰ―5―6	⑤
解析に関するもの			
Ⅰ―3―1	⑤		
Ⅰ―3―2	⑤		
Ⅰ―3―3	①		
Ⅰ―3―4	④		
Ⅰ―3―5	④		
Ⅰ―3―6	③		

■適性科目

Ⅱ―1	⑤
Ⅱ―2	⑤
Ⅱ―3	④
Ⅱ―4	①
Ⅱ―5	⑤
Ⅱ―6	①
Ⅱ―7	⑤
Ⅱ―8	②
Ⅱ―9	②
Ⅱ―10	③
Ⅱ―11	②
Ⅱ―12	①
Ⅱ―13	④
Ⅱ―14	④
Ⅱ―15	⑤

平成30年度

技術士第一次試験

（大文字のイー）

I 基礎科目

I　次の1群～5群の全ての問題群からそれぞれ3問題，計15問題を選び解答せよ。（解答欄に1つだけマークすること。）

■1群■　設計・計画に関するもの（全6問題から3問題を選択解答）

I―1―1

重要度A

下図に示される左端から右端に情報を伝達するシステムの設計を考える。図中の数値及び記号X（X>0）は，構成する各要素の信頼度を示す。また，要素が並列につながっている部分は，少なくともどちらか一方が正常であれば，その部分は正常に作動する。ここで，図中のように，同じ信頼度Xを持つ要素を配置することによって，システムA全体の信頼度とシステムB全体の信頼度が同等であるという。このとき，図中のシステムA全体の信頼度及びシステムB全体の信頼度として，最も近い値はどれか。

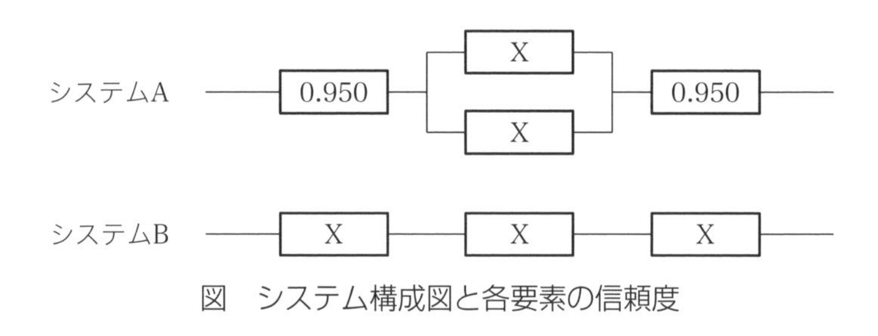

図　システム構成図と各要素の信頼度

① 0.835　② 0.857　③ 0.901　④ 0.945　⑤ 0.966

I―1―2

重要度A

設計開発プロジェクトのアローダイアグラムが下図のように作成された。ただし，図中の矢印のうち，実線は要素作業を表し，実線に添えたpやa1などは要素作業名を意味し，同じく数値はその要素作業の作業日数を表す。また，破線はダミー作業を表し，○内の数字は状態番号を意味する。このとき，設計

平成30年度　基礎科目

開発プロジェクトの遂行において，工期を遅れさせないために，特に重点的に進捗状況管理を行うべき要素作業群として，最も適切なものはどれか。

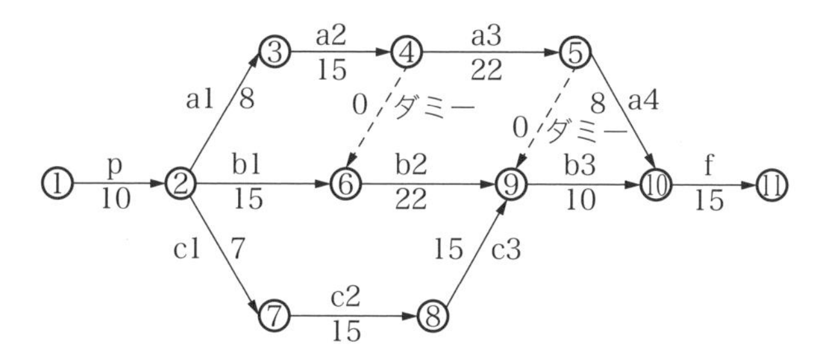

図　アローダイアグラム（arrow diagram：矢線図）

① （p，a1，a2，a3，b2，b3，f）
② （p，c1，c2，c3，b3，f）
③ （p，b1，b2，b3，f）
④ （p，a1，a2，b2，b3，f）
⑤ （p，a1，a2，a3，a4，f）

I－1－3　重要度A

人に優しい設計に関する次の（ア）～（ウ）の記述について，それぞれの正誤の組合せとして，最も適切なものはどれか。

（ア）　バリアフリーデザインとは，障害者，高齢者等の社会生活に焦点を当て，物理的な障壁のみを除去するデザインという考え方である。

（イ）　ユニバーサルデザインとは，施設や製品等について新しい障壁が生じないよう，誰にとっても利用しやすく設計するという考え方である。

（ウ）　建築家ロン・メイスが提唱したバリアフリーデザインの7原則は次のとおりである。誰もが公平に利用できる，利用における自由度が高い，使い方が簡単で分かりやすい，情報が理解しやすい，ミスをしても安全である，身体的に省力で済む，近づいたり使用する際に適切な広さの空間がある。

	ア	イ	ウ
①	正	正	誤
②	誤	正	誤
③	誤	誤	正
④	正	誤	誤
⑤	正	正	正

I―1―4

重要度A

ある工場で原料A，Bを用いて，製品1，2を生産し販売している。製品1，2は共通の製造ラインで生産されており，2つを同時に生産することはできない。下表に示すように製品1を1kg生産するために原料A，Bはそれぞれ2kg，1kg必要で，製品2を1kg生産するためには原料A，Bをそれぞれ1kg，3kg必要とする。また，製品1，2を1kgずつ生産するために，生産ラインを1時間ずつ稼働させる必要がある。原料A，Bの使用量，及び，生産ラインの稼働時間については，1日当たりの上限があり，それぞれ12kg，15kg，7時間である。製品1，2の販売から得られる利益が，それぞれ300万円/kg，200万円/kgのとき，全体の利益が最大となるように製品1，2の生産量を決定したい。1日当たりの最大の利益として，最も適切な値はどれか。

表　製品の製造における原料の制約と生産ラインの稼働時間及び販売利益

	製品1	製品2	使用上限
原料A［kg］	2	1	12
原料B［kg］	1	3	15
ライン稼働時間［時間］	1	1	7
利益［万円/kg］	300	200	

① 1,980万円
② 1,900万円
③ 1,000万円
④ 1,800万円
⑤ 1,700万円

Ⅰ−1−5

重要度A

ある製品1台の製造工程において検査をX回実施すると，製品に不具合が発生する確率は，$1/(X+2)^2$ になると推定されるものとする。1回の検査に要する費用が30万円であり，不具合の発生による損害が3,240万円と推定されるとすると，総費用を最小とする検査回数として，最も適切なものはどれか。

①　2回　　②　3回　　③　4回　　④　5回　　⑤　6回

Ⅰ−1−6

重要度A

製造物責任法に関する次の記述の，[　　]に入る語句の組合せとして，最も適切なものはどれか。

製造物責任法は，[ア]の[イ]により人の生命，身体又は財産に係る被害が生じた場合における製造業者等の損害賠償の責任について定めることにより，[ウ]の保護を図り，もって国民生活の安定向上と国民経済の健全な発展に寄与することを目的とする。

製造物責任法において[ア]とは，製造又は加工された動産をいう。また，[イ]とは，当該製造物の特性，その通常予見される使用形態，その製造業者等が当該製造物を引き渡した時期その他の当該製造物に係る事情を考慮して，当該製造物が通常有すべき[エ]を欠いていることをいう。

	ア	イ	ウ	エ
①	製造物	故障	被害者	機能性
②	設計物	欠陥	製造者	安全性
③	設計物	破損	被害者	信頼性
④	製造物	欠陥	被害者	安全性
⑤	製造物	破損	製造者	機能性

▌2群▌ 情報・論理に関するもの（全6問題から3問題を選択解答）

I—2—1 重要度A

情報セキュリティに関する次の記述のうち，最も不適切なものはどれか。

① 外部からの不正アクセスや，個人情報の漏えいを防ぐために，ファイアウォール機能を利用することが望ましい。
② インターネットにおいて個人情報をやりとりする際には，SSL/TLS通信のように，暗号化された通信であるかを確認して利用することが望ましい。
③ ネットワーク接続機能を備えたIoT機器で常時使用しないものは，ネットワーク経由でのサイバー攻撃を防ぐために，使用終了後に電源をオフにすることが望ましい。
④ 複数のサービスでパスワードが必要な場合には，パスワードを忘れないように，同じパスワードを利用することが望ましい。
⑤ 無線LANへの接続では，アクセスポイントは自動的に接続される場合があるので，意図しないアクセスポイントに接続されていないことを確認することが望ましい。

I—2—2 重要度B

下図は，人や荷物を垂直に移動させる装置であるエレベータの挙動の一部に関する状態遷移図である。図のように，エレベータには，「停止中」，「上昇中」，「下降中」の3つの状態がある。利用者が所望する階を「目的階」とする。「現在階」には現在エレベータが存在している階数が設定される。エレベータの内部には，階数を表すボタンが複数個あるとする。「停止中」状態で，利用者が所望の階数のボタンを押下すると，エレベータは，「停止中」，「上昇中」，「下降中」のいずれかの状態になる。「上昇中」，「下降中」の状態は，「現在階」をそれぞれ1つずつ増加又は減少させる。最終的にエレベータは，「目的階」に到着する。ここでは，簡単のため，エレベータの扉の開閉の状態，扉の開閉のためのボタン押下の動作，エレベータが目的階へ「上昇中」又は「下降中」に別の階から呼び出される動作，エレベータの故障の状態など，ここで挙げた状態遷移以外は考えないこととする。図中の状態遷移の「現在階」と「目的階」の条件において，(a)，(b)，(c)，(d)，(e) に入る記述として，最も適切な組合せはどれか。

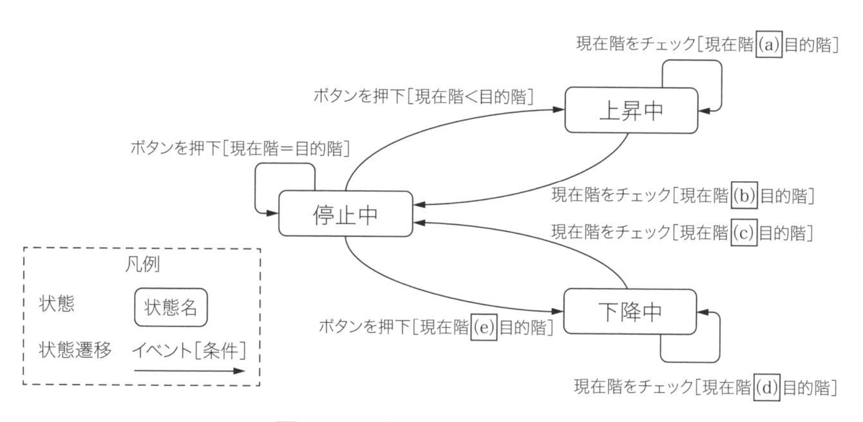

図　エレベータの状態遷移図

	a	b	c	d	e
①	＝	＝	＝	＝	＝
②	＝	＞	＜	＝	＝
③	＜	＝	＝	＞	＞
④	＝	＜	＞	＝	＝
⑤	＞	＝	＝	＜	＞

I—2—3　重要度A

補数表現に関する次の記述の，□に入る補数の組合せとして，最も適切なものはどれか。

一般に，k桁のn進数Xについて，Xのnの補数はn^k-X，Xのn－1の補数は$(n^k-1)-X$をそれぞれn進数で表現したものとして定義する。よって，3桁の10進数で表現した956の（n＝）10の補数は，10^3から956を引いた$10^3-956=1000-956=44$である。さらに956の（n－1＝10－1＝）9の補数は，10^3-1から956を引いた$(10^3-1)-956=1000-1-956=43$である。同様に，5桁の2進数（01011)$_2$の（n=）2の補数は［ ア ］，（n−1=2−1=）1の補数は［ イ ］である。

	ア	イ
①	(11011)$_2$	(10100)$_2$
②	(10101)$_2$	(11011)$_2$
③	(10101)$_2$	(10100)$_2$
④	(10100)$_2$	(10101)$_2$
⑤	(11011)$_2$	(11011)$_2$

Ⅰ—2—4　重要度A

次の論理式と等価な論理式はどれか。

$$X=\overline{\overline{A}\cdot\overline{B}+A\cdot B}$$

ただし，論理式中の＋は論理和，・は論理積，$\overline{X}$はXの否定を表す。また，2変数の論理和の否定は各変数の否定の論理積に等しく，2変数の論理積の否定は各変数の否定の論理和に等しい。

① $X=(A+B)\cdot(\overline{A+B})$
② $X=(A+B)\cdot(\overline{A}\cdot\overline{B})$
③ $X=(A\cdot B)\cdot(\overline{A}\cdot\overline{B})$
④ $X=(A\cdot B)\cdot(\overline{A\cdot B})$
⑤ $X=(A+B)\cdot(\overline{A\cdot B})$

Ⅰ—2—5　重要度B

数式を$a+b$のように，オペランド（演算の対象となるもの，ここでは1文字のアルファベットで表される文字のみを考える。）の間に演算子（ここでは＋，−，×，÷の4つの2項演算子のみを考える。）を書く書き方を中間記法と呼ぶ。これを$ab+$のように，オペランドの後に演算子を置く書き方を後置記法若しくは逆ポーランド記法と呼ぶ。中間記法で，$(a+b)\times(c+d)$と書かれる式を下記の図のように数式を表す2分木で表現し，木の根（root）からその周囲を反時計回りに回る順路（下図では▲の方向）を考え，順路が節点の右側を上昇（下図では↑で表現）して通過するときの節点の並び$ab+cd+\times$はこの式の後置記法となっている。後置記法で書かれた式は，先の式のように「aとbを足し，cとdを足し，それらを掛ける」というように式の先頭から読むことによって意味が通じることが多いことや，かっこが不要なため，コンピュータの世界ではよく使われる。中間記法で$a\times b+c\div d$と書かれた式を後置記法に変換したとき，最も適切なものはどれか。

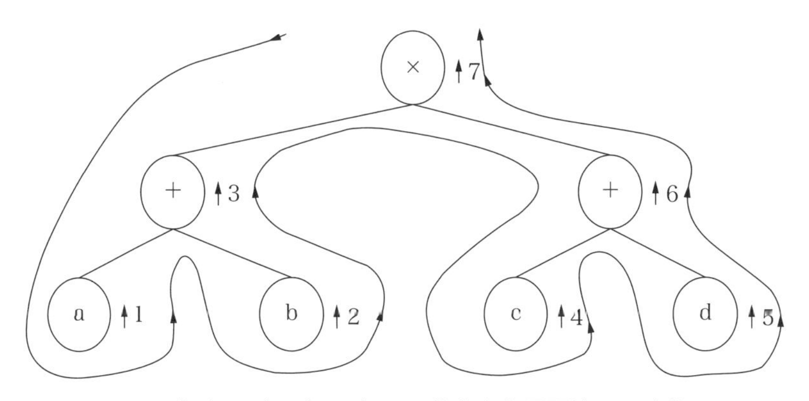

図　式 $(a+b)\times(c+d)$ の2分木と後置記法への変換

① $ab\times cd\div+$

② $ab\times c\div d+$

③ $abc\times\div d+$

④ $abc+d\div\times$

⑤ $abcd\times\div+$

Ⅰ―2―6　重要度A

900個の元をもつ全体集合Uに含まれる集合A，B，Cがある。集合A，B，C等の元の個数は次のとおりである。

Aの元　300個

Bの元　180個

Cの元　128個

$A\cap B$の元　60個

$A \cap C$の元　43個

$B \cap C$の元　26個

$A \cap B \cap C$の元　9個

このとき，集合$\overline{A \cup B \cup C}$の元の個数はどれか。ただし，$\overline{X}$は集合$X$の補集合とする。

① 385個　② 412個　③ 420個　④ 480個　⑤ 488個

■3群■ 解析に関するもの（全6問題から3問題を選択解答）

I―3―1　重要度A

一次関数$f(x)=ax+b$について定積分$\int_{-1}^{1} f(x)\,dx$の計算式として，最も不適切なものはどれか。

① $\frac{1}{4}f(-1)+f(0)+\frac{1}{4}f(1)$

② $\frac{1}{2}f(-1)+f(0)+\frac{1}{2}f(1)$

③ $\frac{1}{3}f(-1)+\frac{4}{3}f(0)+\frac{1}{3}f(1)$

④ $f(-1)+f(1)$

⑤ $2f(0)$

平成30年度 基礎科目

I―3―2　重要度B

$x-y$平面において$\boldsymbol{v}=(u,v)=(-x^2+2xy,\,2xy-y^2)$ のとき，$(x,y)=(1,2)$における$\mathrm{div}\ \boldsymbol{v}=\frac{\partial u}{\partial x}+\frac{\partial v}{\partial y}$の値と$\mathrm{rot}\ \boldsymbol{v}=\frac{\partial v}{\partial x}-\frac{\partial u}{\partial y}$の値の組合せとして，最も適切なものはどれか。

① div $\boldsymbol{v}=2$　,　rot $\boldsymbol{v}=-4$
② div $\boldsymbol{v}=0$　,　rot $\boldsymbol{v}=-2$
③ div $\boldsymbol{v}=-2$　,　rot $\boldsymbol{v}=0$
④ div $\boldsymbol{v}=0$　,　rot $\boldsymbol{v}=2$
⑤ div $\boldsymbol{v}=2$　,　rot $\boldsymbol{v}=4$

Ⅰ−3−3　重要度B

行列$\boldsymbol{A}=\begin{bmatrix}1 & 0 & 0 \\ a & 1 & 0 \\ b & c & 1\end{bmatrix}$の逆行列として，最も適切なものはどれか。

① $\begin{bmatrix}1 & 0 & 0 \\ a & 1 & 0 \\ ac-b & c & 1\end{bmatrix}$

② $\begin{bmatrix}1 & 0 & 0 \\ -a & 1 & 0 \\ ac-b & -c & 1\end{bmatrix}$

③ $\begin{bmatrix}1 & 0 & 0 \\ 1-a & 1 & 0 \\ ac-b & 1-c & 1\end{bmatrix}$

④ $\begin{bmatrix}1 & 0 & 0 \\ -a & 1 & 0 \\ ac+b & -c & 1\end{bmatrix}$

⑤ $\begin{bmatrix}1 & 0 & 0 \\ a & 1 & 0 \\ ac+b & c & 1\end{bmatrix}$

Ⅰ−3−4　重要度B

下図は，ニュートン・ラフソン法（ニュートン法）を用いて非線形方程式$f(x)=0$の近似解を得るためのフローチャートを示している。図中の（ア）及び（イ）に入れる処理の組合せとして，最も適切なものはどれか。

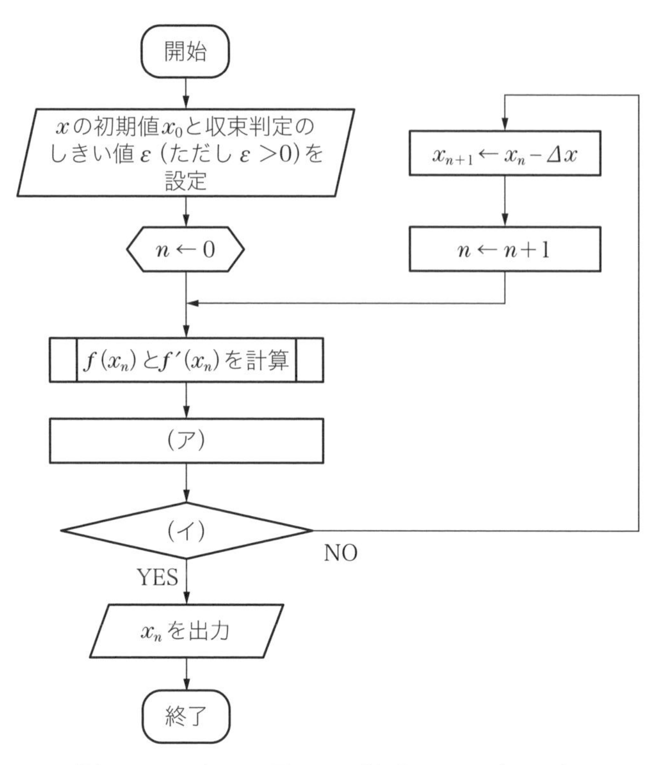

図　ニュートン・ラフソン法のフローチャート

	ア	イ
①	$\Delta x \leftarrow f(x_n) \cdot f'(x_n)$	$\lvert\Delta x\rvert < \varepsilon$
②	$\Delta x \leftarrow f(x_n) / f'(x_n)$	$\lvert\Delta x\rvert < \varepsilon$
③	$\Delta x \leftarrow f'(x_n) / f(x_n)$	$\lvert\Delta x\rvert < \varepsilon$
④	$\Delta x \leftarrow f(x_n) \cdot f'(x_n)$	$\lvert\Delta x\rvert > \varepsilon$
⑤	$\Delta x \leftarrow f(x_n) / f'(x_n)$	$\lvert\Delta x\rvert > \varepsilon$

I―3―5　重要度B

下図に示すように，重力場中で質量mの質点がバネにつり下げられている系を考える。ここで，バネの上端は固定されており，バネ定数はk（>0），重力の加速度はg，質点の変位はuとする。次の記述のうち最も不適切なものはどれか。

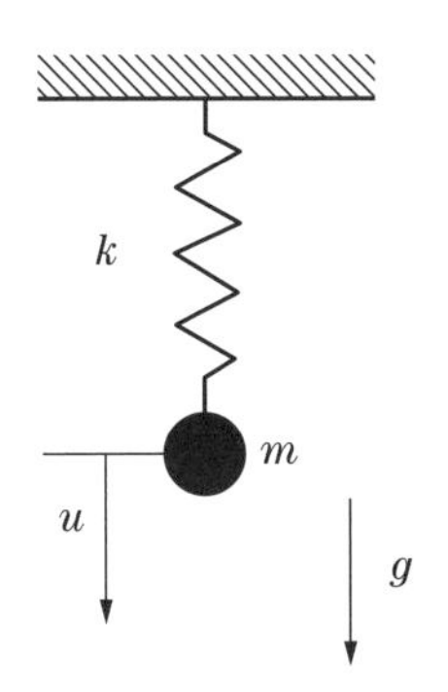

図　重力場中で質点がバネにつり下げられている系

① 質点に作用する力の釣合い方程式は，$ku=mg$と表すことができる。

② 全ポテンシャルエネルギー（＝内部ポテンシャルエネルギー＋外力のポテンシャルエネルギー）Π_Pは，$\Pi_P=\frac{1}{2}ku^2-mgu$と表すことができる。

③ 質点の釣合い位置において，全ポテンシャルエネルギーΠ_Pは最大となる。

④ 質点に作用する力の釣合い方程式は，全ポテンシャルエネルギーΠ_Pの停留条件，$\frac{d\Pi_P}{du}=0$から求めることができる。

⑤ 全ポテンシャルエネルギーΠ_Pの極値問題として静力学問題を取り扱うことが，有限要素法の固体力学解析の基礎となっている。

Ⅰ－3－6　重要度A

長さ2m，断面積100mm^{2}の弾性体からなる棒の上端を固定し，下端を4kNの力で下方に引っ張ったとき，この棒に生じる伸びの値はどれか。ただし，この弾性体のヤング率は200GPaとする。なお，自重による影響は考慮しないものとする。

① 0.004mm　② 0.04mm　③ 0.4mm　④ 4mm　⑤ 40mm

【4群】 材料・化学・バイオに関するもの（全6問題から3問題を選択解答）

I—4—1　重要度A

次に示した物質の物質量［mol］の中で，最も小さいものはどれか。ただし，（　）の中の数字は直前の物質の原子量，分子量又は式量である。

① 0℃，1.013×10^{5}［Pa］の標準状態で14［L］の窒素（28）
② 10％塩化ナトリウム水溶液200［g］に含まれている塩化ナトリウム（58.5）
③ 3.0×10^{23}個の水分子（18）
④ 64［g］の銅（63.6）を空気中で加熱したときに消費される酸素（32）
⑤ 4.0［g］のメタン（16）を完全燃焼した際に生成する二酸化炭素（44）

I—4—2　重要度A

次の記述のうち，最も不適切なものはどれか。ただし，いずれも常温・常圧下であるものとする。

① 酢酸は弱酸であり，炭酸の酸性度はそれより弱く，フェノールは炭酸より弱酸である。
② 水酸化ナトリウム，水酸化カリウム，水酸化カルシウム，水酸化バリウムは水に溶けて強塩基性を示す。
③ 炭酸カルシウムに希塩酸を加えると，二酸化炭素を発生する。
④ 塩化アンモニウムと水酸化カルシウムの混合物を加熱すると，アンモニアを発生する。
⑤ 塩酸及び酢酸の0.1［mol/L］水溶液は同一のpHを示す。

I—4—3　重要度A

金属材料の腐食に関する次の記述のうち，最も適切なものはどれか。

① 腐食とは，力学的作用によって表面が逐次減量する現象である。

② 腐食は，局所的に生じることはなく，全体で均一に生じる。
③ アルミニウムは表面に酸化物皮膜を形成することで不働態化する。
④ 耐食性のよいステンレス鋼は，鉄にニッケルを5%以上含有させた合金鋼と定義される。
⑤ 腐食の速度は，材料の使用環境温度には依存しない。

Ⅰ―4―4

重要度A

金属の変形や破壊に関する次の（A）～（D）の記述の，［　　］に入る語句の組合せとして，最も適切なものはどれか。

（A） 金属の塑性は，［ア］が存在するために原子の移動が比較的容易で，また，移動後も結合が切れないことによるものである。
（B） 結晶粒径が［イ］なるほど，金属の降伏応力は大きくなる。
（C） 多くの金属は室温下では変形が進むにつれて格子欠陥が増加し，［ウ］する。
（D） 疲労破壊とは，［エ］によって引き起こされる破壊のことである。

	ア	イ	ウ	エ
①	自由電子	小さく	加工軟化	繰返し負荷
②	自由電子	小さく	加工硬化	繰返し負荷
③	自由電子	大きく	加工軟化	経年腐食
④	同位体	大きく	加工硬化	経年腐食
⑤	同位体	小さく	加工軟化	繰返し負荷

Ⅰ―4―5

重要度A

生物の元素組成は地球表面に存在する非生物の元素組成とは著しく異なっている。すなわち，地殻に存在する約100種類の元素のうち，生物を構成するのはごくわずかな元素である。細胞の化学組成に関する次の記述のうち，最も不適切なものはどれか。

① 水は細菌細胞の重量の約70%を占める。

② 細胞を構成する総原子数の99%を主要4元素（水素，酸素，窒素，炭素）が占める。
③ 生物を構成する元素の組成比はすべての生物でよく似ており，生物体中の総原子数の60%以上が水素原子である。
④ 細胞内の主な有機小分子は，糖，アミノ酸，脂肪酸，ヌクレオチドである。
⑤ 核酸は動物細胞を構成する有機化合物の中で最も重量比が大きい。

Ⅰ－4－6

重要度A

タンパク質の性質に関する次の記述のうち，最も適切なものはどれか。

① タンパク質は，20種類のαアミノ酸がペプチド結合という非共有結合によって結合した高分子である。
② タンパク質を構成するアミノ酸はほとんどがD体である。
③ タンパク質の一次構造は遺伝子によって決定される。
④ タンパク質の高次構造の維持には，アミノ酸の側鎖同士の静電的結合，水素結合，ジスルフィド結合などの非共有結合が重要である。
⑤ フェニルアラニン，ロイシン，バリン，トリプトファンなどの非極性アミノ酸の側鎖はタンパク質の表面に分布していることが多い。

5群 環境・エネルギー・技術に関するもの（全6問題から3問題を選択解答）

Ⅰ－5－1

重要度B

「持続可能な開発目標（SDGs）」に関する次の記述のうち，最も不適切なものはどれか。

① 「ミレニアム開発目標（MDGs）」の課題を踏まえ，2015年9月に国連で採択された「持続可能な開発のための2030アジェンダ」の中核となるものである。
② 今後，経済発展が進む途上国を対象として持続可能な開発に関する目標を定めたものであり，環境，経済，社会の三側面統合の概念が明確に打ち

出されている。

③　17のゴールと各ゴールに設定された169のターゲットから構成されており，「ミレニアム開発目標（MDGs）」と比べると，水，持続可能な生産と消費，気候変動，海洋，生態系・森林など，環境問題に直接関係するゴールが増えている。

④　目標達成のために，多種多様な関係主体が連携・協力する「マルチステークホルダー・パートナーシップ」を促進することが明記されている。

⑤　日本では，内閣に「持続可能な開発目標（SDGs）推進本部」が設置され，2016年12月に「持続可能な開発目標（SDGs）実施指針」が決定されている。

I—5—2

重要度A

事業者が行う環境に関連する活動に関する次の記述のうち，最も適切なものはどれか。

①　グリーン購入とは，製品の原材料や事業活動に必要な資材を購入する際に，バイオマス（木材などの生物資源）から作られたものを優先的に購入することをいう。

②　環境報告書とは，大気汚染物質や水質汚濁物質を発生させる一定規模以上の装置の設置状況を，事業者が毎年地方自治体に届け出る報告書をいう。

③　環境会計とは，事業活動における環境保全のためのコストやそれによって得られた効果を金額や物量で表す仕組みをいう。

④　環境監査とは，事業活動において環境保全のために投資した経費が，税法上適切に処理されているかどうかについて，公認会計士が監査することをいう。

⑤　ライフサイクルアセスメントとは，企業の生産設備の周期的な更新の機会をとらえて，その設備の環境への影響の評価を行うことをいう。

I—5—3

重要度A

石油情勢に関する次の記述の，[　　]に入る数値又は語句の組合せとして，最も適切なものはどれか。

日本で消費されている原油はそのほとんどを輸入に頼っているが，財務省貿易統計によれば輸入原油の中東地域への依存度（数量ベース）は2017年で約［ア］%と高く，その大半は同地域における地政学的リスクが大きい［イ］海峡を経由して運ばれている。また，同年における最大の輸入相手国は［ウ］である。石油及び石油製品の輸入金額が，日本の総輸入金額に占める割合は，2017年には約［エ］%である。

	ア	イ	ウ	エ
①	67	マラッカ	クウェート	12
②	67	ホルムズ	サウジアラビア	32
③	87	ホルムズ	サウジアラビア	12
④	87	マラッカ	クウェート	32
⑤	87	ホルムズ	クウェート	12

I―5―4　重要度B

我が国を対象とする，これからのエネルギー利用に関する次の記述のうち，最も不適切なものはどれか。

① 電力の利用効率を高めたり，需給バランスを取ったりして，電力を安定供給するための新しい電力送配電網のことをスマートグリッドという。スマートグリッドの構築は，再生可能エネルギーを大量導入するために不可欠なインフラの1つである。

② スマートコミュニティとは，ICT（情報通信技術）や蓄電池などの技術を活用したエネルギーマネジメントシステムを通じて，分散型エネルギーシステムにおけるエネルギー需給を総合的に管理・制御する社会システムのことである。

③ スマートハウスとは，省エネ家電や太陽光発電，燃料電池，蓄電池などのエネルギー機器を組合せて利用する家のことをいう。

④ スマートメーターは，家庭のエネルギー管理システムであり，家庭用蓄電池や次世代自動車といった「蓄電機器」と，太陽光発電，家庭用燃料電池などの「創エネルギー機器」の需給バランスを最適な状態に制御する。

⑤ スマートグリッド，スマートコミュニティ，スマートハウス，スマート

メーターなどで用いられる「スマート」は「かしこい」の意である。

I−5−5　重要度A

次の（ア）～（オ）の，社会に大きな影響を与えた科学技術の成果を，年代の古い順から並べたものとして，最も適切なものはどれか。

（ア）　フリッツ・ハーバーによるアンモニアの工業的合成の基礎の確立
（イ）　オットー・ハーンによる原子核分裂の発見
（ウ）　アレクサンダー・グラハム・ベルによる電話の発明
（エ）　ハインリッヒ・R・ヘルツによる電磁波の存在の実験的な確認
（オ）　ジェームズ・ワットによる蒸気機関の改良

①　ウ　－　エ　－　オ　－　イ　－　ア
②　ウ　－　オ　－　ア　－　エ　－　イ
③　オ　－　ウ　－　エ　－　ア　－　イ
④　オ　－　エ　－　ウ　－　イ　－　ア
⑤　ア　－　オ　－　ウ　－　エ　－　イ

I−5−6　重要度A

技術者を含むプロフェッション（専門職業）やプロフェッショナル（専門職業人）の倫理や責任に関する次の記述のうち，最も不適切なものはどれか。

①　プロフェッショナルは自らの専門知識と業務にかかわる事柄について，一般人よりも高い基準を満たすよう期待されている。
②　倫理規範はプロフェッションによって異なる場合がある。
③　プロフェッショナルには，自らの能力を超える仕事を引き受けてはならないことが道徳的に義務付けられている。
④　プロフェッショナルの行動規範は変化する。
⑤　プロフェッショナルは，職務規定の中に規定がない事柄については責任を負わなくてよい。

Ⅱ　適性科目

Ⅱ　次の15問題を解答せよ。（解答欄に１つだけマークすること。）

Ⅱ—1

重要度A

技術士法第４章に関する次の記述の，［　］に入る語句の組合せとして，最も適切なものはどれか。

技術士法第４章　技術士等の義務

（信用失墜行為の［ア］）

第44条　技術士又は技術士補は，技術士若しくは技術士補の信用を傷つけ，又は技術士及び技術士補全体の不名誉となるような行為をしてはならない。

（技術士等の秘密保持［イ］）

第45条　技術士又は技術士補は，正当の理由がなく，その業務に関して知り得た秘密を漏らし，又は盗用してはならない。技術士又は技術士補でなくなった後においても，同様とする。

（技術士等の［ウ］確保の［エ］）

第45条の２　技術士又は技術士補は，その業務を行うに当たっては，公共の安全，環境の保全その他の［ウ］を害することのないよう努めなければならない。

（技術士の名称表示の場合の［イ］）

第46条　技術士は，その業務に関して技術士の名称を表示するときは，その登録を受けた技術部門を明示してするものとし，登録を受けていない技術部門を表示してはならない。

（技術士補の業務の［オ］等）

第47条　技術士補は，第２条第１項に規定する業務について技術士を補助する場合を除くほか，技術士補の名称を表示して当該業務を行ってはならない。

２　前条の規定は，技術士補がその補助する技術士の業務に関してする技術士補の名称の表示について準用する。

（技術士の資質向上の責務）

第47条の2　技術士は，常に，その業務に関して有する知識及び技能の水準を向上させ，その他その資質の向上を図るよう努めなければならない。

	ア	イ	ウ	エ	オ
①	制限	責務	利益	義務	制約
②	禁止	義務	公益	責務	制限
③	禁止	義務	利益	責務	制約
④	禁止	責務	利益	義務	制限
⑤	制限	責務	公益	義務	制約

Ⅱ—2

重要度A

技術士及び技術士補は，技術士法第4章（技術士等の義務）の規定の遵守を求められている。次の（ア)～(オ）の記述について，第4章の規定に照らして適切でないものの数はどれか。

（ア）業務遂行の過程で与えられる営業機密情報は，発注者の財産であり，技術士等はその守秘義務を負っているが，当該情報を基に独自に調査して得られた情報の財産権は，この限りではない。

（イ）企業に属している技術士等は，顧客の利益と公衆の利益が相反した場合には，所属している企業の利益を最優先に考えるべきである。

（ウ）技術士等の秘密保持義務は，所属する組織の業務についてであり，退職後においてまでその制約を受けるものではない。

（エ）企業に属している技術士補は，顧客がその専門分野能力を認めた場合は，技術士補の名称を表示して主体的に業務を行ってよい。

（オ）技術士は，その登録を受けた技術部門に関しては，充分な知識及び技能を有しているので，その登録部門以外に関する知識及び技能の水準を重点的に向上させるよう努めなければならない。

①　1　　②　2　　③　3　　④　4　　⑤　5

「技術士の資質向上の責務」は，技術士法第47条2に「技術士は，常に，その業務に関して有する知識及び技能の水準を向上させ，その他その資質の向上を図るよう努めなければならない。」と規定されているが，海外の技術者資格に比べて明確ではなかった。このため，資格を得た後の技術士の資質向上を図るためのCPD（Continuing Professional Development）は，法律で責務と位置づけられた。

技術士制度の普及，啓発を図ることを目的とし，技術士法により明示された我が国で唯一の技術士による社団法人である公益社団法人日本技術士会が掲げる「技術士CPDガイドライン第3版（平成29年4月発行）」において，［　　］に入る語句の組合せとして，最も適切なものはどれか。

技術士CPDの基本

技術業務は，新たな知見や技術を取り入れ，常に高い水準とすべきである。また，継続的に技術能力を開発し，これが証明されることは，技術者の能力証明としても意義があることである。

［ア］は，技術士個人の［イ］としての業務に関して有する知識及び技術の水準を向上させ，資質の向上に資するものである。

従って，何が［ア］となるかは，個人の現在の能力レベルや置かれている［ウ］によって異なる。

［ア］の実施の［エ］については，自己の責任において，資質の向上に寄与したと判断できるものを［ア］の対象とし，その実施結果を［エ］し，その証しとなるものを保存しておく必要がある。

（中略）

技術士が日頃従事している業務，教職や資格指導としての講義など，それ自体は［ア］とはいえない。しかし，業務に関連して実施した「［イ］としての能力の向上」に資する調査研究活動等は，［ア］活動であるといえる。

	ア	イ	ウ	エ
①	継続学習	技術者	環境	記録
②	継続学習	専門家	環境	記載
③	継続研鑽	専門家	立場	記録
④	継続学習	技術者	環境	記載

⑤　継続研鑽　　専門家　　立場　　記載

Ⅱ－4

重要度A

さまざまな工学系学協会が会員や学協会自身の倫理性向上を目指し，倫理綱領や倫理規程等を制定している。それらを踏まえた次の記述のうち，最も不適切なものはどれか。

①　技術者は，倫理綱領や倫理規程等に抵触する可能性がある場合，即時，無条件に情報を公開しなければならない。
②　技術者は，知識や技能の水準を向上させるとともに資質の向上を図るために，組織内のみならず，積極的に組織外の学協会などが主催する講習会などに参加するよう努めることが望ましい。
③　技術者は，法や規制がない場合でも，公衆に対する危険を察知したならば，それに対応する責務がある。
④　技術者は，自らが所属する組織において，倫理にかかわる問題を自由に話し合い，行動できる組織文化の醸成に努める。
⑤　技術者に必要な資質能力には，専門的学識能力だけでなく，倫理的行動をとるために必要な能力も含まれる。

Ⅱ－5

重要度A

次の記述は，日本のある工学系学会が制定した行動規範における，［前文］の一部である。［　　］に入る語句の組合せとして，最も適切なものはどれか。

会員は，専門家としての自覚と誇りをもって，主体的に［ア］可能な社会の構築に向けた取組みを行い，国際的な平和と協調を維持して次世代，未来世代の確固たる［イ］権を確保することに努力する。また，近現代の社会が幾多の苦難を経て獲得してきた基本的人権や，産業社会の公正なる発展の原動力となった知的財産権を擁護するため，その基本理念を理解するとともに，諸権利を明文化した法令を遵守する。

会員は，自らが所属する組織が追求する利益と，社会が享受する利益との調和を図るように努め，万一双方の利益が相反する場合には，何よりも人類と社会の［ウ］，［エ］および福祉を最優先する行動を選択するものとする。そして，広く国内外に眼を向け，学術の進歩と文化の継承，文明の発展に寄与し，［オ］な見解を持つ人々との交流を通じて，その責務を果たしていく。

	ア	イ	ウ	エ	オ
①	持続	生存	安全	健康	同様
②	持続	幸福	安定	安心	同様
③	進歩	幸福	安定	安心	同様
④	持続	生存	安全	健康	多様
⑤	進歩	幸福	安全	安心	多様

Ⅱ—6　重要度A

ものづくりに携わる技術者にとって，知的財産を理解することは非常に大事なことである。知的財産の特徴の1つとして，「もの」とは異なり「財産的価値を有する情報」であることが挙げられる。情報は，容易に模倣されるという特質を持っており，しかも利用されることにより消費されるということがないため，多くの者が同時に利用することができる。こうしたことから知的財産権制度は，創作者の権利を保護するため，元来自由利用できる情報を，社会が必要とする限度で制限する制度ということができる。

次に示す（ア）～（ケ）のうち，知的財産権に含まれないものの数はどれか。

（ア）特許権（「発明」を保護）
（イ）実用新案権（物品の形状等の考案を保護）
（ウ）意匠権（物品のデザインを保護）
（エ）著作権（文芸，学術，美術，音楽，プログラム等の精神的作品を保護）
（オ）回路配置利用権（半導体集積回路の回路配置の利用を保護）
（カ）育成者権（植物の新品種を保護）
（キ）営業秘密（ノウハウや顧客リストの盗用など不正競争行為を規制）
（ク）商標権（商品・サービスに使用するマークを保護）
（ケ）商号（商号を保護）

① 0　② 1　③ 2　④ 3　⑤ 4

Ⅱ—7

重要度A

近年，企業の情報漏洩に関する問題が社会的現象となっており，営業秘密等の漏洩は企業にとって社会的な信用低下や顧客への損害賠償等，甚大な損失を被るリスクがある。営業秘密に関する次の（ア)～(エ）の記述について，正しいものは○，誤っているものは×として，最も適切な組合せはどれか。

（ア）営業秘密は現実に利用されていることに有用性があるため，利用されることによって，経費の節約，経営効率の改善等に役立つものであっても，現実に利用されていない情報は，営業秘密に該当しない。
（イ）営業秘密は公然と知られていない必要があるため，刊行物に記載された情報や特許として公開されたものは，営業秘密に該当しない。
（ウ）情報漏洩は，現職従業員や中途退職者，取引先，共同研究先等を経由した多数のルートがあり，近年，サイバー攻撃による漏洩も急増している。
（エ）営業秘密には，設計図や製法，製造ノウハウ，顧客名簿や販売マニュアルに加え，企業の脱税や有害物質の垂れ流しといった反社会的な情報も該当する。

	ア	イ	ウ	エ
①	○	○	○	×
②	×	○	×	×
③	○	○	×	○
④	×	×	○	○
⑤	×	○	○	×

Ⅱ—8

重要度A

2004年，公益通報者を保護するために，公益通報者保護法が制定された。公益通報には，事業者内部に通報する内部通報と行政機関及び企業外部に通報する外部通報としての内部告発とがある。企業不祥事を告発することは，企業内のガバナンスを引き締め，消費者や社会全体の利益につながる側面を持っているが，同時に，企業の名誉・信用を失う行為として懲戒処分の対象となる側面も持っている。

公益通報者保護法に関する次の記述のうち，最も不適切なものはどれか。

① 公益通報者保護法が保護する公益通報は，不正の目的ではなく，労務提供先等について「通報対象事実」が生じ，又は生じようとする旨を，「通報先」に通報することである。

② 公益通報者保護法は，保護要件を満たして「公益通報」した通報者が，解雇その他の不利益な取扱を受けないようにする目的で制定された。

③ 公益通報者保護法が保護する対象は，公益通報した労働者で，労働者には公務員は含まれない。

④ 保護要件は，事業者内部（内部通報）に通報する場合に比較して，行政機関や事業者外部に通報する場合は，保護するための要件が厳しくなるなど，通報者が通報する通報先によって異なっている。

⑤ マスコミなどの外部に通報する場合は，通報対象事実が生じ，又は生じようとしていると信じるに足りる相当の理由があること，通報対象事実を通報することによって発生又は被害拡大が防止できることに加えて，事業者に公益通報したにもかかわらず期日内に当該通報対象事実について当該労務提供先等から調査を行う旨の通知がないこと，内部通報や行政機関への通報では危害発生や緊迫した危険を防ぐことができないなどの要件が求められる。

Ⅱ—9　重要度A

製造物責任法は，製品の欠陥によって生命・身体又は財産に被害を被ったことを証明した場合に，被害者が製造会社などに対して損害賠償を求めることができることとした民事ルールである。製造物責任法に関する次の（ア）～(カ)の記述のうち，不適切なものの数はどれか。

（ア）製造物責任法には，製品自体が有している特性上の欠陥のほかに，通常予見される使用形態での欠陥も含まれる。このため製品メーカーは，メーカーが意図した正常使用条件と予見可能な誤使用における安全性の確保が必要である。

（イ）製造物責任法では，製造業者が引渡したときの科学又は技術に関する知見によっては，当該製造物に欠陥があることを認識できなかった場合でも製造物責任者として責任がある。

（ウ）製造物の欠陥は，一般に製造業者や販売業者等の故意若しくは過失によって生じる。この法律が制定されたことによって，被害者はその故意若しくは過失を立証すれば，損害賠償を求めることができるようになり，被害者救済の道が広がった。

（エ）製造物責任法では，テレビを使っていたところ，突然発火し，家屋に多大な損害が及んだ場合，製品の購入から10年を過ぎても，被害者は欠陥の存在を証明ができれば，製造業者等へ損害の賠償を求めることができる。

（オ）この法律は製造物に関するものであるから，製造業者がその責任を問われる。他の製造業者に製造を委託して自社の製品としている，いわゆるOEM製品とした業者も含まれる。しかし輸入業者は，この法律の対象外である。

（カ）この法律でいう「欠陥」というのは，当該製造物に関するいろいろな事情（判断要素）を総合的に考慮して，製造物が通常有すべき安全性を欠いていることをいう。このため安全性にかかわらないような品質上の不具合は，この法律の賠償責任の根拠とされる欠陥には当たらない。

①　2　　②　3　　③　4　　④　5　　⑤　6

Ⅱ—10　　重要度A

2007年5月，消費者保護のために，身の回りの製品に関わる重大事故情報の報告・公表制度を設けるために改正された「消費生活用製品安全法（以下，消安法という。）」が施行された。さらに，2009年4月，経年劣化による重大事故を防ぐために，消安法の一部が改正された。消安法に関する次の（ア）～（エ）の記述について，正しいものは○，誤っているものは×として，最も適切な組合せはどれか。

（ア）消安法は，重大製品事故が発生した場合に，事故情報を社会が共有することによって，再発を防ぐ目的で制定された。重大製品事故とは，死亡，火災，一酸化炭素中毒，後遺障害，治療に要する期間が30日以上の重傷病をさす。

（イ）事故報告制度は，消安法以前は事業者の協力に基づく任意制度として実施されていた。消安法では製造・輸入事業者が，重大製品事故発生を知った日を含めて10日以内に内閣総理大臣（消費者庁長官）に報告しなければならない。

（ウ）消費者庁は，報告受理後，一般消費者の生命や身体に重大な危害の発生及び拡大を防止するために，1週間以内に事故情報を公表する。この場合，ガス・石油機器は，製品欠陥によって生じた事故でないことが完全に明白な場合を除き，また，ガス・石油機器以外で製品起因が疑われる事故は，直ちに，事業者名，機種・型式名，事故内容等を記者発表及びウエブサイトで公表する。

（エ）消安法で規定している「通常有すべき安全性」とは，合理的に予見可能な範囲の使用等における安全性で，絶対的な安全性をいうものではない。危険性・リスクをゼロにすることは不可能であるか著しく困難である。全ての商品に「危険性・リスク」ゼロを求めることは，新製品や役務の開発・供給を萎縮させたり，対価が高額となり，消費者の利便が損なわれることになる。

	ア	イ	ウ	エ
①	×	○	○	○
②	○	×	○	○
③	○	○	×	○
④	○	○	○	×
⑤	○	○	○	○

Ⅱ—11　重要度A

労働安全衛生法における安全並びにリスクに関する次の記述のうち，最も不適切なものはどれか。

①　リスクアセスメントは，事業者自らが職場にある危険性又は有害性を特

定し，災害の重篤度（危害のひどさ）と災害の発生確率に基づいて，リスクの大きさを見積もり，受け入れ可否を評価することである。

② 事業者は，職場における労働災害発生の芽を事前に摘み取るために，設備，原材料等や作業行動等に起因するリスクアセスメントを行い，その結果に基づいて，必要な措置を実施するように努めなければならない。なお，化学物質に関しては，リスクアセスメントの実施が義務化されている。

③ リスク低減措置は，リスク低減効果の高い措置を優先的に実施することが必要で，次の順序で実施することが規定されている。

(1) 危険な作業の廃止・変更等，設計や計画の段階からリスク低減対策を講じること
(2) インターロック，局所排気装置等の設置等の工学的対策
(3) 個人用保護具の使用
(4) マニュアルの整備等の管理的対策

④ リスク評価の考え方として，「ALARPの原則」がある。ALARPは，合理的に実行可能なリスク低減措置を講じてリスクを低減することで，リスク低減措置を講じることによって得られるメリットに比較して，リスク低減費用が著しく大きく合理性を欠く場合はそれ以上の低減対策を講じなくてもよいという考え方である。

⑤ リスクアセスメントの実施時期は，労働安全衛生法で次のように規定されている。

(1) 建築物を設置し，移転し，変更し，又は解体するとき
(2) 設備，原材料等を新規に採用し，又は変更するとき
(3) 作業方法又は作業手順を新規に採用し，又は変更するとき
(4) その他危険性又は有害性等について変化が生じ，又は生じるおそれがあるとき

Ⅱ－12　　重要度B

我が国では人口減少社会の到来や少子化の進展を踏まえ，次世代の労働力を確保するために，仕事と育児・介護の両立や多様な働き方の実現が急務となっている。

この仕事と生活の調和（ワーク・ライフ・バランス）の実現に向けて，職場で実践すべき次の（ア）～（コ）の記述のうち，不適切なものの数はどれか。

（ア）会議の目的やゴールを明確にする。参加メンバーや開催時間を見直す。必ず結論を出す。
（イ）事前に社内資料の作成基準を明確にして，必要以上の資料の作成を抑制する。
（ウ）キャビネットやデスクの整理整頓を行い，書類を探すための時間を削減する。
（エ）「人に仕事がつく」スタイルを改め，業務を可能な限り標準化，マニュアル化する。
（オ）上司は部下の仕事と労働時間を把握し，部下も仕事の進捗報告をしっかり行う。
（カ）業務の流れを分析した上で，業務分担の適正化を図る。
（キ）周りの人が担当している業務を知り，業務負荷が高いときに助け合える環境をつくる。
（ク）時間管理ツールを用いてスケジュールの共有を図り，お互いの業務効率化に協力する。
（ケ）自分の業務や職場内での議論，コミュニケーションに集中できる時間をつくる。
（コ）研修などを開催して，効率的な仕事の進め方を共有する。

① 0　② 1　③ 2　④ 3　⑤ 4

Ⅱ−13　重要度A

環境保全に関する次の記述について，正しいものは○，誤っているものは×として，最も適切な組合せはどれか。

（ア）カーボン・オフセットとは，日常生活や経済活動において避けることができないCO_2等の温室効果ガスの排出について，まずできるだけ排出量が減るよう削減努力を行い，どうしても排出される温室効果ガスについて，排出量に見合った温室効果ガスの削減活動に投資すること等により，排出される温室効果ガスを埋め合わせるという考え方である。
（イ）持続可能な開発とは，「環境と開発に関する世界委員会」（委員長：ブルントラント・ノルウェー首相（当時））が1987年に公表した報告書

「Our Common Future」の中心的な考え方として取り上げた概念で，「将来の世代の欲求を満たしつつ，現在の世代の欲求も満足させるような開発」のことである。

（ウ）ゼロエミッション（Zero emission）とは，産業により排出される様々な廃棄物・副産物について，他の産業の資源などとして再活用することにより社会全体として廃棄物をゼロにしようとする考え方に基づいた，自然界に対する排出ゼロとなる社会システムのことである。

（エ）生物濃縮とは，生物が外界から取り込んだ物質を環境中におけるよりも高い濃度に生体内に蓄積する現象のことである。特に生物が生活にそれほど必要でない元素・物質の濃縮は，生態学的にみて異常であり，環境問題となる。

	ア	イ	ウ	エ
①	×	○	○	○
②	○	×	○	○
③	○	○	×	○
④	○	○	○	×
⑤	○	○	○	○

Ⅱ—14　　重要度C

多くの事故の背景には技術者等の判断が関わっている。技術者として事故等の背景を知っておくことは重要である。事故後，技術者等の責任が刑事裁判でどのように問われたかについて，次に示す事例のうち，実際の判決と異なるものはどれか。

① 2006年，シンドラー社製のエレベーター事故が起き，男子高校生がエレベーターに挟まれて死亡した。この事故はメンテナンスの不備に起因している。裁判では，シンドラー社元社員の刑事責任はなしとされた。

② 2005年，JR福知山線の脱線事故があった。事故は電車が半径304mのカーブに制限速度を超えるスピードで進入したために起きた。直接原因は運転手のブレーキ使用が遅れたことであるが，当該箇所に自動列車停止装置（ATS）が設置されていれば事故にはならなかったと考えられる。この

事故では，JR西日本の歴代3社長は刑事責任を問われ有罪となった。

③　2004年，六本木ヒルズの自動回転ドアに6歳の男の子が頭を挟まれて死亡した。製造メーカーの営業開発部長は，顧客要求に沿って設計した自動回転ドアのリスクを十分に顧客に開示していないとして，森ビル関係者より刑事責任が重いとされた。

④　2000年，大阪で低脂肪乳を飲んだ集団食中毒事件が起き，被害者は1万3000人を超えた。事故原因は，停電事故が起きた際に，脱脂粉乳の原料となる生乳をプラント中に高温のまま放置し，その間に黄色ブドウ球菌が増殖しエンテロトキシンAに汚染された脱脂粉乳を製造したためとされている。この事故では，工場関係者の刑事責任が問われ有罪となった。

⑤　2012年，中央自動車道笹子トンネルの天井板崩落事故が起き，9名が死亡した。事故前の点検で設備の劣化を見抜けなかったことについて，「中日本高速道路」と保守点検を行っていた会社の社長らの刑事責任が問われたが，「天井板の構造や点検結果を認識しておらず，事故を予見できなかった」として刑事責任はなしとされた。

> Ⅱ－14の問題は，選択肢のそれぞれの事例に関して，刑事裁判における判決内容を問うものであり，選択肢⑤の事例は不起訴処分とされ刑事裁判にあたらない事案であるとともに，試験日現在検察審査会に審査の申し立てがなされていることから，不適格な選択肢であったため不適切な出題と判断しました。

Ⅱ—15　　重要度B

近年，さまざまな倫理促進の取組が，行為者の萎縮に繋がっているとの懸念から，行為者を鼓舞し，動機付けるような倫理の取組が求められている。このような動きについて書かれた次の文章において，［　　］に入る語句の組合せのうち，最も適切なものはどれか。

国家公務員倫理規程は，国家公務員が，許認可等の相手方，補助金等の交付を受ける者など，国家公務員が［ア］から金銭・物品の贈与や接待を受けたりすることなどを禁止しているほか，割り勘の場合でも［ア］と共にゴルフや旅行などを行うことを禁止しています。

しかし，このように倫理規程では公務員としてやってはいけないことを述べていますが，人事院の公務員倫理指導の手引では，倫理規程で示している倫理を「［イ］の公務員倫理」とし，「［ウ］の公務員倫理」として，「公務員としてやった方が望ましいこと」や「公務員として求められる姿勢や心構え」を求めています。

技術者倫理においても，同じような分類があり，狭義の公務員倫理として述べられているような，「～するな」という服務規律を典型とする倫理を「［エ］倫理（消極的倫理)」，広義の公務員倫理として述べられている「したほうがよいことをする」を［オ］倫理（積極的倫理）と分けて述べることがあります。技術者が倫理的であるためには，この2つの側面を認識し，行動することが必要です。

	ア	イ	ウ	エ	オ
①	利害関係者	狭義	広義	規律	自律
②	知人	狭義	広義	予防	自律
③	知人	広義	狭義	規律	志向
④	利害関係者	狭義	広義	予防	志向
⑤	利害関係者	広義	狭義	予防	自律

平成30年度　解答・解説

Ⅰ 基礎科目

▌1群▌ 設計・計画に関するもの

Ⅰ−1−1　解答 ③

信頼度に関する計算問題です。

平成28年度の出題（Ⅰ−1−1）に類似問題があります。

直列は「信頼度の積」，並列は「1−{(1−信頼度)の積}」で計算します。

システムAの並列部は，$1-\{(1-X)\times(1-X)\}=2X-X^2$となります。ここから，システムA全体の信頼度は，$0.950\times(2X-X^2)\times0.950=0.9025\times(2X-X^2)=1.805X-0.9025X^2$となります。

システムBの信頼度は，$X\times X\times X=X^3$となります。

システムAとシステムBの信頼度が同等なので，$1.805X-0.9025X^2=X^3$，Xについて整理すると，$X\fallingdotseq0.966$となります。

この値を使って，システムBの信頼度を計算すると，$0.966\times0.966\times0.966\fallingdotseq$ **0.9014**となります。

したがって，最も近い値の③が正解となります。

Ⅰ−1−2　解答 ①

アローダイアグラムに関する問題です。

与えられたアローダイアグラムからプロジェクトの遂行を左右するクリティカルパス（作業工程上最も時間がかかる経路）を読み取り，重要な要素作業をピックアップします。

設問のアローダイアグラムから読み取れるクリティカルパスは，「1→2→3→4→6→9→10→11」と「1→2→3→4→5→9→10→11」の経路で，その日数は80日です。この経路上にある要素作業が重点的に進捗状況管理を行うべきものとなります。

したがって，クリティカルパス上の要素作業を群として表している①が正解となります。

Ⅰ−1−3　解答 ②

設計理論に関する正誤問題です。

（ア）**誤**。「物理的な障壁のみを除去する」という記述が誤りで，「精神的な障壁を取り除く」ことも含まれます。

（イ）**正**。記述のとおりです。

（ウ）**誤**。ロン・メイス（ロナルド・メイス）が提唱した7原則は，バリアフリーデザインではなく，ユニバーサルデザインに関するものです。

したがって，②が正解となります。

Ⅰ−1−4　解答 ②

コストに関する計算問題です。

製品1，2の個数をそれぞれx，yとすると，原料Aの使用上限は$2x+1y\leqq12$，原料Bの使用上限は$1x+3y\leqq15$，ライン稼働時間の使用上限は$1x+1y\leqq7$という制約条件が成り立ちます。

この条件を図示して解答を導くこともできますが，設問の条件に従って表にしてみると，a〜hまでの組合せで次表のようになります。

	a	b	c	d	e	f	g	h
製品1の個数	0	1	2	3	4	5	6	7
製品2の個数	7	6	5	4	3	2	1	0
製品1の原料Aの必要量	0	2	4	6	8	10	12	14
製品2の原料Aの必要量	7	6	5	4	3	2	1	0
原料Aの合計	7	8	9	10	11	12	13	14
製品1の原料Bの必要量	0	1	2	3	4	5	6	7
製品2の原料Bの必要量	21	18	15	12	9	6	3	0
原料Bの合計	21	19	17	15	13	11	9	7

表のうち，網掛けの部分の組合せ（a～c，g，h）は使用上限を超えてしまっているので，d～fの組合せで最大利益を計算してみます。

d（製品1の個数3，製品2の個数4）＝300×3＋200×4＝1,700

e（製品1の個数4，製品2の個数3）＝300×4＋200×3＝1,800

f（製品1の個数5，製品2の個数2）＝300×5＋200×2＝**1,900**

したがって，②が正解となります。

I－1－5　解答 ③

コストに関する計算問題です。

ここでは，検査回数に要する経費と不具合の発生による損害額の合計が，最も少なくなる検査回数を求めればよいことになります。

式は，$30X+\{1/(X+2)^2\}\times3240$ で表されます。選択肢の①～⑤の数値を代入して比較します。

① $30\times2+\{1/(2+2)^2\}\times3240=262.5$

② $30\times3+\{1/(3+2)^2\}\times3240=219.6$

③ $30\times4+\{1/(4+2)^2\}\times3240=210.0$

④ $30\times5+\{1/(5+2)^2\}\times3240\fallingdotseq216.1$

⑤ $30\times6+\{1/(6+2)^2\}\times3240\fallingdotseq230.6$

以上の結果より，X＝**4**のときに総費用が最小になります。

したがって，③が正解となります。

I－1－6　解答 ④

製造物責任法に関する穴埋め問題です。

平成25年度の出題（I－1－1）に選択肢のみ異なる類似問題がありました。

製造物責任法の第一条（目的）および第二条（定義）を用いた設問になっています。

条文では，それぞれ（ア）**製造物**，（イ）**欠陥**，（ウ）**被害者**，（エ）**安全性**の語句が該当します。

したがって，④が正解となります。

【2群】情報・論理に関するもの

I－2－1　解答 ④

情報セキュリティに関する正誤問題です。

①　**適切**。記述のとおりです。

②　**適切**。記述のとおりです。

③　**適切**。記述のとおりです。

④　**不適切**。パスワードは，複数のサービスで使い回さないようにすべきです。あるサービスから流出したアカウント情報を使って，他のサービスへの不正ログインが行われることがあります。

⑤　**適切**。記述のとおりです。

したがって，④が正解となります。

I－2－2　解答 ③

アルゴリズム（状態遷移図）に関する問題です。

状態遷移図に沿って考えます。

(a) 上昇しているので，現在階<目的階。

(b)(c) いずれも目的階に到着して現在階をチェックしているので，現在階=目的階。

(d) 下降しているので，現在階>目的階。

(e) 下降に向けてボタンを押下しているので，現在階>目的階。

したがって，③が正解となります。

I—2—3　解答 ③

補数表現に関する問題です。

定義式に当てはめて，n進数に戻します。定義式は，k桁のn進数Xについて，

Xのnの補数：n^k-X……①

Xのn−1の補数：$(n^k-1)-X$……②

（ア）5桁の2進数 $(01011)_2$ の（n=）2の補数は，

$k=5$，$n=2$，$X=(01011)_2$ を式①に代入すると，

$n^k-X=2^5-(01011)_2$……①′

ここで，2^5 を2進数で表すと $(100000)_2$ となります。

よって，①′は，

$(100000)_2-(01011)_2=\mathbf{(10101)_2}$

（イ）5桁の2進数 $(01011)_2$ の（n−1=）1の補数は，

$k=5$，$n=2$，$X=(01011)_2$ を式②に代入すると，

$(n^k-1)-X=(2^5-1)-(01011)_2$……②′

ここで，2^5 を2進数で表すと $(100000)_2$ となります。

よって，②′は，

$\{(100000)_2-1\}-(01011)_2=(11111)_2-(01011)_2=\mathbf{(10100)_2}$

したがって，③が正解となります。

I—2—4　解答 ⑤

論理式に関する問題です。

平成25年度の出題（Ⅰ—2—3）に類似問題があります。

ド・モルガンの法則である $\overline{A+B}=\overline{A}\cdot\overline{B}$（論理和の出力の否定と入力を否定した論理積は同じ），$\overline{A\cdot B}=\overline{A}+\overline{B}$（論理積の出力の否定と入力を否定した論理和は同じ），さらに復元の法則である $\overline{\overline{A}}=A$（入力を2回否定すると入力と同じ）を用います。

これにより，$X=\overline{\overline{A}\cdot\overline{B}+A\cdot B}=\overline{\overline{A}\cdot\overline{B}}\cdot\overline{A\cdot B}=(\overline{\overline{A}}+\overline{\overline{B}})\cdot(\overline{A\cdot B})=\mathbf{(A+B)\cdot(\overline{A\cdot B})}$ となります。

したがって，⑤が正解となります。

I—2—5　解答 ①

アルゴリズム（2分木と後置記法）に関する問題です。

中間記法で $a\times b+c\div d$ と書かれた式を後置記法に変換したときの図は次のようになります。

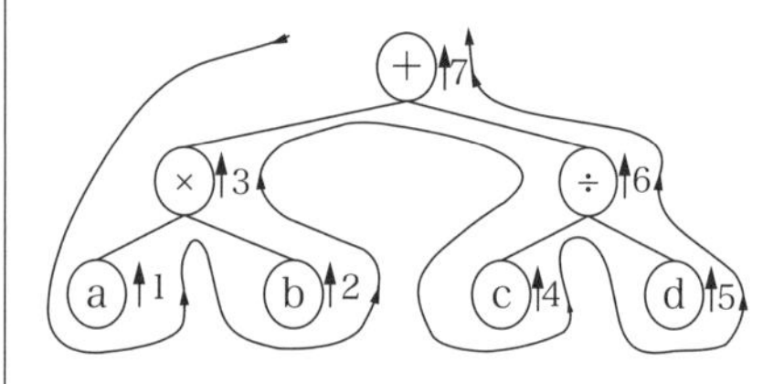

したがって，$\boldsymbol{ab\times cd\div+}$ となり，①が正解となります。

I—2—6　解答 ②

集合に関する問題です。

ベン図を書くと下図のようになります。このベン図内の重複している部分に注意して総個数を計算すると，$(300+180+128)-\{(60+43+26)-9\}=488$

平成30年度 基礎科目

となります。

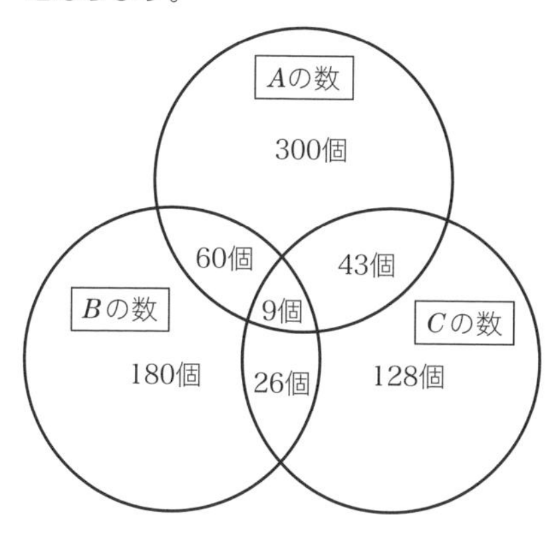

したがって，$A \cup B \cup C$に含まれない元の個数は，900－488＝**412**となり，②が正解となります。

【3群】 解析に関するもの

I—3—1　　解答 ①

定積分に関する計算問題です。

平成28年の出題（Ⅰ—3—1）に，選択肢のみ異なる類似問題がありました。

$f(x)=ax+b$なので，

$$\int_{-1}^{1}(ax+b)\,dx=\left[\frac{1}{2}ax^2+bx\right]_{-1}^{1}$$

$$=\frac{a}{2}+b-\left(\frac{a}{2}-b\right)$$

$$=2b$$

となります。

それぞれの選択肢を計算して比較します。

① $\frac{1}{4}f(-1)+f(0)+\frac{1}{4}f(1)$

$$=\frac{1}{4}(-a+b)+b+\frac{1}{4}(a+b)=\boldsymbol{\frac{3}{2}b}$$

② $\frac{1}{2}f(-1)+f(0)+\frac{1}{2}f(1)$

$$=\frac{1}{2}(-a+b)+b+\frac{1}{2}(a+b)=2b$$

③ $\frac{1}{3}f(-1)+\frac{4}{3}f(0)+\frac{1}{3}f(1)$

$$=\frac{1}{3}(-a+b)+\frac{4}{3}b+\frac{1}{3}(a+b)$$

$$=2b$$

④ $f(-1)+f(1)=-a+b+a+b=2b$

⑤ $2f(0)=2b$

したがって，①が正解となります。

I—3—2　　解答 ④

偏微分に関する計算問題です。

$u=-x^2+2xy$，$v=2xy-y^2$と与えられているので，

$$\mathrm{div}\,\boldsymbol{v}=\frac{\partial u}{\partial x}+\frac{\partial v}{\partial y}=-2x+2y+2x-2y$$

$$\mathrm{rot}\,\boldsymbol{v}=\frac{\partial v}{\partial x}-\frac{\partial u}{\partial y}=2y-2x$$

となります。

この式に$(x,y)=(1,2)$を代入すると，

$\mathrm{div}\,\boldsymbol{v}=-2+4+2-4=$**0**

$\mathrm{rot}\,\boldsymbol{v}=4-2=$**2**

したがって，④が正解となります。

I—3—3　　解答 ②

逆行列に関する問題です。

掃き出し法で逆行列を求めます。行列$\boldsymbol{A}$と逆行列$\boldsymbol{A}^{-1}$の積が単位行列$\boldsymbol{I}$になることを利用します。

つまり，横長の行列（$\boldsymbol{AI}$）に行基本変形を繰り返し行って（$\boldsymbol{IB}$）になったら，$\boldsymbol{B}$は$\boldsymbol{A}$の逆行列$\boldsymbol{A}^{-1}$となります。

行基本変形とは次の3つです。

変形❶：ある行を定数倍する。変形❷：2つの行を交換する。変形❸：ある行の定数倍を別の行に加える。

まず，行列（$\boldsymbol{AI}$）を作ります。

$$\begin{bmatrix} 1 & 0 & 0 & 1 & 0 & 0 \\ a & 1 & 0 & 0 & 1 & 0 \\ b & c & 1 & 0 & 0 & 1 \end{bmatrix} \begin{matrix} \rightarrow & 1行目 \\ \rightarrow & 2行目 \\ \rightarrow & 3行目 \end{matrix}$$

手順1として，

2行目のaを0にするために，1行目の$-a$倍を2行目に加えます（変形❸）。

$$\begin{bmatrix} 1 & 0 & 0 & 1 & 0 & 0 \\ 0 & 1 & 0 & -a & 1 & 0 \\ b & c & 1 & 0 & 0 & 1 \end{bmatrix} \begin{matrix} \rightarrow & 1行目 \\ \rightarrow & 2行目 \\ \rightarrow & 3行目 \end{matrix}$$

手順2として，

3行目のbを0にするために，1行目の$-b$倍を3行目に加えます（変形❸）。

$$\begin{bmatrix} 1 & 0 & 0 & 1 & 0 & 0 \\ 0 & 1 & 0 & -a & 1 & 0 \\ 0 & c & 1 & -b & 0 & 1 \end{bmatrix} \begin{matrix} \rightarrow & 1行目 \\ \rightarrow & 2行目 \\ \rightarrow & 3行目 \end{matrix}$$

手順3として，

3行目のcを0にするために，2行目の$-c$倍を3行目に加えます（変形❸）。

$$\begin{bmatrix} 1 & 0 & 0 & 1 & 0 & 0 \\ 0 & 1 & 0 & -a & 1 & 0 \\ 0 & 0 & 1 & ac-b & -c & 1 \end{bmatrix} \begin{matrix} \rightarrow & 1行目 \\ \rightarrow & 2行目 \\ \rightarrow & 3行目 \end{matrix}$$

左側が単位行列$\boldsymbol{I}$になったので，右側が$\boldsymbol{A}$の逆行列です。

すなわち，（$\boldsymbol{IB}$）の形になったので，$\boldsymbol{B}=\boldsymbol{A}^{-1}$となります。

したがって，②が正解となります。

I—3—4　解答 ②

ニュートン法に関する問題です。

ニュートン法は，非線形方程式$f(x)=0$の近似解を求めるアルゴリズムの1つです。

このアルゴリズムは，初期値のx_0におけるyの値$=f(x_0)$（次図のP点）の接線，つまり，傾き$f'(x_0)$の直線とx軸との交点x_1が初期値x_0よりも正解値に近づく原理を用いています。

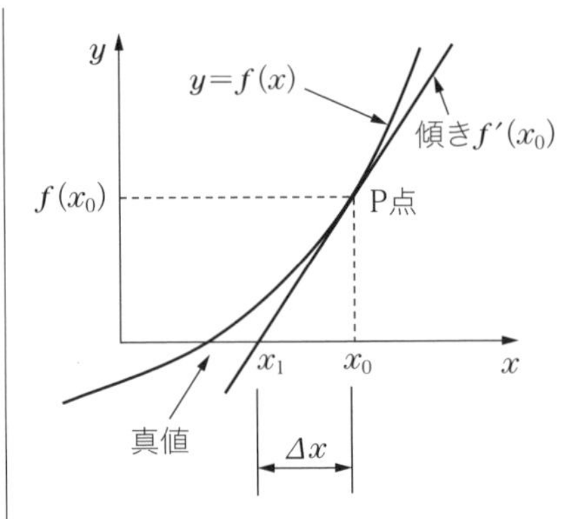

図の直角三角形$\mathrm{P}x_0x_1$で，傾き$f'(x_0)=f(x_0)/\Delta x$なので，

$\Delta x=f(x_0)/f'(x_0)$

一般的には，

$\boldsymbol{\Delta x=f(x_n)/f'(x_n)}$

ここで，Δxはx_0とx_1の誤差なので，これが，しきい値εよりも小さければ真値に近似したと判定されるので，

$\boldsymbol{|\Delta x|<\varepsilon}$

で終了となります。

したがって，②が正解となります。

I—3—5　解答 ③

バネの変位に関する正誤問題です。

①，②，④，⑤　**適切**。記述のとおりです。

③　**不適切**。質点の釣合い位置において，全ポテンシャルエネルギーΠ_Pは最小になります。

したがって，③が正解となります。

I—3—6　解答 ③

力学に関する計算問題です。

平成22年度の出題（Ⅰ—3—5）に類似問題がありました。

単位を揃えて計算する点に注意が必要です。

応力をσ，ひずみをε，ヤング率をEとすると，フックの法則より，$\varepsilon=\sigma/E$で表せます。

よって，$\varepsilon=\dfrac{4000/(100\times10^{-6})}{200\times10^{9}}=2\times10^{-4}$

もとの長さが2 mなので，伸びは$2{,}000\times2\times10^{-4}=$**0.4**となります。

したがって，③が正解となります。

▌4群▌ 材料・化学・バイオに関するもの

Ⅰ—4—1 解答 ⑤

物質量に関する計算問題です。

① 1 mol当たりの気体の体積をモル体積といい，標準状態では22.4 L/molです。ここから，14 Lの窒素は14／22.4=**0.625** molとなります。気体であれば，どんな気体でも，同じ計算式が使えます。

② 水溶液に含まれる塩化ナトリウムは200 g×10％＝20 gとなります。ここから，20／58.5≒**0.342** molとなります。

③ 分子の個数は，mol×(6.02×10^{23})で表されます。ここから，$(3.0\times10^{23})/(6.02\times10^{23})$≒**0.498** molとなります。

④ 化学反応式で表すと，$Cu+0.5O_2\rightarrow CuO$となります。ここから，酸素のモル数は64／63.6×0.5≒**0.503** molとなります。

⑤ 化学反応式で表すと，$CH_4+2O_2\rightarrow CO_2+2H_2O$となります。ここから，二酸化炭素のモル数は4.0／16=**0.25** molとなります。

したがって，⑤が正解となります。

Ⅰ—4—2 解答 ⑤

酸と塩基に関する正誤問題です。

①～④ **適切**。記述のとおりです。

⑤ **不適切**。塩酸は強酸，酢酸は弱酸であり，同じ濃度の水溶液であればpHは異なります。

したがって，⑤が正解となります。

Ⅰ—4—3 解答 ③

金属の腐食に関する正誤問題です。

① **不適切**。腐食は，化学反応または電気化学反応によって損耗する現像のことをいいます。

② **不適切**。腐食には，全面腐食，局部腐食，粒間腐食，孔食などがあります。

③ **適切**。記述のとおりです。

④ **不適切**。ステンレス鋼は，鉄にクロムを11％以上含有させた合金鋼で，さらに8％以上のニッケルを加えると耐食性が増します。

⑤ **不適切**。腐食の速度は，材料の使用環境温度に依存します。

したがって，③が正解となります。

Ⅰ—4—4 解答 ②

材料に関する穴埋め問題です。

平成23年度の出題（Ⅰ—4—4）に類似問題がありました。

（ア）**自由電子**。金属の塑性は，金属原子間の自由電子の存在によるものです。

（イ）**小さく**。ホール・ペッチの関係式より，降伏応力は結晶粒径の1/2乗に反比例するので，結晶粒径が小さくなるほど降伏応力は大きくなります。

（ウ）**加工硬化**。格子欠陥の増加によって変形に対する抵抗力が増す現象を加工硬化といいます。

（エ）**繰返し負荷**。疲労破壊は，繰返し負荷が作用して最終破断が生ずる破壊です。

したがって，②が正解となります。

Ⅰ—4—5　解答 ⑤

細胞の化学組成に関する正誤問題です。

①～④　**適切**。記述のとおりです。

⑤　**不適切**。動物細胞を構成する有機化合物の重量比は，大きい方からタンパク質，脂質の順になります。

したがって，⑤が正解となります。

Ⅰ—4—6　解答 ③

タンパク質に関する正誤問題です。

①　**不適切**。ペプチド結合は共有結合です。

②　**不適切**。タンパク質を構成するアミノ酸のほとんどがL体です。

③　**適切**。記述のとおりです。

④　**不適切**。ジスルフィド結合は共有結合です。

⑤　**不適切**。タンパク質の表面に分布していることが多いのは極性アミノ酸の側鎖です。

したがって，③が正解となります。

▌5群▌ 環境・エネルギー・技術に関するもの

Ⅰ—5—1　解答 ②

環境用語に関する正誤問題です。

①，③～⑤　**適切**。記述のとおりです。

②　**不適切**。SDGsは途上国のみならず，先進国も対象にしています。

したがって，②が正解となります。

Ⅰ—5—2　解答 ③

環境用語に関する正誤問題です。

平成26年度の出題（Ⅰ—5—2）に選択肢のみ異なる類似問題がありました。

①　**不適切**。グリーン購入とは，バイオマスから作られたものを優先的に購入するということではなく，必要性をよく考え，環境への負荷ができるだけ少ないものを選んで購入することです。

②　**不適切**。環境報告書は，情報開示などの透明性確保の観点から，事業者が環境保全に関する取り組みについて定期的に公表する報告書で，地方自治体への届け出義務はありません。

③　**適切**。環境会計は，環境保全への取組状況を可能な限り定量的に管理することで，事業経営を健全に保つツールとして有効とされています。

④　**不適切**。環境監査とは，事業者の環境管理の取組状況について，客観的な立場から点検を行うことです。

⑤　**不適切**。ライフサイクルアセスメントとは，製品およびサービスにおける資源の採取から製品の製造，使用，リサイクル，廃棄，物流などに関するライフサイクル全般にわたっての総合的な環境負荷を客観的に評価することをいいます。

したがって，③が正解となります。

Ⅰ—5—3　解答 ③

エネルギーに関する穴埋め問題です。

平成25年度の出題（Ⅰ—5—1）に類似問題がありました。

財務省貿易統計によれば，原油の地域別輸入先では中東地域が約87%を占め，国別輸入先ではサウジアラビアが第1位となっています（クウェートは第4位）。

また，日本の総輸入金額に占める原油・石油製品の輸入金額の割合は約12%となっています。ホルムズ海峡は，中東地域の産油国が臨むペルシャ湾の出入り口にあたります。

したがって，（ア）**87**，（イ）**ホルムズ**，（ウ）**サウジアラビア**，（エ）**12**の語句となり，③が正解となります。

I—5—4　解答 ④

エネルギーに関する正誤問題です。

① **適切**。記述のとおりです。

② **適切**。記述のとおりです。

③ **適切**。記述のとおりです。

④ **不適切**。スマートメーターは，電力使用量をデジタルで計測する電力量計です。

⑤ **適切**。記述のとおりです。

したがって，④が正解となります。

I—5—5　解答 ③

科学技術史に関する問題です。

（ア）フリッツ・ハーバーによるアンモニアの工業的合成の基礎の確立は1908年です。

（イ）オットー・ハーンによる原子核分裂の発見は1938年です。

（ウ）アレクサンダー・グラハム・ベルによる電話の発明は1876年です。

（エ）ハインリッヒ・R・ヘルツによる電磁波の存在の実験的な確認は1887年です。

（オ）ジェームズ・ワットによる蒸気機関の改良は1776年です。

したがって，年代の古い順から**オーウーエーアーイ**となり，③が正解となります。

I—5—6　解答 ⑤

技術者倫理に関する正誤問題です。

平成26年度の出題（Ⅰ—5—5）に選択肢のみ異なる類似問題がありました。

① **適切**。記述のとおりです。

② **適切**。記述のとおりです。

③ **適切**。記述のとおりです。

④ **適切**。記述のとおりです。

⑤ **不適切**。職務規定の中に規定がない事柄についても，技術者の倫理に照らして責任を負う必要があります。

したがって，⑤が正解となります。

Ⅱ 適性科目

Ⅱ—1　解答 ②

技術士法第4章に関する穴埋め問題です。

選択肢にある語句それぞれは同義のものがありますが，条文にある正確な語句を選択します。

したがって，（ア）**禁止**，（イ）**義務**，（ウ）**公益**，（エ）**責務**，（オ）**制限**の語句となり，②が正解となります。

Ⅱ—2　解答 ⑤

技術士法第4章に関する正誤問題です。

（ア）**不適切**。第45条「技術士等の秘密保持義務」に照らして，不適切な記述です。

（イ）**不適切**。第45条の2「技術士の公益確保の責務」に照らして，不適切な記述です。

（ウ）**不適切**。第45条「技術士等の秘密保持義務」に照らして，不適切な記述です。

（エ）**不適切**。第47条「技術士補の業務の制限等」に照らして，不適切な記述です。

（オ）**不適切**。第47条の2「技術士の資質向上の責務」に照らして，不適切な記述です。

したがって，適切でないものの数は**5**となり，⑤が正解となります。

Ⅱ—3　解答 ③

CPDに関する穴埋め問題です。

設問は，日本技術士会が発行している「技術士CPDガイドライン第3版（平成29年発行）」の一部です。

（ア）**継続研鑽**，（イ）**専門家**，（ウ）**立場**，（エ）**記録**となり，③が正解となります。

Ⅱ—4　解答 ①

倫理綱領，倫理規程に関する正誤問題です。

①　**不適切**。即時，無条件ではなく，利害関係者との協議などを踏まえたうえで情報を公開すべきです。

②　**適切**。記述のとおりです。

③　**適切**。記述のとおりです。

④　**適切**。記述のとおりです。

⑤　**適切**。記述のとおりです。

したがって，①が正解となります。

Ⅱ—5　解答 ④

行動規範に関する穴埋め問題です。

設問は，電気学会行動規範の前文の一部です。

（ア）**持続**，（イ）**生存**，（ウ）**安全**，（エ）**健康**，（オ）**多様**となり，④が正解となります。

Ⅱ—6　解答 ①

知的財産権に関する正誤問題です。

（ア）～（ケ）はいずれも知的財産権に含まれます。

したがって，知的財産権に含まれないものの数は**0**となり，①が正解となります。

Ⅱ—7　解答 ⑤

営業秘密に関する正誤問題です。

経済産業省から「営業秘密管理指針」が公表されています。

（ア）**×**。有用性があれば，現実に利用されていない情報も営業秘密に該当します。

（イ）〇。記述のとおりです。

（ウ）〇。記述のとおりです。

（エ）×。企業の脱税や有害物質の垂れ流しといった反社会的な情報（公序良俗に反する内容の情報）は，営業秘密に該当しません。

したがって，⑤が正解となります。

Ⅱ−8　解答 ③

公益通報者保護法に関する正誤問題です。

① **適切**。記述のとおりです。

② **適切**。記述のとおりです。

③ **不適切**。労働者には公務員も含まれます。

④ **適切**。記述のとおりです。

⑤ **適切**。記述のとおりです。

したがって，③が正解となります。

Ⅱ−9　解答 ③

製造物責任法に関する正誤問題です。

（ア）**適切**。記述のとおりです。

（イ）**不適切**。引き渡したときの科学又は技術に関する知見によって欠陥を認識できなかった場合は同法上の免責事由となります。

（ウ）**不適切**。損害賠償を求めるためには，被害者が，①製造物に欠陥が存在していたこと，②損害が発生したこと，③損害が製造物の欠陥により生じたことの3つの事実を明らかにすることが原則となります。

（エ）**不適切**。損害賠償請求権は，原則として，製造物を引き渡したときから10年の除斥期間により消滅するとしています。

（オ）**不適切**。輸入業者も含まれます。

（カ）**適切**。記述のとおりです。

したがって，不適切なものの数は**4**となり，③が正解となります。

Ⅱ−10　解答 ⑤

消費生活用製品安全法に関する正誤問題です。

（ア）～（エ）はいずれも記述のとおりです。

したがって，⑤が正解となります。

Ⅱ−11　解答 ③

リスクアセスメントに関する正誤問題です。

① **適切**。記述のとおりです。

② **適切**。記述のとおりです。

③ **不適切**。(3) 個人用保護具の使用と，(4) マニュアルの整備等の管理的対策の順序が逆になります。

④ **適切**。記述のとおりです。

⑤ **適切**。記述のとおりです。

したがって，③が正解となります。

Ⅱ−12　解答 ①

仕事と生活の調和（ワーク・ライフ・バランス）に関する正誤問題です。

内閣府の「仕事と生活の調和」推進サイトにおいて，“仕事と生活の調和の実現に向け，関係者が果たすべき役割”が例示されています。

（ア）～（コ）はいずれも設問のとおりです。

したがって，不適切なものの数は**0**となり，①が正解となります。

Ⅱ−13　解答 ⑤

環境保全に関する正誤問題です。

（ア）～（エ）はいずれも設問のとおりです。

したがって，⑤が正解となります。

Ⅱ－14　解答　－

技術者倫理に関する正誤問題です。

本問に関しては，「問題文に対し不適格な選択肢があったことから，不適切な出題として，受験者全員に得点を与えます」としています。

Ⅱ－15　解答　④

技術者倫理に関する穴埋め問題です。

国家公務員倫理規程では，「特定の事務の相手方となる事業者等又は個人」を利害関係者として定義して，利害関係者との間で行ってはいけないことを定めています。

また，公務員倫理指導の手引では，「広義の公務員倫理」として，公務員としてやった方が望ましいこと，公務員として求められる姿勢や心構え，「狭義の公務員倫理」として，公務員としてやらなくてはいけないこと，やってはいけないことを求めています。

倫理の分類には，責任や義務を典型とする「予防倫理」と，自らの正しい判断で社会への貢献を目指す「志向倫理」があります。

したがって，（ア）**利害関係者**，（イ）**狭義**，（ウ）**広義**，（エ）**予防**，（オ）**志向**となり，④が正解となります。

平成30年度
技術士第一次試験　解答用紙

基礎科目解答欄

設計・計画に関するもの

問題番号	解答				
Ⅰ—1—1	①	②	③	④	⑤
Ⅰ—1—2	①	②	③	④	⑤
Ⅰ—1—3	①	②	③	④	⑤
Ⅰ—1—4	①	②	③	④	⑤
Ⅰ—1—5	①	②	③	④	⑤
Ⅰ—1—6	①	②	③	④	⑤

情報・論理に関するもの

問題番号	解答				
Ⅰ—2—1	①	②	③	④	⑤
Ⅰ—2—2	①	②	③	④	⑤
Ⅰ—2—3	①	②	③	④	⑤
Ⅰ—2—4	①	②	③	④	⑤
Ⅰ—2—5	①	②	③	④	⑤
Ⅰ—2—6	①	②	③	④	⑤

解析に関するもの

問題番号	解答				
Ⅰ—3—1	①	②	③	④	⑤
Ⅰ—3—2	①	②	③	④	⑤
Ⅰ—3—3	①	②	③	④	⑤
Ⅰ—3—4	①	②	③	④	⑤
Ⅰ—3—5	①	②	③	④	⑤
Ⅰ—3—6	①	②	③	④	⑤

材料・化学・バイオに関するもの

問題番号	解答				
Ⅰ—4—1	①	②	③	④	⑤
Ⅰ—4—2	①	②	③	④	⑤
Ⅰ—4—3	①	②	③	④	⑤
Ⅰ—4—4	①	②	③	④	⑤
Ⅰ—4—5	①	②	③	④	⑤
Ⅰ—4—6	①	②	③	④	⑤

環境・エネルギー・技術に関するもの

問題番号	解答				
Ⅰ—5—1	①	②	③	④	⑤
Ⅰ—5—2	①	②	③	④	⑤
Ⅰ—5—3	①	②	③	④	⑤
Ⅰ—5—4	①	②	③	④	⑤
Ⅰ—5—5	①	②	③	④	⑤
Ⅰ—5—6	①	②	③	④	⑤

適性科目解答欄

問題番号	解答				
Ⅱ—1	①	②	③	④	⑤
Ⅱ—2	①	②	③	④	⑤
Ⅱ—3	①	②	③	④	⑤
Ⅱ—4	①	②	③	④	⑤
Ⅱ—5	①	②	③	④	⑤
Ⅱ—6	①	②	③	④	⑤
Ⅱ—7	①	②	③	④	⑤
Ⅱ—8	①	②	③	④	⑤
Ⅱ—9	①	②	③	④	⑤
Ⅱ—10	①	②	③	④	⑤
Ⅱ—11	①	②	③	④	⑤
Ⅱ—12	①	②	③	④	⑤
Ⅱ—13	①	②	③	④	⑤
Ⅱ—14	①	②	③	④	⑤
Ⅱ—15	①	②	③	④	⑤

＊本紙は演習用の解答用紙です。実際の解答用紙とは異なります。

平成30年度
技術士第一次試験　解答一覧

■基礎科目

設計・計画に関するもの		材料・化学・バイオに関するもの	
Ⅰ－1－1	③	Ⅰ－4－1	⑤
Ⅰ－1－2	①	Ⅰ－4－2	⑤
Ⅰ－1－3	②	Ⅰ－4－3	③
Ⅰ－1－4	②	Ⅰ－4－4	②
Ⅰ－1－5	③	Ⅰ－4－5	⑤
Ⅰ－1－6	④	Ⅰ－4－6	③
情報・論理に関するもの		**環境・エネルギー・技術に関するもの**	
Ⅰ－2－1	④	Ⅰ－5－1	②
Ⅰ－2－2	③	Ⅰ－5－2	③
Ⅰ－2－3	③	Ⅰ－5－3	③
Ⅰ－2－4	⑤	Ⅰ－5－4	④
Ⅰ－2－5	①	Ⅰ－5－5	③
Ⅰ－2－6	②	Ⅰ－5－6	⑤
解析に関するもの			
Ⅰ－3－1	①		
Ⅰ－3－2	④		
Ⅰ－3－3	②		
Ⅰ－3－4	②		
Ⅰ－3－5	③		
Ⅰ－3－6	③		

■適性科目

問題	解答
Ⅱ－1	②
Ⅱ－2	⑤
Ⅱ－3	③
Ⅱ－4	①
Ⅱ－5	④
Ⅱ－6	①
Ⅱ－7	⑤
Ⅱ－8	③
Ⅱ－9	③
Ⅱ－10	⑤
Ⅱ－11	③
Ⅱ－12	①
Ⅱ－13	⑤
Ⅱ－14	※
Ⅱ－15	④

※Ⅱ－14については，「問題文に対し不適格な選択肢があったことから，不適切な出題として，受験者全員に得点を与えます」とされています。

平成 29 年度

技術士第一次試験

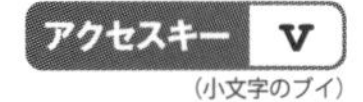

（小文字のブイ）

I 基礎科目

I　次の1群～5群の全ての問題群からそれぞれ3問題，計15問題を選び解答せよ。（解答欄に1つだけマークすること。）

1群　設計・計画に関するもの（全6問題から3問題を選択解答）

I―1―1　　重要度A

ある銀行に1台のATMがあり，このATMの1人当たりの処理時間は平均40秒の指数分布に従う。また，このATMを利用するために到着する利用者の数は1時間当たり平均60人のポアソン分布に従う。このとき，利用者がATMに並んでから処理が終了するまでの時間の平均値はどれか。

平均系内列長＝利用率÷(1－利用率)
平均系内滞在時間＝平均系内列長÷到着率
利用率＝到着率÷サービス率

①　60秒　　②　75秒　　③　90秒　　④　105秒　　⑤　120秒

I―1―2　　重要度A

次の（ア）～（ウ）に記述された安全係数を大きい順に並べる場合，最も適切なものはどれか。

（ア）　航空機やロケットの構造強度の評価に用いる安全係数
（イ）　クレーンの玉掛けに用いるワイヤロープの安全係数
（ウ）　人間が摂取する薬品に対する安全係数

①（ア）　＞　（イ）　＞　（ウ）
②（イ）　＞　（ウ）　＞　（ア）
③（ウ）　＞　（ア）　＞　（イ）

④（ア）　＞　（ウ）　＞　（イ）
⑤（ウ）　＞　（イ）　＞　（ア）

I—1—3　重要度B

工場の災害対策として設備投資をする際に，恒久対策を行うか，状況対応的対策を行うかの最適案を判断するために，図に示すデシジョンツリーを用いる。決定ノードは□，機会ノードは○，端末ノードは△で表している。端末ノードには損失額が記載されている。また括弧書きで記載された値は，その「状態」や「結果」が生じる確率である。

状況対応的対策を選んだ場合は，災害の状態S1，S2，S3がそれぞれ記載された確率で生起することが予想される。状態S1とS2においては，対応策として代替案A1若しくはA2を選択する必要がある。代替案A1を選んだ場合には，結果R1とR2が記載された確率で起こり，それぞれ損失額が異なる。期待総損失額を小さくする判断として，最も適切なものはどれか。

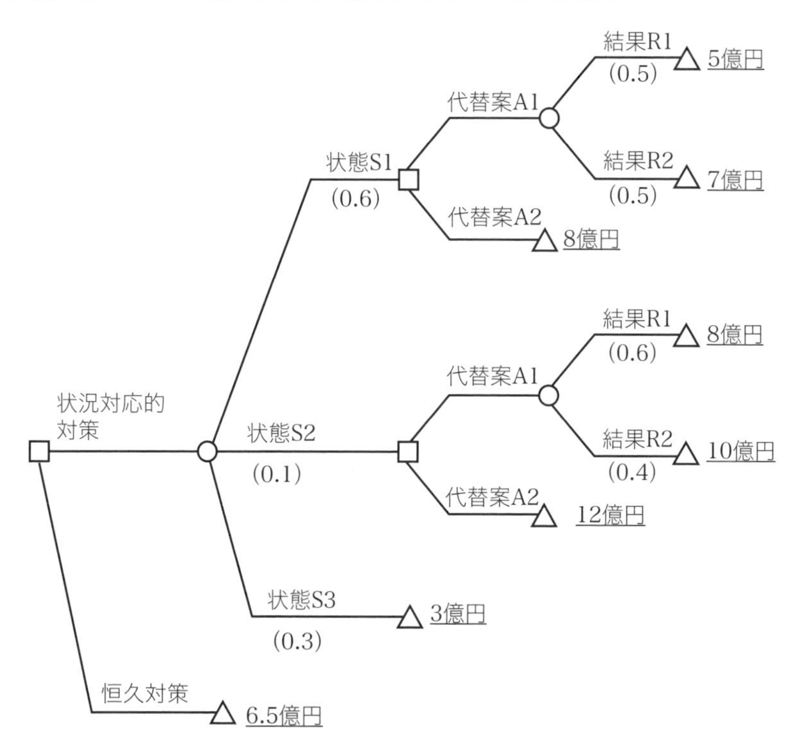

① 状況対応的対策の期待総損失額は4.5億円となり，状況対応的対策を採択する。
② 状況対応的対策の期待総損失額は5.4億円となり，状況対応的対策を採択する。
③ 状況対応的対策の期待総損失額は5.7億円となり，状況対応的対策を採択する。
④ 状況対応的対策の期待総損失額は6.6億円となり，恒久対策を採択する。
⑤ 状況対応的対策の期待総損失額は6.9億円となり，恒久対策を採択する。

Ⅰ―1―4

重要度A

材料の機械的特性に関する次の記述の，[ ]に入る語句の組合せとして，最も適切なものはどれか。

材料の機械的特性を調べるために引張試験を行う。特性を荷重と[ア]の線図で示す。材料に加える荷重を増加させると[ア]は一般的に増加する。荷重を取り除いたとき，完全に復元する性質を[イ]といい，き裂を生じたり分離はしないが，復元しない性質を[ウ]という。さらに荷重を増加させると，荷重は最大値をとり，材料はやがて破断する。この荷重の最大値は材料の強さを表す重要な値である。これを応力で示し[エ]と呼ぶ。

	ア	イ	ウ	エ
①	ひずみ	弾性	延性	疲労限
②	伸び	塑性	弾性	引張強さ
③	伸び	弾性	延性	疲労限
④	ひずみ	延性	塑性	破断強さ
⑤	伸び	弾性	塑性	引張強さ

Ⅰ―1―5

重要度A

設計者が製作図を作成する際の基本事項を次の（ア）～（オ）に示す。それぞれの正誤の組合せとして，最も適切なものはどれか。

（ア）　工業製品の高度化，精密化に伴い，製品の各部品にも高い精度や互換性が要求されてきた。そのため最近は，形状の幾何学的な公差の指示が不要となってきている。

（イ）　寸法記入は製作工程上に便利であるようにするとともに，作業現場で計算しなくても寸法が求められるようにする。

（ウ）　車輪と車軸のように，穴と軸とが相はまり合うような機械の部品の寸法公差を指示する際に「はめあい方式」がよく用いられる。

（エ）　図面は投影法において第二角法あるいは第三角法で描かれる。

（オ）　図面には表題欄，部品欄，あるいは図面明細表が記入される。

	ア	イ	ウ	エ	オ
①	誤	正	正	誤	正
②	誤	正	正	正	誤
③	正	誤	正	誤	正
④	正	正	誤	正	誤
⑤	誤	誤	誤	正	正

Ⅰ―1―6　　重要度B

構造物の耐力Rと作用荷重Sは材料強度のばらつきや荷重の変動などにより，確率変数として表される。いま，RとSの確率密度関数$f_R(r)$，$f_S(s)$ が次のように与えられたとき，構造物の破壊確率として，最も近い値はどれか。

ただし，破壊確率は，$Pr\,[R<S]$ で与えられるものとする。

$$f_R(r)=\begin{cases}0.2 & (18\leq r\leq 23)\\ 0 & (\text{その他})\end{cases},\quad f_S(s)=\begin{cases}0.1 & (10\leq s\leq 20)\\ 0 & (\text{その他})\end{cases}$$

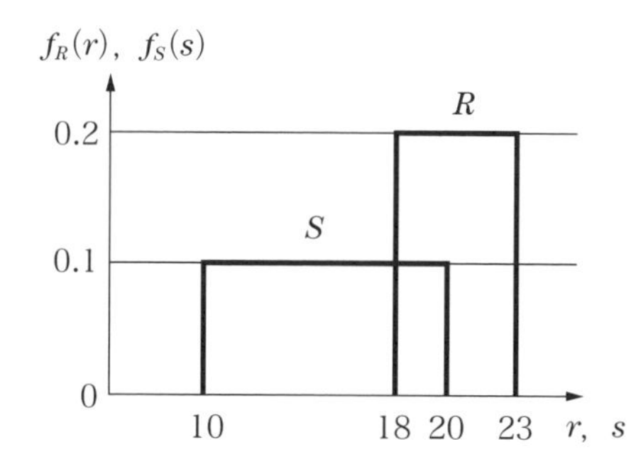

① 0.02　② 0.04　③ 0.08　④ 0.1　⑤ 0.2

2群 情報・論理に関するもの（全6問題から3問題を選択解答）

Ⅰ−2−1　重要度A

情報セキュリティを確保する上で，最も不適切なものはどれか。

① 添付ファイル付きのメールの場合，差出人のメールアドレスが知り合いのものであれば，直ちに添付ファイルを開いてもよい。
② 各クライアントとサーバにウィルス対策ソフトを導入する。
③ OSやアプリケーションの脆弱性に対するセキュリティ更新情報を定期的に確認し，最新のセキュリティパッチをあてる。
④ パスワードは定期的に変更し，過去に使用したものは流用しない。
⑤ 出所の不明なプログラムやUSBメモリを使用しない。

Ⅰ−2−2　重要度A

計算機内部では，数は0と1の組合せで表される。絶対値が2^{-126}以上2^{128}未満の実数を，符号部1文字，指数部8文字，仮数部23文字の合計32文字の0，1からなる単精度浮動小数表現として，次の手続き1〜4によって変換する。

1. 実数を$\pm 2^{a}\times(1+x)$，$0\leqq x<1$形に変形する。
2. 符号部1文字は符号が正（＋）のとき0，負（−）のとき1とする。
3. 指数部8文字は$a+127$の値を2進数に直した文字列とする。
4. 仮数部23文字はxの値を2進数に直したとき，小数点以下に表れる23文字分の0，1からなる文字列とする。

例えば，$-6.5=-2^{2}\times(1+0.625)$なので，符号部は符号が負（−）より1，指数部は$2+127=129=(10000001)_2$より10000001，仮数部は$0.625=\dfrac{1}{2}+\dfrac{1}{2^{3}}=(0.101)_2$より10100000000000000000000である。

したがって，実数−6.5は，符号部1，指数部10000001，仮数部

10100000000000000000000と表現される。

実数13.0をこの方式で表現したとき，最も適切なものはどれか。

	符号部	指数部	仮数部
①	1	10000001	10010000000000000000000
②	1	10000010	10100000000000000000000
③	0	10000001	10010000000000000000000
④	0	10000010	10100000000000000000000
⑤	0	10000001	10100000000000000000000

I—2—3

重要度B

2以上の自然数で1とそれ自身以外に約数を持たない数を素数と呼ぶ。Nを4以上の自然数とする。2以上$\sqrt{N}$以下の全ての自然数でNが割り切れないとき，Nは素数であり，そうでないとき，Nは素数でない。

例えば，$N=11$の場合，$11\div2=5$余り1，$11\div3=3$余り2となり，

2以上$\sqrt{11}\fallingdotseq3.317$以下の全ての自然数で割り切れないので11は素数である。このアルゴリズムを次のような流れ図で表した。流れ図中の（ア），（イ）に入る記述として，最も適切なものはどれか。

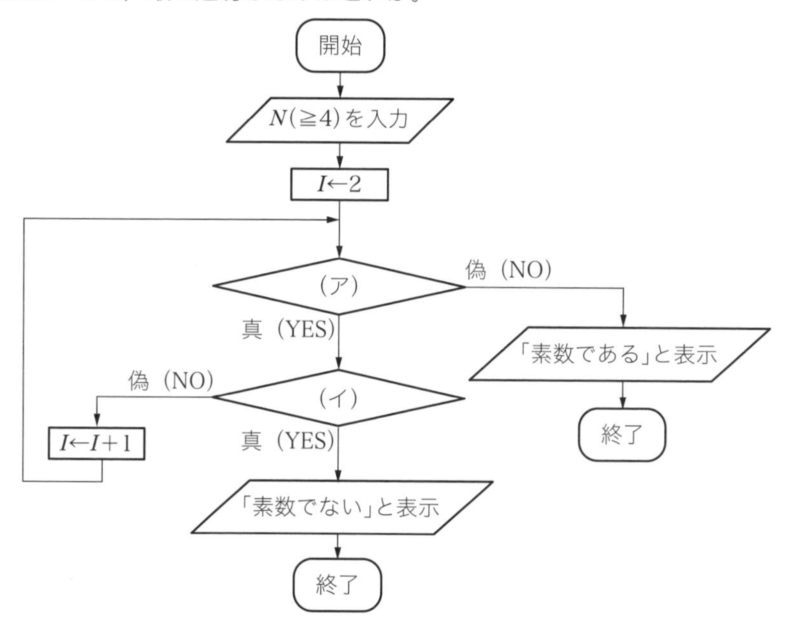

	ア	イ
①	$I \geqq \sqrt{N}$	IがNで割り切れる。
②	$I \geqq \sqrt{N}$	NがIで割り切れない。
③	$I \geqq \sqrt{N}$	NがIで割り切れる。
④	$I \leqq \sqrt{N}$	NがIで割り切れない。
⑤	$I \leqq \sqrt{N}$	NがIで割り切れる。

I−2−4　重要度A

西暦年号がうるう年か否かの判定は次の（ア）～（ウ）の条件によって決定する。うるう年か否かの判定を表現している決定表として，最も適切なものはどれか。

（ア）　西暦年号が4で割り切れない年はうるう年でない。
（イ）　西暦年号が100で割り切れて400で割り切れない年はうるう年でない。
（ウ）　（ア），（イ）以外のとき，うるう年である。

なお，決定表の条件部での“Y”は条件が真，“N”は条件が偽であることを表し，“—”は条件の真偽に関係ない又は論理的に起こりえないことを表す。動作部での“X”は条件が全て満たされたときその行で指定した動作の実行を表し，“—”は動作を実行しないことを表す。

①

条件部	西暦年号が4で割り切れる	N	Y	Y	Y
	西暦年号が100で割り切れる	—	N	Y	Y
	西暦年号が400で割り切れる	—	—	N	Y
動作部	うるう年と判定する	—	X	X	X
	うるう年でないと判定する	X	—	—	—

②

条件部	西暦年号が4で割り切れる	N	Y	Y	Y
	西暦年号が100で割り切れる	—	N	Y	Y
	西暦年号が400で割り切れる	—	—	N	Y
動作部	うるう年と判定する	—	—	X	X
	うるう年でないと判定する	X	X	—	—

③

条件部	西暦年号が4で割り切れる	N	Y	Y	Y
	西暦年号が100で割り切れる	—	N	Y	Y
	西暦年号が400で割り切れる	—	—	N	Y
動作部	うるう年と判定する	—	X	—	X
	うるう年でないと判定する	X	—	X	—

④

条件部	西暦年号が4で割り切れる	N	Y	Y	Y
	西暦年号が100で割り切れる	—	N	Y	Y
	西暦年号が400で割り切れる	—	—	N	Y
動作部	うるう年と判定する	—	X	—	—
	うるう年でないと判定する	X	—	X	X

⑤

条件部	西暦年号が4で割り切れる	N	Y	Y	Y
	西暦年号が100で割り切れる	—	N	Y	Y
	西暦年号が400で割り切れる	—	—	N	Y
動作部	うるう年と判定する	—	—	—	X
	うるう年でないと判定する	X	X	X	—

I—2—5

重要度A

次の式で表現できる数値列として，最も適切なものはどれか。

＜数値列＞：：＝01｜0＜数値列＞1

ただし，上記式において，：：＝は定義を表し，｜はORを示す。

① 111110　② 111000　③ 101010
④ 000111　⑤ 000001

I—2—6

重要度A

10,000命令のプログラムをクロック周波数2.0［GHz］のCPUで実行する。下表は，各命令の個数と，CPI（命令当たりの平均クロックサイクル数）を示している。このプログラムのCPU実行時間に最も近い値はどれか。

命令	個数	CPI
転送命令	3,500	6
算術演算命令	5,000	5
条件分岐命令	1,500	4

① 260ナノ秒
② 26マイクロ秒
③ 260マイクロ秒
④ 26ミリ秒
⑤ 260ミリ秒

▌3群▌ 解析に関するもの（全6問題から3問題を選択解答）

I—3—1 重要度A

導関数$\dfrac{d^2u}{dx^2}$の点x_iにおける差分表現として，最も適切なものはどれか。ただし，添え字iは格子点を表すインデックス，格子幅をhとする。

① $\dfrac{u_{i+1}-u_i}{h}$

② $\dfrac{u_{i+1}+u_i}{h}$

③ $\dfrac{u_{i+1}-2u_i+u_{i-1}}{2h}$

④ $\dfrac{u_{i+1}+2u_i+u_{i-1}}{h^2}$

⑤ $\dfrac{u_{i+1}-2u_i+u_{i-1}}{h^2}$

Ⅰ―3―2　　重要度B

ベクトルAとベクトルBがある。AをBに平行なベクトルPとBに垂直なベクトルQに分解する。すなわちA＝P＋Qと分解する。A＝(6，5，4)，B＝(1，2，－1) とするとき，Qとして，最も適切なものはどれか。

①　(1，1，3)　②　(2，1，4)　③　(3，2，7)
④　(4，1，6)　⑤　(5，－1，3)

Ⅰ―3―3　　重要度A

材料が線形弾性体であることを仮定した構造物の応力分布を，有限要素法により解析するときの要素分割に関する次の記述のうち，最も不適切なものはどれか。

①　応力の変化が大きい部分に対しては，要素分割を細かくするべきである。
②　応力の変化が小さい部分に対しては，応力自体の大小にかかわらず要素分割の影響は小さい。
③　要素分割の影響を見るため，複数の要素分割によって解析を行い，結果を比較することが望ましい。
④　粗い要素分割で解析した場合には常に変形は小さくなり応力は高めになるので，応力評価に関しては安全側である。
⑤　ある荷重に対して有効性が確認された要素分割でも，他の荷重に対しては有効とは限らない。

Ⅰ―3―4　　重要度B

長さがL，抵抗がrの導線を複数本接続して，下図に示すような3種類の回路 (a)，(b)，(c) を作製した。(a)，(b)，(c) の各回路におけるAB間の合成抵抗の大きさをそれぞれR_a，R_b，R_cとするとき，R_a，R_b，R_cの大小関係として，最も適切なものはどれか。ただし，導線の接合点で付加的な抵抗は存在しないものとする。

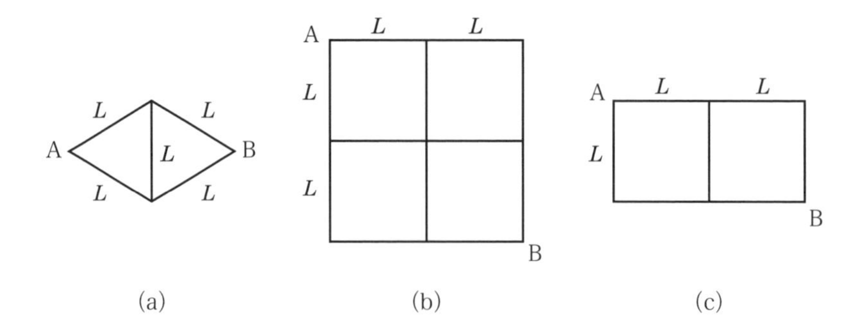

① $R_a < R_b < R_c$
② $R_a < R_c < R_b$
③ $R_c < R_a < R_b$
④ $R_c < R_b < R_a$
⑤ $R_b < R_a < R_c$

I—3—5 重要度A

両端にヒンジを有する2つの棒部材ACとBCがあり，点Cにおいて鉛直下向きの荷重Pを受けている。棒部材ACの長さはLである。棒部材ACとBCの断面積はそれぞれA_1とA_2であり，縦弾性係数（ヤング係数）はともにEである。棒部材ACとBCに生じる部材軸方向の伸びをそれぞれδ_1とδ_2とするとき，その比（δ_1/δ_2）として，最も適切なものはどれか。なお，棒部材の伸びは微小とみなしてよい。

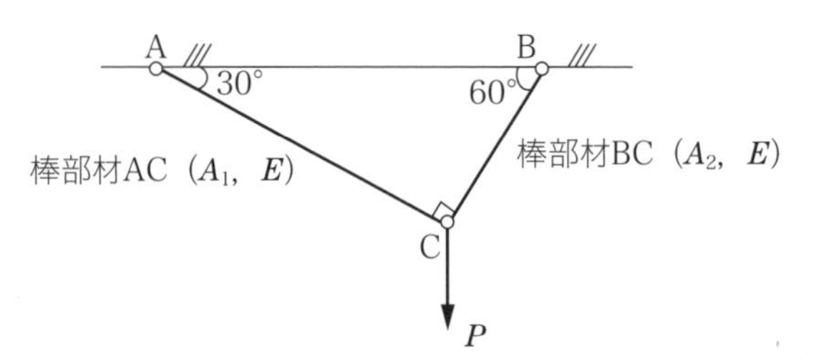

① $\dfrac{\delta_1}{\delta_2}=\dfrac{A_1}{A_2}$

② $\dfrac{\delta_1}{\delta_2}=\dfrac{\sqrt{3}A_1}{2A_2}$

③ $\dfrac{\delta_1}{\delta_2}=\dfrac{A_2}{A_1}$

④ $\dfrac{\delta_1}{\delta_2}=\dfrac{\sqrt{3}A_2}{2A_1}$

⑤ $\dfrac{\delta_1}{\delta_2}=\dfrac{\sqrt{3}A_2}{A_1}$

Ⅰ―3―6　重要度A

下図に示す，長さが同じで同一の断面積$4d^2$を有し，断面形状が異なる3つの単純支持のはり（a），（b），（c）のxy平面内の曲げ振動について考える。これらのはりのうち，最も小さい1次固有振動数を有するものとして，最も適切なものはどれか。ただし，はりは同一の等方性線形弾性体からなり，はりの断面は平面を保ち，断面形状は変わらず，また，はりに生じるせん断変形は無視する。

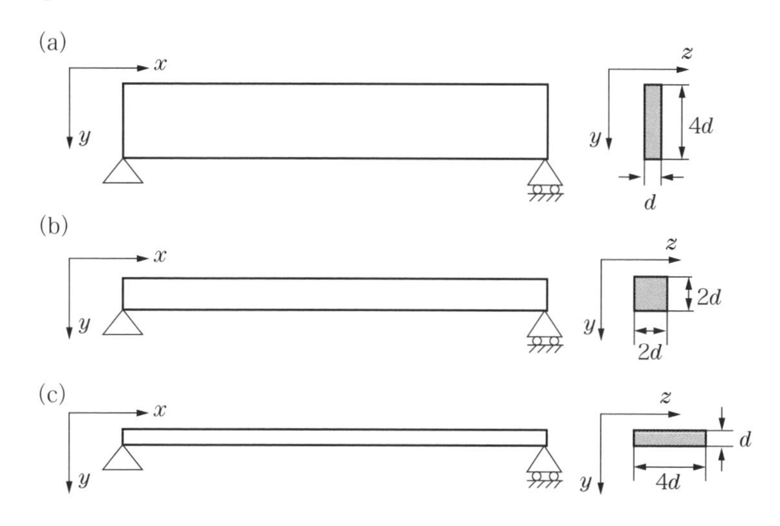

① （a）と（b）
② （b）と（c）
③ （a）のみ

④ (b) のみ
⑤ (c) のみ

▍4群▍ 材料・化学・バイオに関するもの（全6問題から3問題を選択解答）

I—4—1 重要度A

ある金属イオン水溶液に水酸化ナトリウム水溶液を添加すると沈殿物を生じ，さらに水酸化ナトリウム水溶液を添加すると溶解した。この金属イオン種として，最も適切なものはどれか。

① Ag^{+}イオン
② Fe^{3+}イオン
③ Mg^{2+}イオン
④ Al^{3+}イオン
⑤ Cu^{2+}イオン

I—4—2 重要度A

0.10［mol］のNaCl，$C_6H_{12}O_6$（ブドウ糖），$CaCl_2$をそれぞれ1.0［kg］の純水に溶かし，3種類の0.10［mol/kg］水溶液を作製した。これらの水溶液の沸点に関する次の記述のうち，最も適切なものはどれか。

① 3種類の水溶液の沸点はいずれも100［℃］よりも低い。
② 3種類の水溶液の沸点はいずれも100［℃］よりも高く，同じ値である。
③ 0.10［mol/kg］のNaCl水溶液の沸点が最も低い。
④ 0.10［mol/kg］の$C_6H_{12}O_6$（ブドウ糖）水溶液の沸点が最も高い。
⑤ 0.10［mol/kg］の$CaCl_2$水溶液の沸点が最も高い。

I—4—3 重要度A

材料の結晶構造に関する次の記述の，[　　]に入る語句の組合せとして，最も適切なものはどれか。

結晶は，単位構造の並進操作によって空間全体を埋めつくした構造を持っている。室温・大気圧下において，単体物質の結晶構造は，FeやNaでは［ア］構造，AlやCuでは［イ］構造，TiやZnでは［ウ］構造である。単位構造の中に属している原子の数は，［ア］構造では［エ］個，［イ］構造では4個，［ウ］構造では2個である。

	ア	イ	ウ	エ
①	六方最密充填	面心立方	体心立方	3
②	面心立方	六方最密充填	体心立方	4
③	面心立方	体心立方	六方最密充填	2
④	体心立方	面心立方	六方最密充填	2
⑤	体心立方	六方最密充填	面心立方	4

I―4―4　重要度A

下記の部品及び材料とそれらに含まれる主な元素の組合せとして，最も適切なものはどれか。

	乾電池負極材	光ファイバー	ジュラルミン	永久磁石
①	Zn	Si	Cu	Fe
②	Zn	Cu	Si	Fe
③	Fe	Si	Cu	Zn
④	Si	Zn	Fe	Cu
⑤	Si	Zn	Fe	Si

I―4―5　重要度A

アミノ酸に関する次の記述の，［　　］に入る語句の組合せとして，最も適切なものはどれか。

一部の特殊なものを除き，天然のタンパク質を加水分解して得られるアミノ酸は［ア］種類である。アミノ酸のα一炭素原子には，アミノ基と［イ］，そしてアミノ酸の種類によって異なる側鎖（R基）が結合している。R基に脂肪族炭化水素鎖や芳香族炭化水素鎖を持つロイシンやフェニルアラニンは［ウ］性アミノ酸である。グリシン以外のアミノ酸には光学異性体が存在するが，天然に主に存在するものは［エ］である。

	ア	イ	ウ	エ
①	20	カルボキシ基	疎水	L体
②	20	ヒドロキシ基	疎水	D体
③	30	カルボキシ基	親水	L体
④	30	カルボキシ基	疎水	D体
⑤	30	ヒドロキシ基	親水	L体

Ⅰ—4—6　　重要度B

遺伝子組換え技術の開発はバイオテクノロジーを革命的に変化させ，ゲノムから目的の遺伝子を取り出して，直接DNA分子の構造を解析することを可能にした。遺伝子組換え技術に関する次の記述のうち，最も適切なものはどれか。

① ポリメラーゼ連鎖反応（PCR）では，一連の反応を繰り返すたびに二本鎖DNAを熱によって変性させなければならないので，熱に安定なDNAポリメラーゼを利用する。
② 遺伝子組換え技術により，大腸菌によるインスリン合成に成功したのは1990年代後半である。
③ DNAの断片はゲル電気泳動によって陰極に向かって移動し，大きさにしたがって分離される。
④ 6塩基の配列を識別する制限酵素EcoRIでゲノムDNAを切断すると，生じるDNA断片は正確に4^6塩基対の長さになる。
⑤ ヒトのゲノムライブラリーの全てのクローンは，肝臓のRNAから作製したcDNAライブラリーの中に見いだされる。

▌5群▌ 環境・エネルギー・技術に関するもの（全6問題から3問題を選択解答）

Ⅰ—5—1　重要度A

環境管理に関する次のA～Dの記述について，それぞれの正誤の組合せとして，最も適切なものはどれか。

(A)　ある製品に関する資源の採取から製造，使用，廃棄，輸送など全ての段階を通して環境影響を定量的かつ客観的に評価する手法をライフサイクルアセスメントという。

(B)　公害防止のために必要な対策をとったり，汚された環境を元に戻したりするための費用は，汚染物質を出している者が負担すべきという考え方を汚染者負担原則という。

(C)　生産者が製品の生産・使用段階だけでなく，廃棄・リサイクル段階まで責任を負うという考え方を拡大生産者責任という。

(D)　事業活動において環境保全のために投資した経費が，税法上適切に処理されているかどうかについて，公認会計士が監査することを環境監査という。

	A	B	C	D
①	正	正	正	誤
②	誤	誤	誤	正
③	誤	正	正	誤
④	正	正	誤	正
⑤	正	誤	誤	誤

Ⅰ—5—2　重要度B

国連気候変動枠組条約第21回締約国会議（COP21）で採択されたパリ協定についての次の記述のうち，最も不適切なものはどれか。

①　温室効果ガスの排出削減目標を5年ごとに提出・更新することを義務付けることで，気候変動に対する適応策を積極的に推し進めることとした。

② 産業革命前からの地球の平均気温上昇を2［℃］より十分下方に抑えるとともに，1.5［℃］に抑える努力を追求することとした。

③ 各国より提供された温室効果ガスの排出削減目標の実施・達成に関する情報について，専門家レビューを実施することとした。

④ 我が国が提案した二国間オフセット・クレジット制度（JCM）を含む市場メカニズムの活用が位置づけられた。

⑤ 途上国における森林減少及び森林劣化による温室効果ガス排出量を減少させる取組等について，実施及び支援するための行動をとることが奨励された。

Ⅰ—5—3

重要度A

天然ガスは，日本まで輸送する際に容積を少なくするため，液化天然ガス（LNG，Liquefied Natural Gas）の形で運ばれている。0［℃］，1気圧の天然ガスを液化すると体積は何分の1になるか，次のうち最も近い値はどれか。なお，天然ガスは全てメタン（CH_4）で構成される理想気体とし，LNGの密度は温度によらず425［kg/m^3］で一定とする。

① 1/1200　② 1/1000　③ 1/800　④ 1/600　⑤ 1/400

Ⅰ—5—4

重要度A

我が国の近年の家庭のエネルギー消費に関する次の記述のうち，最も不適切なものはどれか。

① 全国総和の年間エネルギー消費量を用途別に見ると，約3割が給湯用のエネルギーである。

② 全国総和の年間エネルギー消費量を用途別に見ると，冷房のエネルギー消費量は暖房のエネルギー消費量の約10倍である。

③ 全国総和の年間エネルギー消費量をエネルギー種別に見ると，約5割が電気である。

④ 電気冷蔵庫，テレビ，エアコンなどの電気製品は，エネルギーの使用の合理化等に関する法律（省エネ法）に基づく「トップランナー制度」の対

象になっており，エネルギー消費効率の基準値が設定されている。

⑤　全国総和の年間電力消費量のうち，約5％が待機時消費電力として失われている。

I―5―5

重要度A

18世紀後半からイギリスで産業革命を引き起こす原動力となり，現代工業化社会の基盤を形成したのは，自動織機や蒸気機関などの新技術だった。これらの技術発展に関する次の記述のうち，最も不適切なものはどれか。

①　一見革命的に見える新技術も，多くは既存の技術をもとにして改良を積み重ねることで達成されたものである。

②　新技術の開発は，ヨーロッパ各地の大学研究者が主導したものが多く，産学協同の格好の例といえる。

③　新技術の発展により，手工業的な作業場は機械で重装備された大工場に置き換えられていった。

④　新技術のアイデアには，からくり人形や自動人形などの娯楽製品から転用されたものもある。

⑤　新技術は生産効率を高めたが，反面で安い労働力を求める産業資本が成長し，長時間労働や児童労働などが社会問題化した。

I―5―6

重要度A

科学史・技術史上著名な業績に関する次の記述のうち，最も不適切なものはどれか。

①　アレッサンドロ・ボルタは，異種の金属と湿った紙で電堆（電池）を作り定常電流を実現した。

②　アレクサンダー・フレミングは，溶菌酵素のリゾチームと抗生物質のペニシリンを発見した。

③　ヴィルヘルム・レントゲンは，陰極線の実験を行う過程で未知の放射線を発見しX線と名付けた。

④　グレゴール・メンデルは，エンドウマメの種子の色などの性質に注目し

植物の遺伝の法則性を発見した。

⑤ トマス・エジソンは，交流電圧を用いて荷電粒子を加速するサイクロトロンを発明した。

Ⅱ　適性科目

Ⅱ　次の15問題を解答せよ。（解答欄に1つだけマークすること。）

Ⅱ—1

重要度A

技術士法第4章に関する次の記述の，[　　]に入る語句の組合せとして，最も適切なものはどれか。

≪技術士法第4章　技術士等の義務≫

（信用失墜行為の禁止）

第44条　技術士又は技術士補は，技術士若しくは技術士補の信用を傷つけ，又は技術士及び技術士補全体の[ア]となるような行為をしてはならない。

（技術士等の秘密保持[イ]）

第45条　技術士又は技術士補は，正当の理由がなく，その業務に関して知り得た秘密を漏らし，又は[ウ]してはならない。技術士又は技術士補でなくなった後においても，同様とする。

（技術士等の[エ]確保の[オ]）

第45条の2　技術士又は技術士補は，その業務を行うに当たっては，公共の安全，環境の保全その他の[エ]を害することのないよう努めなければならない。

（技術士の名称表示の場合の[イ]）

第46条　技術士は，その業務に関して技術士の名称を表示するときは，その登録を受けた[カ]を明示してするものとし，登録を受けていない[カ]を表示してはならない。

（技術士補の業務の制限等）

第47条　技術士補は，第2条第1項に規定する業務について技術士を補助する場合を除くほか，技術士補の名称を表示して当該業務を行ってはならない。

2　前条の規定は，技術士補がその補助する技術士の業務に関してする技術士補の名称の表示について準用する。

（技術士の[キ]向上の[オ]）

平成29年度　適性科目

第47条の2　技術士は，常に，その業務に関して有する知識及び技能の水準を向上させ，その他その［キ］の向上を図るよう努めなければならない。

	ア	イ	ウ	エ	オ	カ	キ
①	不名誉	義務	盗用	安全	責務	技術部門	能力
②	信用失墜	責務	盗作	公益	義務	技術部門	資質
③	不名誉	義務	盗用	公益	責務	技術部門	資質
④	不名誉	責務	盗作	公益	義務	専門部門	資質
⑤	信用失墜	義務	盗作	安全	責務	専門部門	能力

Ⅱ−2　重要度A

技術士及び技術士補（以下「技術士等」という）は，技術士法第4章技術士等の義務の規定の遵守を求められている。次の記述のうち，第4章の規定に照らして適切でないものの数はどれか。

（ア）技術士等は，関与する業務が社会や環境に及ぼす影響を予測評価する努力を怠らず，公衆の安全，健康，福祉を損なう，又は環境を破壊する可能性がある場合には，自己の良心と信念に従って行動する。

（イ）業務遂行の過程で与えられる情報や知見は，依頼者や雇用主の財産であり，技術士等は守秘の義務を負っているが，依頼者からの情報を基に独自で調査して得られた情報はその限りではない。

（ウ）技術士は，部下が作成した企画書を承認する前に，設計，製品，システムの安全性と信頼度について，技術士として責任を持つために自らも検討しなければならない。

（エ）依頼者の意向が技術士等の判断と異なった場合，依頼者の主張が安全性に対し懸念を生じる可能性があるときでも，技術士等は予想される可能性について指摘する必要はない。

（オ）技術士等は，その業務において，利益相反の可能性がある場合には，説明責任を重視して，雇用者や依頼者に対し，利益相反に関連する情報を開示する。

（カ）技術士は，自分の持つ専門分野の能力を最大限に発揮して業務を行わなくてはならない。また，専門分野外であっても，自分の判断で業務を進めることが求められている。

（キ）技術士補は，顧客がその専門分野能力を認めた場合は，技術士に代わって主体的に業務を行い，成果を納めてよい。

①　0　　②　1　　③　2　　④　3　　⑤　4

Ⅱ—3

重要度B

あなたは，会社で材料発注の責任者をしている。作られている製品の売り上げが好調で，あなた自身もうれしく思っていた。しかしながら，予想を上回る売れ行きの結果，材料の納入が追いつかず，納期に遅れが出てしまう状況が発生した。こうした状況の中，納入業者の一人が，「一部の工程を変えることを許可してもらえるなら，材料をより早くかつ安く納入することができる」との提案をしてきた。この問題を考える上で重要な事項4つをどのような優先順位で考えるべきか。次の優先順位の組合せの中で最も適切なものはどれか。

	優先順位			
	1番	2番	3番	4番
①	納期	原価	品質	安全
②	安全	原価	品質	納期
③	安全	品質	納期	原価
④	品質	納期	安全	原価
⑤	品質	安全	原価	納期

Ⅱ—4

重要度A

職場におけるハラスメントは，労働者の個人としての尊厳を不当に傷つけるとともに，労働者の就業環境を悪化させ，能力の発揮を妨げ，また，企業にとっても，職場秩序や業務の遂行を阻害し，社会的評価に影響を与える問題である。職場のハラスメントに関する次の記述のうち，適切なものの数はどれか。

（ア）ハラスメントであるか否かについては，相手から意思表示がある場合に限る。

（イ）職場の同僚の前で，上司が部下の失敗に対し，「ばか」，「のろま」などの言葉を用いて大声で叱責する行為は，本人はもとより職場全体のハラスメントとなり得る。

（ウ）職場で，受け止め方によっては不満を感じたりする指示や注意・指導があったとしても，これらが業務の適正な範囲で行われている場合には，ハラスメントには当たらない。

（エ）ハラスメントの行為者となり得るのは，事業主，上司，同僚に限らず，取引先，顧客，患者及び教育機関における教員・学生等である。

（オ）上司が，長時間労働をしている妊婦に対して，「妊婦には長時間労働は負担が大きいだろうから，業務分担の見直しを行い，あなたの業務量を減らそうと思うがどうか」と相談する行為はハラスメントには該当しない。

（カ）職場のハラスメントにおいて，「職場内の優位性」とは職務上の地位などの「人間関係による優位性」を対象とし，「専門知識による優位性」は含まれない。

（キ）部下の性的指向（人の恋愛・性愛がいずれの性別を対象にするかをいう）又は性自認（性別に関する自己意識）を話題に挙げて上司が指導する行為は，ハラスメントになり得る。

① 1　② 2　③ 3　④ 4　⑤ 5

Ⅱ−5　　重要度A

我が国では平成26年11月に過労死等防止対策推進法が施行され，長時間労働対策の強化が喫緊の課題となっている。政府はこれに取組むため，「働き方の見直し」に向けた企業への働きかけ等の監督指導を推進している。労働時間，働き方に関する次の（ア）～（オ）の記述について，正しいものは○，誤っているものは×として，最も適切な組合せはどれか。

（ア）「労働時間」とは，労働者が使用者の指揮命令下に置かれている時間のことをいう。使用者の指示であっても，業務に必要な学習等を行っていた時間は含まれない。

（イ）「管理監督者」の立場にある労働者は，労働基準法で定める労働時間，休憩，休日の規定が適用されないことから，「管理監督者」として取り扱うことで，深夜労働や有給休暇の適用も一律に除外することができる。

（ウ）フレックスタイム制は，一定期間内の総労働時間を定めておき，労働者がその範囲内で各日の始業，終業の時刻を自らの意思で決めて働く制度をいう。

（エ）長時間労働が発生してしまった従業員に対して適切なメンタルヘルス対策，ケアを行う体制を整えることも事業者が講ずべき措置として重要である。

（オ）働き方改革の実施には，労働基準法の遵守にとどまらず働き方そのものの見直しが必要で，朝型勤務やテレワークの活用，年次有給休暇の取得推進の導入など，経営トップの強いリーダーシップが有効となる。

	ア	イ	ウ	エ	オ
①	○	○	○	×	○
②	○	×	×	○	○
③	×	×	○	○	○
④	×	×	○	○	×
⑤	×	○	×	○	○

Ⅱ—6　　重要度A

あなたの職場では，情報セキュリティーについて最大限の注意を払ったシステムを構築し，専門の担当部署を設け，日々，社内全体への教育も行っている。5月のある日，あなたに倫理に関するアンケート調査票が添付された回答依頼のメールが届いた。送信者は職場倫理を担当している外部組織名であった。メール本文によると，回答者は職員からランダムに選ばれているとのことである。だが，このアンケートは，企業倫理月間（10月）にあわせて毎年行われており，あなたは軽い違和感を持った。対応として次の記述のうち，最も適切なものはどれか。

① 社内の担当部署に報告する。
② メールに書かれているアンケート担当者に連絡する。
③ しばらく様子をみて，再度違和感を持つことがあれば社内の担当部署に

報告する。
④ アンケートに回答する。
⑤ 自分の所属している部署内のメンバーに違和感を伝え様子をみる。

Ⅱ−7 重要度A

昨今，公共性の高い施設や設備の建設においてデータの虚偽報告など技術者倫理違反の事例が後を絶たない。特にそれが新技術・新工法である場合，技術やその検査・確認方法が複雑化し，実用に当たっては開発担当技術者だけでなく，組織内の関係者の連携はもちろん，社外の技術評価機関や発注者，関連団体にもある一定の専門能力や共通の課題認識が必要となる。関係者の対応として次の記述のうち，最も適切なものはどれか。

① 現場の技術責任者は，計画と異なる事象が繰り返し生じていることを認識し，技術開発部署の担当者に電話相談した。新技術・新工法が現場に適用された場合によくあることだと説明を受け，担当者から指示された方法でデータを日常的に修正し，発注者に提出した。
② 支店の技術責任者は，現場責任者から品質トラブルの報告があったため，社内ルールに則り対策会議を開催した。高度な専門的知識を要する内容であったため，会社の当該技術に対する高い期待感を伝え，事情を知る現場サイドで対策を考え，解決後に支店へ報告するよう指示した。
③ 対策会議に出席予定の品質担当者は，過去の経験から社内ガバナンスの甘さを問題視しており，トラブル発生時の対策フローは社内に存在するが，倫理観の欠如が組織内にあることを懸念して会議前日にトラブルを内部告発としてマスコミに伝えた。
④ 技術評価機関や関連団体は，社会からの厳しい目が関係業界全体に向けられていることを強く認識し，再発防止策として横断的に連携して類似技術のトラブル事例やノウハウの共有，研修実施等の取組みを推進した。
⑤ 公共工事の発注者は，社会的影響が大きいとしてすべての民間開発の新技術・新工法の採用を中止する決断をした。関連のすべての従来工法に対しても悪意ある巧妙な偽装の発生を前提として，抜き打ち検査などの立会検査を標準的に導入し，不正に対する抑止力を強化した。

Ⅱ−8　重要度A

製造物責任法（平成7年7月1日施行）は，安全で安心できる社会を築く上で大きな意義を有するものである。製造物責任法に関する次の記述のうち，最も不適切なものはどれか。

① 製造物責任法は，製造物の欠陥により人の命，身体又は財産に関わる被害が生じた場合，その製造業者などが損害賠償の責任を負うと定めた法律である。

② 製造物責任法では，損害が製品の欠陥によるものであることを被害者（消費者）が立証すればよい。なお，製造物責任法の施行以前は，民法709条によって，損害と加害の故意又は過失との因果関係を被害者（消費者）が立証する必要があった。

③ 製造物責任法では，製造物とは製造又は加工された動産をいう。

④ 製造物責任法では，製品自体が有している品質上の欠陥のほかに，通常予見される使用形態での欠陥も含まれる。このため製品メーカーは，メーカーが意図した正常使用条件と予見可能な誤使用における安全性の確保が必要である。

⑤ 製造物責任法では，製造業者が引渡したときの科学又は技術に関する知見によっては，当該製造物に欠陥があることを認識できなかった場合でも製造物責任者として責任がある。

Ⅱ−9　重要度A

消費生活用製品安全法（以下，消安法）は，消費者が日常使用する製品によって起きるやけど等のケガ，死亡などの人身事故の発生を防ぎ，消費者の安全と利益を保護することを目的として制定された法律であり，製品事業者・輸入事業者からの「重大な製品事故の報告義務」，「消費者庁による事故情報の公表」，「特定の長期使用製品に対する安全点検制度」などが規定されている。消安法に関する次の記述のうち，最も不適切なものはどれか。

① 製品事故情報の収集や公表は，平成18年以前，事業者の協力に基づく「任意の制度」として実施されてきたが，類似事故の迅速な再発防止措置の難しさや行政による対応の遅れなどが指摘され，事故情報の報告・公表

が義務化された。

② 消費生活用製品とは，消費者の生活の用に供する製品のうち，他の法律（例えば消防法の消火器など）により安全性が担保されている製品のみを除いたすべての製品を対象としており，対象製品を限定的に列記していない。

③ 製造事業者又は輸入事業者は，重大事故の範疇かどうか不明確な場合，内容と原因の分析を最優先して整理収集すれば，法定期限を超えて報告してもよい。

④ 重大事故が報告される中，長期間の使用に伴い生ずる劣化（いわゆる経年劣化）が事故原因と判断されるものが確認され，新たに「長期使用製品安全点検制度」が創設され，屋内式ガス瞬間湯沸器など計9品目が「特定保守製品」として指定されている。

⑤ 「特定保守製品」の製造又は輸入を行う事業者は，保守情報の1つとして，特定保守製品への設計標準使用期間及び点検期間の設定義務がある。

Ⅱ—10

重要度A

ものづくりに携わる技術者にとって，知的財産を理解することは非常に大事なことである。知的財産の特徴の1つとして，「もの」とは異なり「財産的価値を有する情報」であることが挙げられる。情報は，容易に模倣されるという特質を持っており，しかも利用されることにより消費されるということがないため，多くの者が同時に利用することができる。こうしたことから知的財産権制度は，創作者の権利を保護するため，元来自由利用できる情報を，社会が必要とする限度で自由を制限する制度ということができる。

次の（ア）～（オ）のうち，知的財産権に含まれるものを○，含まれないものを×として，最も適切な組合せはどれか。

（ア）特許権（発明の保護）

（イ）実用新案権（物品の形状等の考案の保護）

（ウ）意匠権（物品のデザインの保護）

（エ）著作権（文芸，学術等の作品の保護）

（オ）営業秘密（ノウハウや顧客リストの盗用など不正競争行為の規制）

	ア	イ	ウ	エ	オ
①	○	○	○	○	○
②	○	○	○	○	×
③	○	○	○	×	○
④	○	○	×	○	○
⑤	○	×	○	○	○

Ⅱ—11　重要度A

近年，世界中で環境破壊，貧困など様々な社会的問題が深刻化している。また，情報ネットワークの発達によって，個々の組織の活動が社会に与える影響はますます大きく，そして広がるようになってきている。このため社会を構成するあらゆる組織に対して，社会的に責任ある行動がより強く求められている。ISO26000には社会的責任の原則として「説明責任」，「透明性」，「倫理的な行動」などが記載されているが，社会的責任の原則として次の項目のうち，最も不適切なものはどれか。

① ステークホルダーの利害の尊重
② 法の支配の尊重
③ 国際行動規範の尊重
④ 人権の尊重
⑤ 技術ノウハウの尊重

Ⅱ—12　重要度A

技術者にとって安全確保は重要な使命の1つである。2014年に国際安全規格「ISO／IECガイド51」が改訂された。日本においても平成28年6月に労働安全衛生法が改正され施行された。リスクアセスメントとは，事業者自らが潜在的な危険性又は有害性を未然に除去・低減する先取り型の安全対策である。安全に関する次の記述のうち，最も不適切なものはどれか。

① 「ISO／IECガイド51（2014年改訂）」は安全の基本概念を示しており，安全は「許容されないリスクのないこと（受容できないリスクのないこ

と)」と定義されている。

② リスクアセスメントは事故の未然防止のための科学的・体系的手法のことである。リスクアセスメントを実施することによってリスクは軽減されるが，すべてのリスクが解消できるわけではない。この残っているリスクを「残留リスク」といい，残留リスクは妥当性を確認し文書化する。

③ どこまでのリスクを許容するかは，時代や社会情勢によって変わるものではない。

④ リスク低減対策は，設計段階で可能な限り対策を講じ，人間の注意の前に機械設備側の安全化を優先する。リスク低減方策の実施は，本質安全設計，安全防護策及び付加防護方策，使用上の情報の順に優先順位がつけられている。

⑤ 人は間違えるものであり，人が間違っても安全であるように対策を施すことが求められ，どうしてもハード対策ができない場合に作業者の訓練などの人による対策を考える。

Ⅱ—13 重要度B

倫理問題への対処法としての功利主義と個人尊重主義は，ときに対立することがある。次の記述の，[　　]に入る語句の組合せとして，最も適切なものはどれか。

倫理問題への対処法としての「功利主義」とは，19世紀のイギリスの哲学者であるベンサムやミルらが主張した倫理学説で，「最大多数の最大幸福」を原理とする。倫理問題で選択肢がいくつかあるとき，そのどれが最大多数の最大幸福につながるかで優劣を判断する。しかしこの種の功利主義のもとでは，特定個人への[ア]が生じたり，個人の権利が制限されたりすることがある。一方，「個人尊重主義」の立場からは，個々人の権利はできる限り尊重すべきである。功利主義においては，特定の個人に犠牲を強いることになった場合には，個人尊重主義と対立することになる。功利主義のもとでの犠牲が個人にとって[イ]できるものかどうか。その確認の方法として，「黄金律」テストがある。黄金律とは，「自分の望むことを人にせよ」あるいは「自分の望まないことを人にするな」という教えである。自分がされた場合には憤慨するようなことを，他人にはしていないかチェックする「黄金律」テストの結果，自分としては損害を イ できないとの結論に達したならば，他の行動を考える倫理的必要性が高いとされる。また，重要なのは，たとえ「黄金律」テストで自分でも イ できる範囲であると判断された場合でも，次のステップとして「相手の価値観においてはどうだろうか」と考えることである。

以上のように功利主義と個人尊重主義とでは対立しうるが，権利にもレベルがあり，生活を維持する権利は生活を改善する権利に優先する。この場合の生活の維持とは，盗まれない権利，だまされない権利などまでを含むものである。また， ウ ， エ に関する権利は最優先されなければならない。

	ア	イ	ウ	エ
①	不利益	無視	安全	人格
②	不道徳	許容	環境	人格
③	不利益	許容	安全	健康
④	不道徳	無視	環境	健康
⑤	不利益	許容	環境	人格

Ⅱ―14　重要度A

「STAP細胞」論文が大きな社会問題になり，科学技術に携わる専門家の研究や学術論文投稿に対する倫理が問われた。科学技術は倫理という暗黙の約束を守ることによって，社会からの信頼を得て進めることができる。研究や研究発表・投稿に関する研究倫理に関する次の記述のうち，不適切なものの数はどれか。

（ア）研究の自由は，科学や技術の研究者に社会から与えられた大きな権利であり，真理追究あるいは公益を目指して行われ，研究は，オリジナリティ（独創性）と正確さを追求し，結果への責任を伴う。

（イ）研究が科学的であるためには，研究結果の客観的な確認・検証が必要である。取得データなどに関する記録は保存しておかねばならない。データの捏造（ねつぞう），改ざん，盗用は許されない。

（ウ）研究費は，正しく善良な意図の研究に使用するもので，その使い方は公正で社会に説明できるものでなければならない。研究費は計画や申請に基づいた適正な使い方を求められ，目的外の利用や不正な操作があってはならない。

（エ）論文の著者は，研究論文の内容について応分の貢献をした人は共著者にする必要がある。論文の著者は，論文内容の正確さや有用性，先進性などに責任を負う。共著者は，論文中の自分に関係した内容に関して責任を持てばよい。

（オ）実験上多大な貢献をした人は，研究論文や報告書の内容や正確さを説明することが可能ではなくとも共著者になれる。

（カ）学術研究論文では先発表優先の原則がある。著者のオリジナルな内容であることが求められる。先人の研究への敬意を払うと同時に，自分のオリジナリティを確認し主張する必要がある。そのためには新しい成果の記述だけではなく，その課題の歴史・経緯，先行研究でどこまでわかっていたのか，自分の寄与は何であるのかを明確に記述する必要がある。

（キ）論文を含むあらゆる著作物は著作権法で保護されている。引用には，引用箇所を明示し，原著作者の名を参考文献などとして明記する。図表のコピーや引用の範囲を超えるような文章のコピーには著者の許諾を得ることが原則である。

① 0　② 1　③ 2　④ 3　⑤ 4

Ⅱ—15　重要度A

倫理的な意思決定を行うためのステップを明確に認識していることは，技術者としての道徳的自律性を保持し，よりよい解決策を見いだすためには重要である。同時に，非倫理的な行動を取るという過ちを避けるために，倫理的意思決定を妨げる要因について理解を深め，人はそのような倫理の落とし穴に陥りやすいという現実を自覚する必要がある。次の（ア）～（キ）に示す，倫理的意思決定に関る促進要因と阻害要因の対比のうち，不適切なものの数はどれか。

	促進要因	阻害要因
(ア)	利他主義	利己主義
(イ)	希望・勇気	失望・おそれ
(ウ)	正直・誠実	自己ぎまん
(エ)	知識・専門能力	無知
(オ)	公共的志向	自己中心的志向
(カ)	指示・命令に対する批判精神	指示・命令への無批判な受入れ
(キ)	依存的思考	自律的思考

①　0　　②　1　　③　2　　④　3　　⑤　4

平成29年度　解答・解説

Ⅰ 基礎科目

▌1群▌ 設計・計画に関するもの

Ⅰ—1—1　解答 ⑤

平均対応時間を求める計算問題です。

平成27年度の出題（Ⅰ—1—2），平成23年度の出題（Ⅰ—1—2）に類似問題があります。

設問で与えられている式に数値を代入して計算します。

1人当たりの処理時間は平均40秒なので，1時間当たりでのサービス率は3,600÷40＝90となります。

利用率＝60÷90＝$\frac{2}{3}$〔1時間当たり〕

平均系内列長＝$\frac{2}{3}\div\left(1-\frac{2}{3}\right)=2$

平均系内滞在時間＝2÷60＝$\frac{1}{30}$〔1時間当たり〕

秒での換算が求められているので，

$\frac{1}{30}\times 3{,}600=$ **120(秒)**

したがって，⑤が正解となります。

Ⅰ—1—2　解答 ⑤

設計理論（安全係数）に関する正誤問題です。

平成23年度の出題（Ⅰ—1—5）に類似問題があります。

（ア）航空機やロケットは安全係数を大きくすると重くて飛べなくなるので，1.5程度とされています。

（イ）クレーン等安全規則では，玉掛けに用いるワイヤロープの安全係数を6.0と定めています。

（ウ）人間が摂取するということで，安全係数は100が用いられます。

したがって，**(ウ)>(イ)>(ア)** の順となり，⑤が正解となります。

Ⅰ—1—3　解答 ②

コストに関する計算問題です。

デシジョンツリーから読み取って計算します。

状態S1における損失額の少ない代替案はA1で，その期待損失額は，

5億円×0.5＋7億円×0.5＝2.5億円＋3.5億円＝6億円

状態S2における損失額の少ない代替案はA1で，その期待損失額は，

8億円×0.6＋10億円×0.4＝4.8億円＋4.0億円＝8.8億円

ここから，状態S3を加えた状況対応的対策の期待損失額は，

6億円×0.6＋8.8億円×0.1＋3億円×0.3＝3.6億円＋0.88億円＋0.9億円≒5.4億円

「恒久的対策6.5億円＞状況対応的対策**5.4億円**」となるので，**状況対応的対策を採択する**ことになります。

したがって，②が正解となります。

Ⅰ—1—4　解答 ⑤

材料力学に関する穴埋め問題です。

引張試験では荷重と伸びの線図で特性を示します。荷重を取り除いたときに完全に復元する性質を弾性，復元しない性質を塑性といいます。荷重と伸びの線図での最大応力を引張強さと呼びます。

したがって，（ア）**伸び**，（イ）**弾性**，（ウ）**塑性**，（エ）**引張強さ**となり，⑤が正解となります。

I―1―5　解答 ①

設計理論に関する正誤問題です。

平成26年度の出題（Ⅰ―1―6）に類似問題があります。

（ア）**誤**。JIS製図「公差表示方式の基本原則」において，「図面には，部品の機能を完全に検査するために必要な寸法公差及び幾何公差が指示されていなければならない」としています。

（イ）**正**。JIS機械製図に明記されています。

（ウ）**正**。JIS製図に基本原則として明記されています。

（エ）**誤**。JIS機械製図では，「投影図は，第三角法による。ただし，紙面の都合などで，投影図を第三角法による正しい配置に描けない場合，又は図の一部を第三角法による位置に描くと，かえって図形が理解しにくくなる場合には，第一角法または相互の関係を示す矢示法を用いてもよい」としています。

（オ）**正**。記述のとおりです。

したがって，①が正解となります。

I―1―6　解答 ②

材料の強度に関する計算問題です。

問題文の図から読み取って計算します。

破壊確率はPr ［$R<S$］（RがSを下回る）と与えられているので，図中のRとSが重なった部分が構造物の破壊確率となります。

$f_R(r)=2(幅)\times0.1(確率)=0.2$

$f_S(s)=2(幅)\times0.1(確率)=0.2$

SとRを掛け合わせたものが構造物の破壊確率となるので，

$0.2\times0.2=$**0.04**

したがって，②が正解となります。

【2群】 情報・論理に関するもの

I―2―1　解答 ①

情報セキュリティに関する正誤問題です。

①　**不適切**。知り合いになりすました差出人からスパムメールなどが送られてくる可能性があります。

②　**適切**。記述のとおりです。

③　**適切**。記述のとおりです。

④　**適切**。記述のとおりです。

⑤　**適切**。記述のとおりです。

したがって，①が正解となります。

I―2―2　解答 ④

浮動小数表現に関する計算問題です。

設問の例示の手順に従って，実数13.0を表現します。

$a=3$，$x=0.625$となります。

$+13.0=+2^3\times(1+0.625)$ なので，符号部は符号が正(＋)より**0**。

指数部は$3+127=130=(10000010)_2$より**10000010**。10進数130を2進数に変換するには，130を0になるまで2で割り算をして，余りの数を下位から上位の順に並べていきます。

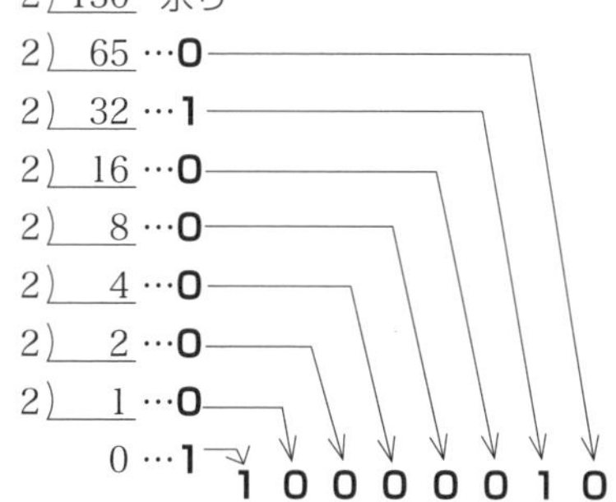

仮数部は，$0.625 = \frac{1}{2} + \frac{1}{2^3} = (0.101)_2$

より**10100000000000000000000**となります（設問の例示と同じ仮数をとるので，計算は不要です）。

したがって，④が正解となります。

Ⅰ—2—3　解答 ⑤

アルゴリズム（流れ図）に関する問題です。

（ア）はIが$\sqrt{N}$以下（$I \leqq \sqrt{N}$）であるうちはループが継続し，Iが$\sqrt{N}$より大きいとき，素数であることが判断されます。

（イ）は**NがIで割り切れる**とき，素数でないことが判断されます。

したがって，⑤が正解となります。

Ⅰ—2—4　解答 ③

アルゴリズム（決定表）に関する問題です。

決定表の4列を左から順に動作部に注目して照合して，条件に合った動作を実行する決定表を選びます。

（左から1番目）西暦年号が4で割り切れない年は**うるう年でないと判定する**。

（左から2番目）西暦年号が4で割り切れる年で，100で割り切れない年は**うるう年と判定する**。

（左から3番目）西暦年号が4で割り切れる年で，100で割り切れて400で割り切れない年は**うるう年ではないと判定する**。

（左から4番目）西暦年号が4で割り切れる年で，100で割り切れて400でも割り切れる年は**うるう年と判定する**。

したがって，条件に合った動作をしている③が正解となります。

Ⅰ—2—5　解答 ④

構文図に関する問題です。

平成24年度の出題（Ⅰ—2—2）に選択肢が異なる類似問題があります。

設問より，<数値列>は01，または0<数値列>1で表現できます。そこで，<数値列>を<01>，次に0<01>1から<0011>，さらに0<0011>1となり，**000111**となります。

したがって，④が正解となります。

Ⅰ—2—6　解答 ②

プログラムのCPU実行時間に関する問題です。

平成25年度の出題（Ⅰ—2—6）に選択肢が異なる類似問題があります。

CPU実行時間〔秒〕，命令数，CPI（命令当たりの平均クロックサイクル数），クロック周波数〔Hz〕には，次の関係が成り立ちます。

CPU実行時間＝(命令数×CPI)÷クロック周波数

設問の表の値を代入すると，CPU実行時間$=(3{,}500\times6+5{,}000\times5+1{,}500\times4)\div(2.0\times10^9)=26\times10^{-6}$秒＝**26マイクロ秒**となります。

したがって，②が正解となります。

3群　解析に関するもの

Ⅰ—3—1　解答 ⑤

導関数に関する問題です。

平成20年度の出題（Ⅰ—3—2）に，類似問題がありました。

$\frac{du}{dx}$の差分表現は$\frac{u_{i+1}-u_i}{h}$なので，

平成29年度 基礎科目

$$\frac{d^2u}{dx^2}=\frac{d}{dx}\left(\frac{du}{dx}\right)=\frac{d}{dx}\left(\frac{u_{i+1}-u_i}{h}\right)$$

$$=\frac{(u_{i+2}-u_{i+1})-(u_{i+1}-u_i)}{h^2}$$

$$=\frac{u_{i+2}-2u_{i+1}+u_i}{h^2}$$

添え字iを選択肢に合うように，$i-1$とおけば，$\frac{d^2u}{dx^2}=\frac{\boldsymbol{u_{i+1}-2u_i+u_{i-1}}}{\boldsymbol{h^2}}$となります。

したがって，⑤が正解となります。

Ⅰ—3—2　解答　④

ベクトルに関する計算問題です。

ベクトルPはBに平行とあるので，P＝(a，$2a$，$-a$)となります。

A＝P＋Qより，

Q＝A－P＝(6－a，5－2a，4＋a)

また，ベクトルQはBと垂直とあるので，B・Q＝0です。

B(1，2，－1)×Q(6－a，5－2a，4＋a)＝－6a＋12＝0より，

a＝2となります。

これをQに代入すると，**(4，1，6)**となります。

したがって，④が正解となります。

Ⅰ—3—3　解答　④

有限要素法に関する正誤問題です。

平成24年度の出題（Ⅰ—3—1）に選択肢の順序が異なる類似問題がありました。

①　**適切**。応力の変化が大きい部分は要素分割を細かくします。

②　**適切**。応力変化の小さい部分は分割しても変化が限られます。

③　**適切**。複数の要素分割によって解析を行えば精度が高まります。

④　**不適切**。粗い要素分割が応力評価に関して安全側になるとはいえません。

⑤　**適切**。荷重条件が異なれば有効性が変化します。

したがって，④が正解となります。

Ⅰ—3—4　解答　②

合成抵抗に関する計算問題です。

導線はすべて長さがL，抵抗がrと同一なので，直列の合成抵抗Rは$R=r+r=2r$，並列の合成抵抗Rは$\frac{1}{R}=\frac{1}{r}+\frac{1}{r}=\frac{2}{r}$より$R=\frac{r}{2}$となります。

(a)

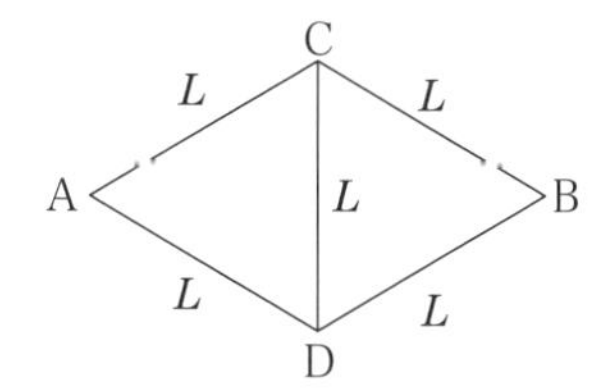

ACとADは同じ抵抗値なので，CとDの電位は同じです。したがって，CD間は電気が流れないので，以下のような回路と同じです。

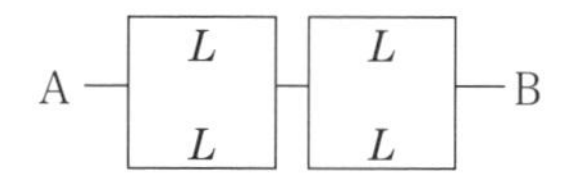

2個の並列回路2つが直列となるので，

$$R_a=\frac{r}{2}+\frac{r}{2}=r$$

(b)

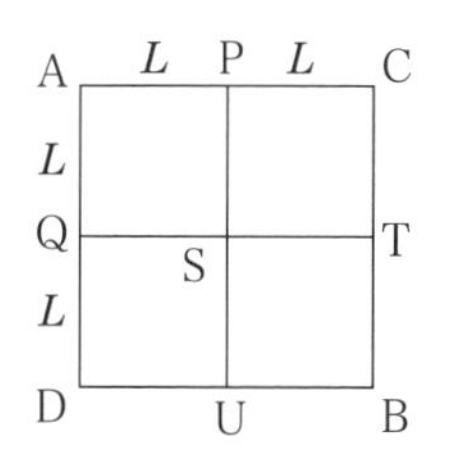

同様にACとADは同じ抵抗値なので，CとDの電位は同じです。したがって，以下のような回路と同じです。

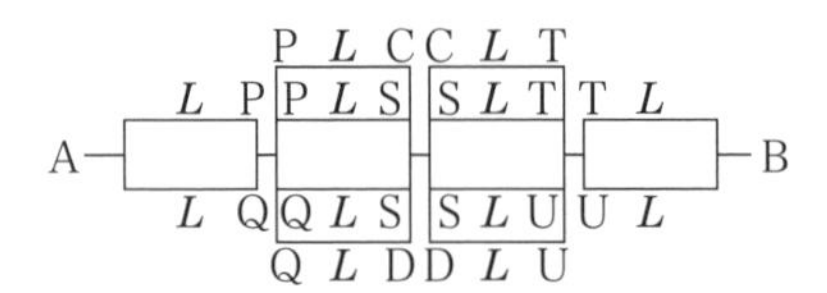

回路のAB間の合成抵抗は，〈2個並列$\frac{r}{2}$〉と〈4個並列$\frac{r}{4}$が2つ〉と〈2個並列$\frac{r}{2}$〉の4つの直列回路となるので，

$$R_b=\frac{r}{2}+\frac{r}{4}+\frac{r}{4}+\frac{r}{2}=\frac{3}{2}r=1.5r$$

(c)

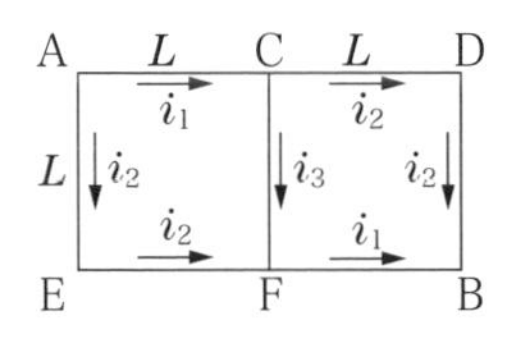

この回路は非対称ですので，単純に直列並列の組合せでは表せません。

回路に入る（A点）での電流は，回路を出る（B点）の電流と同じなので，この電流をiとすると，AB間の電位差E_{AB}は，オームの法則より電圧＝電流×抵抗値なので，

$E_{AB}=I\times R_c$ ……❶

ここで，AC間の電流とAE間の電流をそれぞれi_1，i_2とすると，

$I=i_1+i_2$ ……❷

ここで，EF間も連続しているので電流はi_2となります。

AC間とFB間，またAEF間とCDB間は抵抗値が同じなので，図のようにi_1，i_2で表されます。

したがって，CF間の電流をi_3とおくと，

$i_1=i_2+i_3$ ……❸

ここで，F点の電圧降下は，そこまでの電流×抵抗値なので，ACFとAEFの電流×抵抗値は同じです。

すなわち，

$r\times i_1+r\times i_3=2r\times i_2$

よって，

$i_1+i_3=2\times i_2$ ……❹

Iを定数として，❷，❸，❹の連立方程式を解くと，

$i_1=0.6I$, $i_2=0.4I$, $i_3=0.2I$となります。

よって，AB間の電圧降下は，ACDBの経路から（AEFBでも同じ），

電圧降下$E_{AB}=ri_1+2\times ri_2=0.6rI+0.8rI=1.4rI$となります。

これを❶に代入すると，$R_c=1.4r$

したがって，$\boldsymbol{R_a<R_c<R_b}$となり，②が正解となります。

I―3―5　解答 ③

材料力学に関する計算問題です。

荷重Pは棒部材ACと棒部材BC方向の引張強さに分解されます。

応力＝$\frac{荷重}{断面積}$，応力＝縦弾性係数(ヤング係数)×ひずみ，ひずみ＝$\frac{伸び}{元の長さ}$の関係があるので，

ACは，$$\frac{\frac{1}{2}\times P}{A_1}=E\times\frac{\delta_1}{L}$$

BCは，$$\frac{\frac{\sqrt{3}}{2}\times P}{A_2}=E\times\frac{\delta_2}{\frac{L}{\sqrt{3}}}$$

これをδ_1/δ_2の比で整理すると，

$\boldsymbol{\frac{\delta_1}{\delta_2}=\frac{A_2}{A_1}}$となります。

したがって，③が正解となります。

I—3—6 **解答 ⑤**

材料力学に関する問題です。

平成25年度の出題（I—3—2）に選択肢の順序が異なる類似問題があります。

断面の幅をb，断面の高さをhとすると，断面二次モーメントIは，$I=\frac{bh^3}{12}$で表されます。ここから，各はりの断面二次モーメントを求めると，はり（a）は$I_1=\frac{d\times(4d)^3}{12}=\frac{16d^4}{3}$，はり（b）は$I_2=\frac{2d\times(2d)^3}{12}=\frac{4d^4}{3}$，はり（c）は$I_3=\frac{4d\times d^3}{12}=\frac{d^4}{3}$となります。

よって，断面二次モーメントは$I_1>I_2>I_3$の順となります。設問にある各種条件が同じ単純支持のはりにおける固有振動数は，はりの剛性が高くなると上昇し，剛性が低くなると低下します。

したがって，1次固有振動数は（a）>（b）>（c）となり，⑤が正解となります。

■4群■ 材料・化学・バイオに関するもの

I—4—1 **解答 ④**

金属に関する問題です。

平成24年度の出題（I—4—2）に選択肢の順序が異なる類似問題がありました。

金属イオンの沈殿反応を知らないと解答が困難な問題です。金属イオンのほとんどは，水酸化物イオンを含む化合物（水酸化ナトリウムなど）と反応すると，水に難溶となって沈殿します。しかし，過剰に水酸化ナトリウムを添加することで，再び溶解する元素があり，これらの元素は両性元素と呼ばれます。両性元素には，アルミニウム（Al），亜鉛（Zn），スズ（Sn），鉛（Pb）があります。

したがって，選択肢の中では両性元素にあたるものは**Al**だけなので，④が正解となります。

I—4—2 **解答 ⑤**

沸点に関する正誤問題です。

① **不適切**。純水に溶質を溶かすと，純水の沸点（100℃）よりも高くなります。

② **不適切**。沸点の上昇は，溶質の質量モル濃度に比例します。それぞれのモル質量は，NaClが0.1 molから0.2 mol（$Na^+ + Cl^-$）に，$C_6H_{12}O_6$が0.1 mol（非電解質なので電離しない）のまま，$CaCl_2$が0.1 molから0.3 mol（Ca^{2+} + $2Cl^-$）に変化するので，沸点の上昇は，$CaCl_2$>NaCl>$C_6H_{12}O_6$の順に高くなります。

③ **不適切**。NaCl水溶液の沸点が最も低いものではありません。

④ **不適切**。$C_6H_{12}O_6$水溶液の沸点が最も高いものではありません。

⑤ **適切**。$CaCl_2$水溶液の沸点が最も高いものとなります。

したがって，⑤が正解となります。

I—4—3 **解答 ④**

金属の結晶構造に関する穴埋め問題です。

金属の結晶構造には，体心立方構造（格子），面心立方構造（格子），六方最密充填構造（格子）があります。単位格子中の原子数は，体心立方構造が2個，面心立方構造が4個，六方最密充填構造が2個になります。体心立方構造ではナトリウムなどのアルカリ金属や鉄，面心立方構造ではアルミニウム，銅，銀，金，六方最密充填構造ではチタン，マグネシウム，亜鉛が主な金属となります。

したがって，（ア）**体心立方**，（イ）**面心立方**，（ウ）**六方最密充填**，（エ）**2**となり，④が正解となります。

Ⅰ—4—4　解答　①

材料に関する正誤問題です。

乾電池の多くは負極材に亜鉛（Zn）を用いています。

光ファイバーの材料には，透過率の高い石英（Si）ガラスが利用されています。

ジュラルミンは，銅（Cu），マグネシウム（Mg）が基本的な合金元素となるアルミニウム合金の一種です。

永久磁石は，鉄（Fe），コバルト（Co），ニッケル（Ni）が原料として使用されます。

したがって，**Zn**，**Si**，**Cu**，**Fe**の組合せとなり，①が正解となります。

Ⅰ—4—5　解答　①

アミノ酸に関する正誤問題です。

平成25年度の出題（Ⅰ—4—5）に選択肢の順序が異なる類似問題がありました。

タンパク質を作るアミノ酸は20種類あります。アミノ酸は，アミノ基（$-NH_2$）とカルボキシ基（-COOH）の2つを分子中に持っています。この2つの基に炭素原子が隣り合う分子構造をしている場合の炭素原子をα-炭素原子といいます。

2つの基に加えてR基（側鎖）があり，この部分が各アミノ酸の親水性，疎水性といった化学的性質に関わっています。ロイシンやフェニルアラニンは疎水性アミノ酸に分類されます。

グリシンを除くアミノ酸には光学異性体（D体とL体）が存在しますが，天然に存在するもののほとんどがL体です。

したがって，（ア）**20**，（イ）**カルボキシ基**，（ウ）**疎水**，（エ）**L体**の語句となり，①が正解となります。

Ⅰ—4—6　解答　①

遺伝子組換えに関する正誤問題です。

①　**適切**。記述のとおりです。

②　**不適切**。大腸菌によるインスリン合成に成功したのは1979年です。

③　**不適切**。DNAの断片はゲル電気泳動によって陽極に向かって移動します。

④　**不適切**。制限酵素による切断で生じるDNA断片の対の長さは同じになるとは限りません。

⑤　**不適切**。ゲノムライブラリーには肝臓以外からの臓器も含まれます。

したがって，①が正解となります。

▌5群▌　環境・エネルギー・技術に関するもの

Ⅰ—5—1　解答　①

環境用語に関する正誤問題です。

（A）**正**。記述のとおりです。

（B）**正**。記述のとおりです。

（C）**正**。拡大生産者責任の考え方は，循環型社会形成推進基本法にも生産者の責務として定められています。

（D）**誤**。環境監査は，環境保全を考慮した事業活動の推進のために，企業の経営方針を環境面からチェックすることで，公認会計士が監査するものではありません。

したがって，①が正解となります。

I―5―2 **解答 ①**

環境(パリ協定)に関する正誤問題です。

① **不適切**。削減・抑制目標については，達成義務を設けず，努力目標としています。

②～⑤ **適切**。いずれも設問のとおりです。

したがって，①が正解となります。

I―5―3 **解答 ④**

エネルギーに関する計算問題です。

平成23年度の出題（Ⅰ―5―3）に選択肢の順序が異なる同一問題があります。

理想気体の体積の換算とメタンの分子量を知らないと難しい問題です。メタン（CH_4）の分子量は，12＋(1×4)＝16になります。1 molの理想気体の体積は22.4リットルなので，メタン1リットルの質量は，16÷22.4≒0.7142となります。

設問より，LNGの密度は425（kg/m^3)＝425（g/リットル）が与えられているので，1リットル当たりの質量比が液体：気体＝425：0.7142となり，体積比はこの逆数なので，液体体積/気体体積＝0.7142/425≒**1/600**となります。

したがって，④が正解となります。

I―5―4 **解答 ②**

エネルギーに関する正誤問題です。

設問は，「エネルギー白書2017」の記載内容からのものとなっています。

① **適切**。記述のとおりです。

② **不適切**。冷房のエネルギー消費量は暖房のエネルギー消費量の約1/10となっています。

③ **適切**。記述のとおりです。

④ **適切**。記述のとおりです。

⑤ **適切**。記述のとおりです。

したがって，②が正解となります。

I―5―5 **解答 ②**

科学技術史に関する正誤問題です。

平成24年度の出題（Ⅰ―5―5）に，選択肢の順番が異なる同一問題があります。

① **適切**。革命的な新技術も，何らかの既存技術の影響を受けています。

② **不適切**。産業革命を主導したのは，産業資本家です。

③ **適切**。家内制手工業から工場制機械工業への転換が産業革命にあたります。

④ **適切**。産業革命初期には，からくり人形や自動人形が機械化への大いなるヒントになったといわれています。

⑤ **適切**。機械化が進んで単純労働が増えたことによるものです。

したがって，②が正解となります。

I―5―6 **解答 ⑤**

科学技術史に関する問題です。

① **適切**。記述のとおりです。

② **適切**。記述のとおりです。

③ **適切**。記述のとおりです。

④ **適切**。記述のとおりです。

⑤ **不適切**。サイクロトロンは，1932年にアーネスト・ローレンスが考案したものです。

したがって，⑤が正解となります。

Ⅱ 適性科目

Ⅱ—1　解答 ③

技術士法第4章に関する穴埋め問題です。平成26年度の出題（Ⅱ—1）に類似問題があります。

選択肢にある語句それぞれは同義のものがありますが，条文にある正確な語句を選択します。

したがって，（ア）**不名誉**，（イ）**義務**，（ウ）**盗用**，（エ）**公益**，（オ）**責務**，（カ）**技術部門**，（キ）**資質**の語句となり，③が正解となります。

Ⅱ—2　解答 ⑤

技術士法第4章に関する正誤問題です。

（ア）**適切**。第45条の2「技術士等の公益確保の責務」に照らして，記述のとおりです。

（イ）**不適切**。第45条「技術士等の秘密保持義務」に照らして，不適切な記述です。

（ウ）**適切**。第44条「信用失墜行為の禁止」に照らして，記述のとおりです。

（エ）**不適切**。第45条の2「技術士等の公益確保の責務」に照らして，不適切な記述です。

（オ）**適切**。第45条の2「技術士等の公益確保の責務」に照らして，記述のとおりです。

（カ）**不適切**。第47条「技術士等の業務の制限等」に照らして，不適切な記述です。

（キ）**不適切**。第47条「技術士等の業務の制限等」に照らして，不適切な記述です。

したがって，適切でないものの数は4つとなり，⑤が正解となります。

Ⅱ—3　解答 ③

技術者倫理に関する問題です。

利益を上げることは重要なことですが，最も優先すべき事項は**安全**です。次が製品事故を起こさないための**品質**となります。そして，好調な売り上げを確保するための**納期**，利益に影響を与える**原価**の順となります。

したがって，③が正解となります。

Ⅱ—4　解答 ⑤

パワーハラスメントに関する正誤問題です。

（ア）**不適切**。相手から意思表示がある場合に限りません。

（イ）**適切**。記述のとおりです。

（ウ）**適切**。業務の適正な範囲で行われている場合はハラスメントに当たりません。

（エ）**適切**。記述のとおりです。

（オ）**適切**。記述のとおりです。

（カ）**不適切**。職場内での優位性には，人間関係による優位性だけでなく，専門知識や経験などの優位性が含まれます。

（キ）**適切**。記述のとおりです。

したがって，適切なものの数は5つとなり，⑤が正解となります。

Ⅱ—5　解答 ③

過労死等防止対策推進法に関する正誤問題です。

（ア）×。業務に必要な学習等を行っていた時間も「労働時間」に含まれます。

（イ）×。「管理監督者」であっても，深夜労働や有給休暇の適用に除外はありません。

（ウ）**○**。記述のとおりです。

（エ）**○**。記述のとおりです。

（オ）**○**。記述のとおりです。

したがって，③が正解となります。

Ⅱ—6 解答 ①

技術者倫理に関する正誤問題です。

① **適切**。専門の担当部署への報告は正しい対応です。

② **不適切**。自らの判断で外部のアンケート担当者に連絡してはなりません。

③ **不適切**。速やかに専門の担当部署への報告が必要です。

④ **不適切**。自らの判断でアンケートに回答してはなりません。

⑤ **不適切**。対策のために設けた専門の担当部署への報告が必要です。

したがって，①が正解となります。

Ⅱ—7 解答 ④

技術者倫理に関する正誤問題です。

① **不適切**。データの改ざんにあたります。

② **不適切**。高度な専門知識を要する内容であれば，現場サイドで対策を考える前に，共通の課題認識として報告すべきです。

③ **不適切**。マスコミへの内部告発は，企業内部あるいは所轄の行政機関への報告で不利益な取扱いを受けるおそれがあることなどの要件を満たす必要があります。

④ **適切**。記述のとおりです。

⑤ **不適切**。すべての民間開発の新技術・新工法の採用中止の決断は適切ではありません。

したがって，④が正解となります。

Ⅱ—8 解答 ⑤

製造物責任法に関する正誤問題です。

① **適切**。記述のとおりです。

② **適切**。記述のとおりです。

③ **適切**。記述のとおりです。同法の条文に規定されています。

④ **適切**。記述のとおりです。

⑤ **不適切**。引渡したときの科学または技術に関する知見によって欠陥を認識できなかった場合は同法上の免責事由となります。

したがって，⑤が正解となります。

Ⅱ—9 解答 ③

消費者生活用製品安全法に関する正誤問題です。

① **適切**。記述のとおりです。

② **適切**。記述のとおりです。

③ **不適切**。重大事故の範疇かどうか不明確な場合は，消費者庁に迅速に相談する必要があります。

④ **適切**。記述のとおりです。

⑤ **適切**。記述のとおりです。

したがって，③が正解となります。

Ⅱ—10 解答 ①

知的財産権に関する正誤問題です。

（ア）～（オ）はいずれも知的財産権に該当し，すべて**○**となります。

したがって，①が正解となります。

Ⅱ—11 解答 ⑤

ISO26000に関する正誤問題です。

ISO26000には社会的責任の原則として7つの項目が記載されています。問題文にある「説明責任」，「透明性」，「倫理的な行動」の他に，「**ステークホルダー**

の利害の尊重」,「**法の支配の尊重**」,「**国際行動規範の尊重**」,「**人権の尊重**」があります。
　したがって，⑤が正解となります。

Ⅱ―12　解答　③

　リスクアセスメントに関する正誤問題です。
　①　**適切**。記述のとおりです。
　②　**適切**。記述のとおりです。
　③　**不適切**。リスクの許容は，時代や社会情勢によって変化します。
　④　**適切**。記述のとおりです。
　⑤　**適切**。記述のとおりです。
　したがって，③が正解となります。

Ⅱ―13　解答　③

　倫理思想に関する穴埋め問題です。
　功利主義のもとでは特定個人への不利益が生じたり，個々の権利が制限されたりすることがあります。その犠牲が個人にとって許容できるものかどうかが判断基準となります。いかなる権利においても安全，健康が最優先されなければなりません。
　したがって，(ア) **不利益**，(イ) **許容**，(ウ) **安全**，(エ) **健康**の語句となり，③が正解となります。

Ⅱ―14　解答　③

　技術者倫理に関する正誤問題です。
　(ア) **適切**。記述のとおりです。
　(イ) **適切**。記述のとおりです。
　(ウ) **適切**。記述のとおりです。
　(エ) **不適切**。特に断りが明示されていない場合は，共著者は論文の内容全体についての共同責任を負います。
　(オ) **不適切**。共著者も論文や報告書の内容や正確さを説明できることが必要です。
　(カ) **適切**。記述のとおりです。
　(キ) **適切**。記述のとおりです。
　したがって，不適切なものの数は2つとなり，③が正解となります。

Ⅱ―15　解答　②

　倫理的な意思決定に関する正誤問題です。
　(ア)～(カ) **適切**。記述のとおりです。
　(キ) **不適切**。促進要因が自律的思考，阻害要因が依存的思考となります。
　したがって，不適切なものの数は1つとなり，②が正解となります。

平成29年度
技術士第一次試験　解答用紙

基礎科目解答欄

設計・計画に関するもの

問題番号	解答				
Ⅰ—1—1	①	②	③	④	⑤
Ⅰ—1—2	①	②	③	④	⑤
Ⅰ—1—3	①	②	③	④	⑤
Ⅰ—1—4	①	②	③	④	⑤
Ⅰ—1—5	①	②	③	④	⑤
Ⅰ—1—6	①	②	③	④	⑤

情報・論理に関するもの

問題番号	解答				
Ⅰ—2—1	①	②	③	④	⑤
Ⅰ—2—2	①	②	③	④	⑤
Ⅰ—2—3	①	②	③	④	⑤
Ⅰ—2—4	①	②	③	④	⑤
Ⅰ—2—5	①	②	③	④	⑤
Ⅰ—2—6	①	②	③	④	⑤

解析に関するもの

問題番号	解答				
Ⅰ—3—1	①	②	③	④	⑤
Ⅰ—3—2	①	②	③	④	⑤
Ⅰ—3—3	①	②	③	④	⑤
Ⅰ—3—4	①	②	③	④	⑤
Ⅰ—3—5	①	②	③	④	⑤
Ⅰ—3—6	①	②	③	④	⑤

材料・化学・バイオに関するもの

問題番号	解答				
Ⅰ—4—1	①	②	③	④	⑤
Ⅰ—4—2	①	②	③	④	⑤
Ⅰ—4—3	①	②	③	④	⑤
Ⅰ—4—4	①	②	③	④	⑤
Ⅰ—4—5	①	②	③	④	⑤
Ⅰ—4—6	①	②	③	④	⑤

環境・エネルギー・技術に関するもの

問題番号	解答				
Ⅰ—5—1	①	②	③	④	⑤
Ⅰ—5—2	①	②	③	④	⑤
Ⅰ—5—3	①	②	③	④	⑤
Ⅰ—5—4	①	②	③	④	⑤
Ⅰ—5—5	①	②	③	④	⑤
Ⅰ—5—6	①	②	③	④	⑤

適性科目解答欄

問題番号	解答				
Ⅱ—1	①	②	③	④	⑤
Ⅱ—2	①	②	③	④	⑤
Ⅱ—3	①	②	③	④	⑤
Ⅱ—4	①	②	③	④	⑤
Ⅱ—5	①	②	③	④	⑤
Ⅱ—6	①	②	③	④	⑤
Ⅱ—7	①	②	③	④	⑤
Ⅱ—8	①	②	③	④	⑤
Ⅱ—9	①	②	③	④	⑤
Ⅱ—10	①	②	③	④	⑤
Ⅱ—11	①	②	③	④	⑤
Ⅱ—12	①	②	③	④	⑤
Ⅱ—13	①	②	③	④	⑤
Ⅱ—14	①	②	③	④	⑤
Ⅱ—15	①	②	③	④	⑤

＊本紙は演習用の解答用紙です。実際の解答用紙とは異なります。

平成29年度
技術士第一次試験　解答一覧

■基礎科目

設計・計画に関するもの		材料・化学・バイオに関するもの	
Ⅰ—1—1	⑤	Ⅰ—4—1	④
Ⅰ—1—2	⑤	Ⅰ—4—2	⑤
Ⅰ—1—3	②	Ⅰ—4—3	④
Ⅰ—1—4	⑤	Ⅰ—4—4	①
Ⅰ—1—5	①	Ⅰ—4—5	①
Ⅰ—1—6	②	Ⅰ—4—6	①

情報・論理に関するもの		環境・エネルギー・技術に関するもの	
Ⅰ—2—1	①	Ⅰ—5—1	①
Ⅰ—2—2	④	Ⅰ—5—2	①
Ⅰ—2—3	⑤	Ⅰ—5—3	④
Ⅰ—2—4	③	Ⅰ—5—4	②
Ⅰ—2—5	④	Ⅰ—5—5	②
Ⅰ—2—6	②	Ⅰ—5—6	⑤

解析に関するもの	
Ⅰ—3—1	⑤
Ⅰ—3—2	④
Ⅰ—3—3	④
Ⅰ—3—4	②
Ⅰ—3—5	③
Ⅰ—3—6	⑤

■適性科目

Ⅱ—1	③
Ⅱ—2	⑤
Ⅱ—3	③
Ⅱ—4	⑤
Ⅱ—5	③
Ⅱ—6	①
Ⅱ—7	④
Ⅱ—8	⑤
Ⅱ—9	③
Ⅱ—10	①
Ⅱ—11	⑤
Ⅱ—12	③
Ⅱ—13	③
Ⅱ—14	③
Ⅱ—15	②

著者プロフィール

堀 与志男（ほり よしお）

（株）5Doors'　代表取締役

1960年愛知県生まれ。建設会社で18年勤務後，2000年にホリ環境コンサルタント設立。2004年に（株）5Doors'を設立，代表取締役。経営指導のほか，社員教育も手がける。技術士受験指導歴28年。技術士（総合技術監理・建設部門），土木学会特別上級技術者。

著書：『建設技術者なら独立できる』（新風舎），『技術士第二次試験 建設部門 合格指南』『国土交通白書の読み方』（日経BP社）ほか多数。

装丁・本文デザイン　谷口賢（タニグチ屋デザイン）

技術士教科書 技術士 第一次試験問題集
基礎・適性科目パーフェクト 2024年版

2024年 3月　6日　初版第1刷発行

著　者　　　堀 与志男（ほり よしお）
発行人　　　佐々木 幹夫
発行所　　　株式会社 翔泳社（https://www.shoeisha.co.jp）
印刷・製本　　中央精版印刷 株式会社

ISBN978-4-7981-8544-6　　Printed in Japan